Paul Hebes

Die Rolle von Unternehmen beim Verkehrsverhalten

Paul Hebes

Die Rolle von Unternehmen beim Verkehrsverhalten

im Personenwirtschaftsverkehr

Südwestdeutscher Verlag für Hochschulschriften

Impressum/Imprint (nur für Deutschland/only for Germany)
Bibliografische Information der Deutschen Nationalbibliothek: Die Deutsche Nationalbibliothek verzeichnet diese Publikation in der Deutschen Nationalbibliografie; detaillierte bibliografische Daten sind im Internet über http://dnb.d-nb.de abrufbar.
Alle in diesem Buch genannten Marken und Produktnamen unterliegen warenzeichen-, marken- oder patentrechtlichem Schutz bzw. sind Warenzeichen oder eingetragene Warenzeichen der jeweiligen Inhaber. Die Wiedergabe von Marken, Produktnamen, Gebrauchsnamen, Handelsnamen, Warenbezeichnungen u.s.w. in diesem Werk berechtigt auch ohne besondere Kennzeichnung nicht zu der Annahme, dass solche Namen im Sinne der Warenzeichen- und Markenschutzgesetzgebung als frei zu betrachten wären und daher von jedermann benutzt werden dürften.

Coverbild: www.ingimage.com

Verlag: Südwestdeutscher Verlag für Hochschulschriften GmbH & Co. KG
Heinrich-Böcking-Str. 6-8, 66121 Saarbrücken, Deutschland
Telefon +49 681 37 20 271-1, Telefax +49 681 37 20 271-0
Email: info@svh-verlag.de

Zugl.: Berlin, Humboldt-Universität zu Berlin, Diss., 2011

Herstellung in Deutschland:
Schaltungsdienst Lange o.H.G., Berlin
Books on Demand GmbH, Norderstedt
Reha GmbH, Saarbrücken
Amazon Distribution GmbH, Leipzig
ISBN: 978-3-8381-3056-9

Imprint (only for USA, GB)
Bibliographic information published by the Deutsche Nationalbibliothek: The Deutsche Nationalbibliothek lists this publication in the Deutsche Nationalbibliografie; detailed bibliographic data are available in the Internet at http://dnb.d-nb.de.
Any brand names and product names mentioned in this book are subject to trademark, brand or patent protection and are trademarks or registered trademarks of their respective holders. The use of brand names, product names, common names, trade names, product descriptions etc. even without a particular marking in this works is in no way to be construed to mean that such names may be regarded as unrestricted in respect of trademark and brand protection legislation and could thus be used by anyone.

Cover image: www.ingimage.com

Publisher: Südwestdeutscher Verlag für Hochschulschriften GmbH & Co. KG
Heinrich-Böcking-Str. 6-8, 66121 Saarbrücken, Germany
Phone +49 681 37 20 271-1, Fax +49 681 37 20 271-0
Email: info@svh-verlag.de

Printed in the U.S.A.
Printed in the U.K. by (see last page)
ISBN: 978-3-8381-3056-9

Copyright © 2012 by the author and Südwestdeutscher Verlag für Hochschulschriften GmbH & Co. KG and licensors
All rights reserved. Saarbrücken 2012

Zusammenfassung

Eine steigende Anzahl Beschäftigter ist im Berufsalltag mobil. Zur Erbringung von Dienstleistungen und zum Zwecke von Geschäftsreisen führen Mitarbeiter regelmäßig Fahrten mit dem Motorisierten Individualverkehr durch. Der so entstehende Personenwirtschaftsverkehr belastet vor allem in den hochverdichteten Innenstadtbereichen die Infrastruktur, die Umwelt und die Gesellschaft.

In der deutschen wie in der internationalen Forschung ist trotz seiner Relevanz wenig darüber bekannt, wie sich der Personenwirtschaftsverkehr im Straßenraum manifestiert und welche Faktoren das Verkehrsverhalten bestimmen.

Die vorliegende Dissertationsschrift nutzt zwei empirische Datensätze um die Kenntnislücken zum Personenwirtschaftsverkehr zu schließen, die Studie 'Kraftfahrzeugverkehr in Deutschland, KiD 2002' und die 'Dienstleistungsverkehrsstudie, DLVS'. Die neuen Erkenntnisse ermöglichen eine verbesserte Modellierung des (Personen-)Wirtschaftsverkehrs und erleichtern die Planung und Lenkung kommunaler (städtischer) Verkehre.

Die Ergebnisse dieser Arbeit zeigen, dass zwischen vier charakteristischen Verkehrsverhalten unterschieden werden kann. Im Rahmen des Personenwirtschaftsverkehrs gibt es sowohl Tourenmuster, die sich durch wenige Stopps und eine geringe Verkehrsleistung auszeichnen als auch Fahrzeuge, die zahlreiche Ziele am Tag ansteuern und eine hohe Verkehrsbeteiligung aufweisen. Die statistischen Analysen belegen außerdem, dass sich die Tourenmuster von Fahrzeugen unterscheiden, die entweder ausschließlich dienstlich oder aber auch privat eingesetzt werden dürfen.

Die Berechnung von multivariaten Regressionsmodellen beweist, dass sowohl interne Strukturfaktoren und interne Prozessfaktoren als auch externe Strukturfaktoren und externe Prozessfaktoren eine Rolle beim Verkehrsverhalten spielen. Das bedeutet, die unternehmensbezogenen Faktoren, vor allem aber die Unternehmensstrukturen, sind mit ausschlaggebend dafür, welches der vier Verkehrsverhalten Firmenfahrzeuge aufweisen.

Abstract

More and more employees are mobile during working hours. To provide services and for business trips, employees use motor vehicles regularly. The emerging service-related traffic burdens the infrastructure, the environment and the society, particularly in high density urban areas.

Despite its relevance there is little German and international research on travel behavior of service-related traffic. Even less is known about what factors might influence tour characteristics of service-related traffic.

To close this gap of knowledge this dissertation utilizes two data sets for empirical research, 'Kraftfahrzeugverkehr in Deutschland, KiD 2002' ('Motor Vehicle Traffic in Germany') and 'Service-Related Traffic'. The findings allow enhanced commercial transport- and service-related traffic modeling and facilitate urban transport planning and direction.

The empirical results show that four typical travel patterns can be differentiated. Against the background of service-related traffic there are on the one hand vehicles which are characterized by only a few stops and little road performance per day. On the other hand many cars visit numerous customers and participate a lot in traffic. Statistical analyses also prove that travel patterns differ, depending on an exclusive business or a permitted private use of corporate vehicles.

The calculation of multivariate regression models shows that four corporate factor groups, namely internal structures and internal processes as well as external structures and external processes, play a role in travel behavior. This means that company-related factors, especially corporate structure, are decisive for corporate vehicles' travel patterns.

Inhaltsverzeichnis

Zusammenfassung I

Abstract II

Inhaltsverzeichnis III

Abbildungsverzeichnis VII

Tabellenverzeichnis X

Abkürzungsverzeichnis XIII

1 Einleitung 1

   1.1 Problemlage und Hintergrund 1

   1.2 Ziel- und Fragestellungen 3

   1.3 Material und Methoden 4

   1.4 Aufbau der Arbeit 5

2 Theoretische Grundlagen des Personenwirtschaftsverkehrs 7

   2.1 Begriffliche Abgrenzung und Einordnung des Personenwirtschaftsverkehrs 7

   2.1.1 Deutschsprachige Begriffsbestimmungen des Personenwirtschaftsverkehrs 7

   2.1.2 Internationale Begriffsbestimmung des Personenwirtschaftsverkehrs 12

   2.1.3 Der Begriff des Dienstleistungsverkehrs 17

   2.1.4 Der Begriff des Geschäfts- und Dienstverkehrs 19

   2.1.5 Verständnis des Personenwirtschaftsverkehrs in dieser Arbeit 23

   2.2 Entstehungsgründe des Personenwirtschaftsverkehrs 25

   2.3 Verfügbare Daten zum Personenwirtschaftsverkehr 31

   2.4 Relevanz des Personenwirtschaftsverkehrs 35

2.4.1 Aktuelle Erkenntnisse aus der MiD 2008 35
2.4.2 Regionale Studien mit Unternehmensbezug 40

3 Verkehrsverhalten in empirischen Studien 50

3.1 Verständnis von Verkehrsverhalten im Personenwirtschaftsverkehr 50
3.2 Operationalisierung von Verkehrsverhalten 54
3.2.1 Einzelne Kenngrößen des Verkehrsverhaltens 55
3.2.2 Tourenmuster 61
3.2.3 Tagesgänge 65

4 Die Rolle des Unternehmens beim Verkehrsverhalten 69

4.1 Relevanz der Unternehmen im Personenwirtschaftsverkehr 69
4.1.1 Unternehmen als zentraler Faktor beim Verkehrsverhalten 69
4.1.2 Von Unternehmen beeinflusste Verkehre 71
4.2 Vorhandene Erkenntnisse zur Rolle der Unternehmen beim Verkehrsverhalten im Personenwirtschaftsverkehr 72
4.2.1 Nationale und internationale Erkenntnisse zur Rolle der Unternehmen 73
4.2.2 Die Rolle von IKT beim Personenwirtschaftsverkehr 84
4.2.3 Erkenntnisse aus dem betrieblichen Mobilitätsmanagement 87
4.3 Konkretisierung der arbeitsleitenden Hypothesen 98
4.3.1 Kategorisierung der unternehmensrelevanten Faktoren 99
4.3.2 Ausgangsbasis der arbeitsleitenden Hypothesen 102
4.3.3 Interne Strukturfaktoren 104
4.3.4 Interne Prozessfaktoren 106
4.3.5 Externe Strukturfaktoren 108
4.3.6 Externe Prozessfaktoren 109

5	Methodisches Vorgehen	111
5.1	Drei-Ebenen-Ansatz dieser Arbeit	111
5.2	Verwendete Arbeitsdatensätze	114
5.2.1	Die KiD 2002	114
5.2.2	Die Dienstleistungsverkehrsstudie	124
5.3	Bereinigung und Plausibilisierung der Datensätze	132
5.3.1	Aufbereitung der KiD 2002-Daten	132
5.3.2	Aufbereitung der Dienstleistungsverkehrsstudie-Daten	145
5.4	Clusteranalyse des Verkehrsverhaltens	146
5.4.1	Clusteranalysen in der Verkehrsforschung	147
5.4.2	Auswahl und Verwendung der Clustervariablen	148
5.4.3	Statistische Spezifika der durchgeführten Clusteranalyse	153
5.5	Regressionsmodelle zur Bestimmung der unternehmerischen Rolle	156
5.5.1	Merkmale und Anwendung der Regressionsmodelle	156
5.5.2	Operationalisierung der exogenen und endogenen Variablen	161
5.6	Verknüpfung der KiD 2002 und der Dienstleistungsverkehrsstudie	168
5.6.1	Verknüpfungslogik	169
5.6.2	Verknüpfungsmethode	171
5.6.3	Statistische Anforderungen und Umsetzung der Datenfusion	176
6	Ergebnisse und Diskussion	184
6.1	Charakteristische Verkehrsverhalten im Personenwirtschaftsverkehr	184
6.1.1	Ergebnis	184
6.1.2	Diskussion	197

6.2	Güte der Modellergebnisse	201
6.2.1	Ergebnis	201
6.2.2	Diskussion	201
6.3	Die Bedeutung der vier Faktorengruppen	204
6.3.1	Interne Strukturfaktoren	204
6.3.2	Interne Prozessfaktoren	217
6.3.3	Externe Strukturfaktoren	229
6.3.4	Externe Prozessfaktoren	236
6.3.5	Zusammenfassung der Ergebnisse der vier Faktorengruppen	243
7	Zusammenfassung und Ausblick	246
Literaturverzeichnis		251
Anhang		268

Abbildungsverzeichnis

Abbildung 1-1: Eingrenzung des Untersuchungsgegenstandes. 5

Abbildung 1-2: Gliederung der Arbeit. 6

Abbildung 2-1: Abgrenzung des städtischen Straßen-Wirtschaftsverkehrs nach Dornier. 10

Abbildung 2-2: Unterteilung des Wirtschaftsverkehrs nach Menge. 12

Abbildung 2-3: Venn Diagramm zur Klassifizierung von Freight und Service Trips. ...15

Abbildung 2-4: Verständnis des Personenwirtschaftsverkehrs dieser Arbeit. 25

Abbildung 2-5: Wissensformen. 27

Abbildung 2-6: Zielgruppen im Personenwirtschaftsverkehr und Aktivitäten am Zielort. 28

Abbildung 2-7: Verkehrsmittelnutzung (außer Dienstwagen) bei berufsbedingten Aktivitäten, nach Beschäftigtenanzahl. 41

Abbildung 2-8: Durchschnittliche Verweildauern bei Unternehmen nach Art der Dienstleistung in der Region Catford. 43

Abbildung 3-1: Ebenen des Verkehrsverhaltens. 53

Abbildung 3-2: Drei Ansätze zur Operationalisierung von Verkehrsverhalten. 55

Abbildung 3-3: Relevante Kenngrößen für das Verkehrsverhalten im Personenwirtschaftsverkehr. 61

Abbildung 3-4: Fiktives Traveling Salesman Tourenmuster (TST). 62

Abbildung 3-5: Beispiele für schleifenförmige Tourenmuster urbaner Wirtschaftsverkehre. 63

Abbildung 3-6: Verständnis von einer Tour entsprechend der Nutzungsart. 64

Abbildung 3-7: Zeitverbrauchsganglinien verschiedener Verkehrsmittel an Werktagen. 66

Abbildung 3-8: Nach Fahrtzweck (a) und Aufenthaltsort (b) differenzierte Zeitbudgets einer homogenen Fahrzeugkategorie. 67

Abbildung 3-9: Raum-Zeit-Pfad männlicher Probanden in Oregon, USA 68

Abbildung 3-10: Zeit-räumliche Darstellung der Aktivitäten einer Familie an einem Tag. 68

Abbildung 4-1: Durch den Betrieb verursachte Verkehrsformen. 72

Abbildung 4-2: Maßnahmen deutscher und internationaler Betriebe zur Regelung des Dienst- und Geschäftsreiseverkehrs und deren Relevanz 95

Abbildung 4-3: Logik der Faktorenzuordnung. 100

Abbildung 4-4: Unternehmerische Faktorenmatrix. 101

Abbildung 5-1: Methodische Ebenen dieser Arbeit. 113

Abbildung 5-2: Datensatzstruktur der KiD 2002. 118

Abbildung 5-3: Verteilung der Fahrzeuge auf Wirtschaftsabschnitte (WZ93) in der KiD 2002. 121

Abbildung 5-4: Einordnung der DLVS in deutsche Mobilitätserhebungen. 125

Abbildung 5-5: Erhebungsdesign der DLVS. 126

Abbildung 5-6: Unternehmensstandorte der Erhebungseinheiten in der DLVS 128

Abbildung 5-7: Vergleich von ZFZR- und Halterangaben zum Wirtschaftszweig 137

Abbildung 5-8: Zusammenfassung des Aufbereitungsprozesses der KiD 2002-Daten.145

Abbildung 5-9: Operationalisierung der endogenen Faktoren. 162

Abbildung 5-10: Optionen zur logischen Verknüpfung der Arbeits-Datensätze. 170

Abbildung 5-11: Spender- und Empfängerstichprobe der Datenfusion. 172

Abbildung 5-12: Fusionsprinzip der mehrdimensionalen Kontingenztafeln. 174

Abbildung 6-1: Elbow-Kriterium zur Auffindung der Clusteranzahl. 185

Abbildung 6-2: Verteilung der Fahrzeuge auf die vier Cluster. 186

Abbildung 6-3: Tagesgänge nach Fahrtzweck und Aufenthaltsort. 187

Abbildung 6-4: Räumliche Darstellung des Verkehrsverhaltens der vier Cluster-Exemplare. 188

Abbildung 6-5: Anteil der Fahrzeugklassen in den vier Clustern. 190

Abbildung 6-6: Ausgewählte (gewichtete) Zusammenhänge zwischen unternehmerischen Faktoren und Verkehrsverhalten. 208

Abbildung 6-7: Entscheidungsbefugnis zur Verkehrsmittelwahl nach Unternehmensgröße. 219

Abbildung 6-8: Entscheidungskriterium für Verkehrsmittelwahl nach Entscheidungsbefugtem. 220

Abbildung 6-9: Einsatz von IKT zur Touren- bzw. Fahrten- und Wegeplanung nach Unternehmensgröße. 221

Abbildung 6-10: Fahrzeugnutzung nach Wirtschaftsabschnitten. 224

Abbildung 6-11: Fahrzeugnutzung nach Fahrzeugart. 224

Abbildung 6-12: Durchschnittliche Anzahl Firmen-Pkw nach Kundenanzahl (Mittelwert und Standardabweichung). 232

Abbildung 6-13: Einsatz von IKT zur Dienstleistungserbringung nach Kundenanzahl.233

Abbildung 6-14: Einsatz von IKT zur Erbringung von Dienstleistungen nach Unternehmensgröße. 237

Abbildung 6-15: Faktorenmodell zur Rolle exogener Faktoren beim Verkehrsverhalten im Personenwirtschaftsverkehr. 243

Tabellenverzeichnis

Tabelle 2-1: Verkehrsleistung und -aufkommen im Wirtschaftsverkehr nach Hauptverkehrsmittel und Hauptzweck. 38

Tabelle 2-2: Wegezweck der Service Trips für Haushalte laut SVAR 43

Tabelle 2-3: Trip-Rate je Mitarbeiter und Woche nach Wirtschaftszweig laut SVAR ... 45

Tabelle 2-4: Fahrtenaufkommen zur Erstellung verschiedener Dienstleistungen 46

Tabelle 3-1: Kenngrößen des Verkehrsverhaltens auf Aggregat- und auf Individualebene. 58

Tabelle 4-1: Übersicht der identifizierten Faktoren zur Beschreibung der unternehmerischen Rolle 83

Tabelle 4-2: Ausgewählte Projekte des Mobilitätsmanagements mit Wirkung auf den Personenwirtschaftsverkehr. 97

Tabelle 4-3: Faktorenübersicht der arbeitsleitenden Hypothesen. 103

Tabelle 5-1: Verteilung der Netto-Stichprobenfälle der KiD 2002 nach Fahrzeugart und Halter. 116

Tabelle 5-2: Streuungs- und Lageparameter zur Angabe der Mitarbeiteranzahl in der KiD 2002. 122

Tabelle 5-3: Streuungs- und Lageparameter zur Angabe des Fuhrparkbesatzes in der KiD 2002. 123

Tabelle 5-4: Verteilung der gewerblichen Fahrzeuge in der KiD 2002 auf neun Kreistypen. 123

Tabelle 5-5: Streuungs- und Lageparameter zur Angabe des Wirtschaftsabschnitts und der Mitarbeiteranzahl in der DLVS. 129

Tabelle 5-6: Streuungs- und Lageparameter zum Fuhrparkbesatz in der DLVS. 130

Tabelle 5-7: Verteilung der Unternehmen in der DLVS auf neun Kreistypen. 131

Tabelle 5-8: Verteilung der Fahrzeuge nach Fahrzeugart, die zur Erbringung beruflicher Leistungen eingesetzt wurden. 135

Tabelle 5-9: Anzahl unplausibler Fahrerangaben. 144

Tabelle 5-10: Ursprüngliches Format der Clustervariablen in der KiD 2002. 150

Tabelle 5-11: Neu generierte Variablenstruktur für die Clusteranalyse. 152

Tabelle 5-12: Operationalisierung der exogenen Faktoren. 164

Tabelle 5-13: Overlap Variables für die Datenfusion. 172

Tabelle 5-14: Relevanz der overlap variables. 179

Tabelle 5-15: Anzahl Fahrzeuge der KiD 2002 in den Zellen der Fusions-Kontingenztabelle. 180

Tabelle 5-16: Anzahl Unternehmen der DLVS in den Zellen der Fusions-Kontingenztabelle. 180

Tabelle 6-1: Verhaltenskenngrößen der vier Verhaltenscluster. 189

Tabelle 6-2: Verteilung der Fahrzeuge in den Clustern auf Wirtschaftsabschnitte. 191

Tabelle 6-3: Zusammenfassende, qualitative Charakterisierung der vier Cluster. 197

Tabelle 6-4: Gütemaße der Regressionsmodelle der methodischen Ebenen 1 bis 3. 201

Tabelle 6-5: Modellergebnisse der internen Strukturfaktoren - Ebene 1 (KiD 2002)...205

Tabelle 6-6: Modellergebnisse der internen Strukturfaktoren - Ebene 2 (DLVS). 210

Tabelle 6-7: Modellergebnisse der internen Strukturfaktoren - Ebene 3 (Fusionsdatensatz). 213

Tabelle 6-8: Zusammenfassende Hypothesenbetrachtung - interne Strukturfaktoren. ..214

Tabelle 6-9: Modellergebnisse der internen Prozessfaktoren - Ebene 2 (DLVS). 219

Tabelle 6-10: Modellergebnisse der internen Prozessfaktoren - Ebene 3 (Fusionsdatensatz). 222

Tabelle 6-11: Zusammenfassende Hypothesenbetrachtung - interne Prozessfaktoren. 226

Tabelle 6-12: Modellergebnisse der externen Strukturfaktoren - Ebene 2 (DLVS)......230

Tabelle 6-13: Modellergebnisse der externen Strukturfaktoren - Ebene 3 (Fusionsdatensatz). 233

Tabelle 6-14: Zusammenfassende Hypothesenbetrachtung - externe Strukturfaktoren.235

Tabelle 6-15: Modellergebnisse der externen Prozessfaktoren - Ebene 2 (DLVS). 236

Tabelle 6-16: Modellergebnisse der externen Prozessfaktoren - Ebene 3 (Fusionsdatensatz). 238

Tabelle 6-17: Zusammenfassende Hypothesenbetrachtung - externe Prozessfaktoren.240

Abkürzungsverzeichnis

B2B	Business-to-Business
B2C	Business-to-Customer
BBR	Bundesamt für Bauwesen und Raumordnung
BMVBS	Bundesministerium für Verkehr, Bau und Stadtentwicklung
BMVBW	Bundesministeriums für Verkehr, Bau- und Wohnungswesen
BOS	Behörden und Organisationen mit Sicherheitsaufgaben
bspw.	beispielsweise
bzw.	beziehungsweise
ca.	circa
d. h.	das heißt
DLR	Deutsches Zentrum für Luft- und Raumfahrt e. V. (DLR) in der Helmholtzgemeinschaft
DLVS	Dienstleistungsverkehrsstudie
etc.	et cetera
EU	Europäische Union
F&E	Forschung- und Entwicklung
H	Stunde
i. d. R.	In der Regel
IKT	Informations- und Kommunikationstechnologien
IVF	Institut für Verkehrsforschung
KBA	Kraftfahrtbundesamt
Kfz	Kraftfahrzeug
KiD	Kraftfahrzeugverkehr in Deutschland (KiD) 2002
Km	Kilometer
KMU	Kleine und mittlere Unternehmen
LGCV	Light Commercial or Goods Vehicle
Lkw	Lastkraftwagen
LNFZ	leichtes Nutzfahrzeug
max.	maximal
MiD	Mobilität in Deutschland
Min	Minute
MIV	Motorisierter Individualverkehr
MNL	multinomiales logistisches Regressionsmodell
MOP	Deutsches Mobilitätspanel
NACE	Nomenclature statistique des Activités économiques dans la Communauté Européenne (Statistische Systematik der Wirtschaftszweige in der Europäischen Gemeinschaft)
ÖPNV	Öffentlicher Personennahverkehr
Pkw	Personenkraftwagen
PZW	Proportionale Zufallswahrscheinlichkeit

rbW	regelmäßige berufliche Wege
Rev.	Revision
SD	Standardabweichung (Standard Deviation)
SEM	Structural Equation Model (Strukturgleichungsmodelle)
SrV	System repräsentativer Verkehrsbefragungen
SVAR	Service Vehicle Attraction Rate Study
t	Tonne(n)
u. a.	unter anderem
u. Ä.	und Ähnliches
usw.	und so weiter
u. U.	unter Umständen
WZ (93/2003)	Klassifikation der Wirtschaftszweige (Version 1993/2003)
vgl.	vergleiche
z. B.	zum Beispiel
ZFZR	Zentrales Fahrzeugregister
zGG	zulässiges Gesamtgewicht

1 Einleitung

1.1 Problemlage und Hintergrund

In der Europäischen Union (EU) sind im Jahr 2002 28 % aller Beschäftigten im Rahmen ihres Berufs mobil (Kesselring & Vogl 2010, S. 65). 15 % der Beschäftigten arbeiten mindestens zehn Stunden pro Woche im Rahmen ihrer beruflichen Tätigkeit weder am Arbeitsplatz noch zu Hause (SIBIS 2003, S. 83). Je nach Wirtschaftsabschnitt steigt die Zahl der gelegentlich oder ständig mobilen Beschäftigten mit wechselndem Einsatzort auf bis zu 76 % (Roth 2010, S. 118). „Beruflich mobil zu sein [gehört] in der heutigen Dienstleistungs- und Wissensgesellschaft für Beschäftigte auf allen Hierarchieebenen und in einer Vielzahl von Berufsfeldern zum Erwerbsleben dazu" (Brandt 2010, S. 7).

Die intensive berufliche Mobilität spiegelt sich im Verkehr wider. In den Innenstädten von Metropolen spielt der motorisierte Wirtschaftsverkehr mit einem Anteil von bis zu 40 % am Gesamtaufkommen eine bedeutende Rolle (Machledt-Michael 2000b, S. 217). Es bestehen Schätzungen, wonach „zwei Drittel der wirtschaftsbezogenen Fahrzeugbewegungen dem "Personenwirtschaftsverkehr" zuzurechnen sind" (Kutter 2002, S. 10). Diese Annahme findet sich auch im Stadtentwicklungsplan Verkehr „Mobil 2010" der Berliner Senatsverwaltung für Stadtentwicklung wieder. Der Entwicklungsplan geht davon aus, dass 1/3 des gesamten motorisierten Stadtverkehrs dem Wirtschaftsverkehr zuzurechnen ist, wovon 2/3 auf den Personenwirtschaftsverkehr entfallen (SenStadt 2003, S. 32). Unabhängig von genauen Kennwerten gilt es in der Forschungswelt als sicher, dass der Personenwirtschaftsverkehr in städtischen Gebieten ein höheres Verkehrsaufkommen erzeugt als der Güterverkehr (Browne et al. 2002, S. 2).

Fahrten des Personenwirtschaftsverkehrs, etwa zum Zwecke der Reparatur und Wartung, zur Rechts- und Unternehmensberatung, zur Gebäudereinigung sowie zur Hauskrankenpflege, werden hauptsächlich mit dem Motorisierten Individualverkehr (MIV) durchgeführt (Menge & Hebes 2008, S. 60). Der Personenwirtschaftsverkehr ist damit und in Kombination mit seinen hohen Anteilen an urbanen Verkehren für eine hohe Belastung der Straßeninfrastruktur, für die Emission von Lärm sowie den Ausstoß von Klima und Umwelt schädigenden Gasen verantwortlich (vgl. Joubert & Axhausen 2010, S. 1; Lois & López-Sáez 2009, S. 790).

Aufgrund der negativen Folgen des Verkehrs für Umwelt, Gesellschaft und Ökonomie besteht weltweit ein wachsendes Interesse daran, Motorisierten Individualverkehr (MIV) einzugrenzen, zu steuern und allem voran: zu verstehen (Cairns et al. 2010, S. 473). Bisher existieren jedoch kaum Erkenntnisse zum disaggregierten (Straßen-)Verkehrsverhalten im Bereich des Wirtschaftsverkehrs (Joubert & Axhausen 2010, S. 1). Dies gilt insbesondere für den Bereich des Personenwirtschaftsverkehrs. Wermuth (2007) stellt fest: „Der Personenwirtschaftsverkehr fristet in der Verkehrsstatistik, in der Verkehrsforschung und in der Verkehrsplanung ein Schattendasein" (Wermuth 2007, S. 328). Ohne das grundlegende Verständnis, wie sich der Personenwirtschaftsverkehr im Raum ausprägt, können jedoch weder politisch-öffentliche noch privatwirtschaftliche Entscheider Maßnahmen zur Lenkung und Reduzierung solcher Verkehre ergreifen.

Um den Personenwirtschaftsverkehr zu verringern, zu verlagern oder zu steuern reicht es nicht aus, nur das Verkehrsverhalten exakt zu bestimmen und zu kennen. Es ist darüber hinaus entscheidend zu verstehen, wer den Personenwirtschaftsverkehr nachfragt und welche Rolle der Nachfrager bei der Gestaltung des Verkehrsverhaltens spielt (vgl. Nobis & Luley 2005, S. 2f.).

Als Nachfrager und daher als Quelle des Personenwirtschaftsverkehrs gelten Unternehmen (Rangosch-du Moulin 1997, S. 80; vgl. Merckens 1984, S. 2). Das Verkehrsverhalten wird im Personenwirtschaftsverkehr nicht durch die Mitarbeiter, sondern in erster Linie durch die Unternehmen selbst beeinflusst (Limtanakool et al. 2006, S. 338; Lu & Peeta 2009, S. 710). Wie sich die Rolle der Unternehmen beim Verkehrsverhalten im Personenwirtschaftsverkehr gestaltet, ist jedoch nur wenig bekannt. Zwar existieren einige wenige erste Einsichten, wie unternehmerische Charakteristika und das Verkehrsverhalten im Personenwirtschaftsverkehr miteinander verknüpft sind (Browne et al. 2002; Menge 2011; Ruan et al. 2010). Hinreichende Erkenntnisse können aus der bisherigen wissenschaftlichen Forschung jedoch nicht erlangt werden (Aguilera 2008, S. 1112).

1.2 Ziel- und Fragestellungen

Das Ziel dieser Arbeit ist es, die in Kapitel 1.1 aufgezeigten Forschungs- und Erkenntnislücken mit neu generiertem Wissen zu füllen. Eine Aufgabe dieser Dissertation ist es daher, das Verkehrsverhalten im Personenwirtschaftsverkehr zu beschreiben und zu erklären. Des Weiteren wird diese Arbeit die unternehmerische Rolle beim Verkehrsverhalten im Personenwirtschaftsverkehr analysieren und diskutieren.

Einerseits handelt es sich damit um Grundlagenforschung, die dazu beiträgt, die Wirkung von unternehmerischen Prozessen und Strukturen auf den Fahrzeugeinsatz (Verkehrsverhalten) besser zu verstehen. Andererseits lassen sich durch diese Arbeit praxisrelevante Erkenntnisse gewinnen. Die erarbeiteten Resultate zeigen, welche Faktoren der Unternehmen den Personenwirtschaftsverkehr bestimmen, und sie ermöglichen den politischen und planerischen Akteuren damit ein gezieltes Handeln, um Verkehre einzugrenzen und zu steuern (vgl. Diana & Mokhtarian 2009, S. 456; Nesbitt & Sperling 2001, S. 297f.). Darüber hinaus können die Resultate dieser Arbeit als Input für eine realitätsnähere mikroskopische und makroskopische Verkehrsnachfragemodellierung dienen. Mit Hinblick auf die Verkehrsmodellierung unterstützt diese Arbeit außerdem die Bemühungen der aktuellen Forschung, den Nutzen einzelner Parameter für die Verkehrsmodelle zu bewerten.

Zusammengefasst ist das übergeordnete Ziel der vorliegenden Arbeit, die Bedeutung unternehmerischer Strukturen und Prozesse für das beobachtbare Verkehrsverhalten im Kontext des Personenwirtschaftsverkehrs zu erforschen. Dabei werden die folgenden arbeitsleitenden Fragestellungen beantwortet:

1. Können mittels bestehender Daten zum Kraftverkehr in Deutschland charakteristische Verkehrsverhalten des Personenwirtschaftsverkehrs identifiziert und differenziert werden?
2. Falls ja, welche Unterschiede existieren im Verkehrsverhalten im Rahmen des Personenwirtschaftsverkehrs?

3. Spielen die Unternehmen beim Verkehrsverhalten eine Rolle?
4. Falls ja, welche Unternehmenscharakteristika und -prozesse sind ausschlaggebend für das Verkehrsverhalten?

1.3 Material und Methoden

Zur Erreichung der unter Kapitel 1.2 beschriebenen Ziele werden die Datensätze:

- Kraftfahrzeugverkehr in Deutschland, KiD 2002[1] (BMVBW 2003) und
- die Dienstleistungsverkehrsstudie, DLVS (IVT & DLR 2008)

als für die Untersuchung am besten geeignete Materialien herangezogen.

Die KiD 2002 dient in dieser Arbeit primär der Ermittlung des Verkehrsverhaltens im Personenwirtschaftsverkehr. Sie erfasst ausschließlich die täglichen Fahrten eines Kraftfahrzeuges (Fahrzeugtage) und ist damit fahrzeug- und nicht personenzentriert. Das zu ermittelnde Verkehrsverhalten im Personenwirtschaftsverkehr bezieht sich demnach auf den Einsatz von Kraftfahrzeugen und nicht auf Personen. Andere Verkehrsmittel, die mobile Mitarbeiter im Personenwirtschaftsverkehr nutzen, wie ÖPNV und Flugzeug, sind daher nicht Gegenstand dieser Arbeit. Dass der Fokus auf dem Motorisierten Individualverkehr (MIV) liegt, begründet sich auch in dessen hoher Relevanz. Knapp 90 % aller Wege des Personenwirtschaftsverkehrs werden mit dem MIV durchgeführt (Menge & Hebes 2008, S. 59).

Die DLVS stellt in der vorliegenden Arbeit die Datenbasis zur Analyse der unternehmerischen Rolle dar. Sie gibt Auskunft über die Strukturen und Prozesse der befragten Unternehmen. Die DLVS erfasst die Geschäftsbeziehungen zwischen Unternehmen und deren Kunden und beinhaltet Daten zu den von Unternehmen verursachten Verkehren.

Die Charakteristika der genutzten Datensätze (KiD 2002 und DLVS) sowie die forschungsleitenden Fragestellungen bedingen die thematische, räumliche und zeitliche

---

[1] Die KiD 2010 mit neueren Daten zum Wirtschaftsverkehr wurde zur Bearbeitungszeit der vorliegenden Dissertation erstellt. Die Ergebnisse und nutzbaren Datensätze werden jedoch nicht vor Sommer 2011 vorliegen.

Eingrenzung des Untersuchungsgegenstandes auf die in Abbildung 1-1 dargestellten Bereiche.

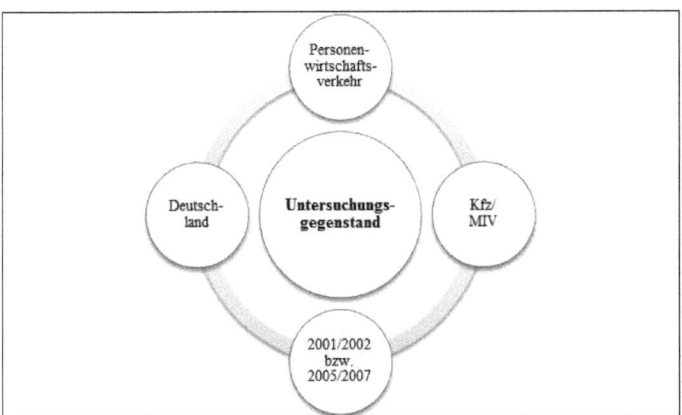

Abbildung 1-1: Eingrenzung des Untersuchungsgegenstandes.
Quelle: eigener Entwurf.

Für die Beantwortung der arbeitsleitenden Fragestellungen wird eine Methode mit drei Ebenen entwickelt. Die einzelnen Ebenen bedienen sich der Daten der KiD 2002 und der DLVS. Mittels clusteranalytischer Verfahren werden charakteristische Verkehrsverhalten des Personenwirtschaftsverkehrs berechnet. Multiple lineare und multinomiale logistische Regressionsmodelle kommen zur Bestimmung der unternehmerischen Rolle zum Einsatz.

1.4 Aufbau der Arbeit

Die Arbeit gliedert sich in drei inhaltliche Blöcke. Dies sind die Theorie, das methodische Vorgehen und die Ergebnispräsentation und -diskussion. Abbildung 1-2 zeigt die exakte Struktur dieser Arbeit. Der Einleitung folgend (Kapitel 1), werden in Kapitel 2 die theoretischen Grundlagen des Personenwirtschaftsverkehrs vorgestellt. Dies dient zum einen der begrifflichen Abgrenzung und dem besseren Verständnis des Forschungsgegenstands dieser Arbeit. Zum anderen verdeutlicht es die Relevanz des Themas sowie den Mangel an ausreichender Forschung. Kapitel 3 legt das theoretische Fundament zur Bestimmung des Verkehrsverhaltens im Personenwirtschaftsverkehr. Während zahlreiche Arbeiten dies vernachlässigen, setzt sich die vorliegende Dissertation mit dem Verständnis von Verkehrsverhalten und dessen

Operationalisierung auseinander. Nur so können zu einem späteren Zeitpunkt die ersten beiden arbeitsleitenden Fragestellungen beantwortet werden. Kapitel 4 schließt den Theoriebereich ab und widmet sich den bisher bestehenden Erkenntnissen zur Rolle der Unternehmen beim Verkehrsverhalten und dient damit als Basis für die Formulierung der arbeitsleitenden Hypothesen.

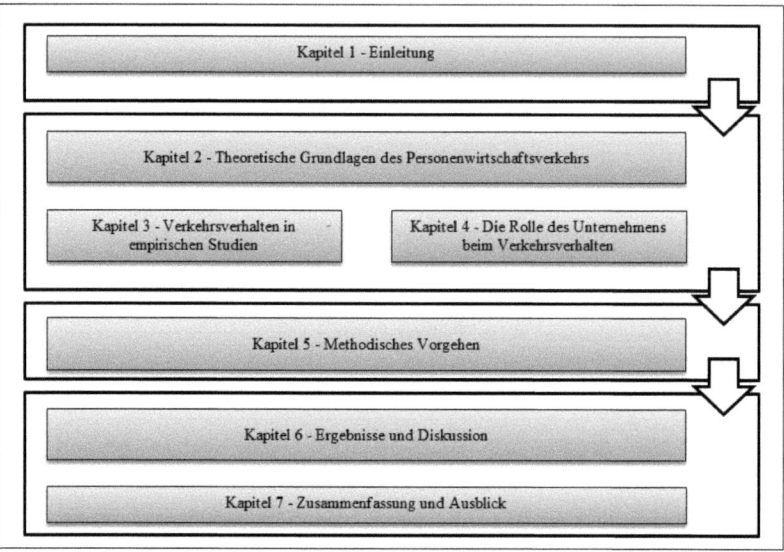

Abbildung 1-2: Gliederung der Arbeit.
Quelle: eigener Entwurf.

Das methodische Vorgehen der Arbeit wird in Kapitel 5 beschrieben. Neben dem generellen Lösungsansatz zur Beantwortung der arbeitsleitenden Fragestellungen werden auch die Daten sowie deren Aufbereitung detailliert beschrieben. In Anlehnung an die Erkenntnisse aus Kapitel 3 werden außerdem die statistischen Verfahren zur Bestimmung des Verkehrsverhaltens sowie zur Analyse der unternehmerischen Rolle vorgestellt.

Die Ergebnisse dieser Arbeit werden in Kapitel 6 präsentiert, interpretiert und diskutiert. Damit verbunden sind sowohl die Überprüfung der arbeitsleitenden Hypothesen als auch die Beantwortung der arbeitsleitenden Fragestellungen. In Kapitel 7 erfolgt schließlich die Zusammenfassung der Arbeit.

2 Theoretische Grundlagen des Personenwirtschaftsverkehrs

Das vorliegende Kapitel 2 widmet sich der Abgrenzung und Definition sowie der Beschreibung aktueller Entwicklungen des Personenwirtschaftsverkehrs. Dies ist notwendig, um eine Basis für die empirischen Analysen der Arbeit zu schaffen und inhaltliche Unschärfen zu vermeiden (vgl. Schütte 1997, S. 5). Um die Rolle der Unternehmen beim Verkehrsverhalten zu verstehen und zu untersuchen, ist es unerlässlich, die dem Verkehrsverhalten zugrundeliegenden Aktivitäten zu analysieren (Zumkeller et al. 2001, S. 12). Dafür wird in Kapitel 2.1 zunächst der Personenwirtschaftsverkehr begrifflich näher betrachtet und seine Position innerhalb des Wirtschaftsverkehrs bestimmt. Mit Hinblick auf die Rolle der Unternehmen stellt Kapitel 2.2 dar, welche Entstehungsgründe des Personenwirtschaftsverkehrs existieren und fokussiert auf die Wege auslösenden Aktivitäten. Schließlich wird beschrieben, welche Datenquellen Auskunft über den Personenwirtschaftsverkehr geben können (Kap. 2.3), bevor in Kapitel 2.4 aktuelle Zahlen vorgestellt werden, die die Relevanz des Personenwirtschaftsverkehrs belegen.

2.1 Begriffliche Abgrenzung und Einordnung des Personenwirtschaftsverkehrs

Obwohl der Begriff des Personenwirtschaftsverkehrs deutschen Ursprungs ist, finden sich auch außerhalb Deutschlands Hinweise zu diesem Verkehr. Daher werden sowohl deutschsprachige (Kap. 2.1.1) als auch internationale Forschungen (Kap. 2.1.2) bei der begrifflichen Abgrenzung Berücksichtigung finden. Basierend auf einer detaillierten Beschreibung einzelner Segmente des Personenwirtschaftsverkehrs in Kapitel 2.1.3 und 2.1.4 wird schließlich eine eigene Abgrenzung für die vorliegende Arbeit gefunden (Kap. 2.1.5).

2.1.1 Deutschsprachige Begriffsbestimmungen des Personenwirtschaftsverkehrs

Die deutschsprachige Literatur subsumiert den Personenwirtschaftsverkehr aufgrund seiner Charakteristika unter den Wirtschaftsverkehr (u. a. Menge 2011; Steinmeyer 2004; Wermuth 2007). ‚Verkehr' insgesamt wird verstanden als „realisierte Ortsveränderungen von Personen, Gütern und Nachrichten' (Nuhn & Hesse 2006, S. 18;

vgl. Iddink 2010, S. 8f.).[2] Auf dieser obersten definitorischen Ebene findet sich die Begrifflichkeit des Wirtschaftsverkehrs nicht wieder. Implizit umfasst der Wirtschaftsverkehr jedoch alle drei vorgenannten Bereiche. Güter, Nachrichten und Personen können durch Betriebe[3] bzw. durch deren Mitarbeiter Ortsveränderungen erfahren.[4] Über die Bestimmtheit des Begriffs Wirtschaftsverkehr besteht allerdings ein fortwährender wissenschaftlicher Diskurs. Einen Konsens über die genaue Abgrenzung existiert in der Literatur nicht. Für lange Zeit wurde der Wirtschaftsverkehr, vor allem vor einem planerischen Hintergrund, nur gleichgesetzt mit dem Güterverkehr (Kutter 2002, S. 10; Wermuth 2007, S. 329). Diese Ansicht unterzog sich im Laufe der Zeit einen Wandel und weitere Elemente werden nun zum Wirtschaftsverkehr gezählt. Ausführliche, hier nicht vollständig zu wiederholende Zusammenstellungen verschiedener Definitionsansätze finden sich etwa bei Schütte (1997, S. 5ff.), Steinmeyer (2004, S. 23ff.), Deneke (2005, S. 9ff.) und Iddink (2010, S. 5ff.). Nachfolgend werden ausgewählte Begriffsbestimmungen vorgestellt.

Dass der Wirtschaftsverkehr mehr als nur den reinen Güterverkehr umfasst, belegt die aktuelle nationale Erhebung ‚Mobilität in Deutschland', MiD 2008. Dort wird der Wirtschaftsverkehr als Gesamtheit aller Wege, die in Ausübung des Berufs zurückgelegt werden, verstanden (INFAS & DLR 2010). Diese weite Definition erlaubt viel Spielraum für Interpretation und bedarf weiterer Konkretisierungen.

In der schweizerischen Statistik ist der Begriff des Nutz- und Wirtschaftsverkehrs gebräuchlich. „Zu dieser Verkehrsgruppe gehören [...] alle Fahrten, die im Zusammenhang stehen mit Anlieferung an Wohnplätzen und mit Besuchen von

---

[2] Neben dem Begriff ‚Verkehr' wird in der Literatur und auch in dieser Arbeit der Begriff ‚Mobilität' genutzt. Gemeint ist die die räumliche Mobilität, nicht die soziale oder berufliche. Obwohl die räumliche Mobilität oft synonym für ‚Verkehr' verwendet wird (auch im Hinblick auf Verhalten), umfasst sie darüber hinausgehend auch „die Möglichkeit bzw. Bereitschaft zur Bewegung" (Nuhn & Hesse 2006, S. 19).

[3] Als Betriebe werden die Organisationseinheiten eines Unternehmens, von Verwaltungen oder anderen öffentlichen Einrichtungen oder sonstigen Organisationen an einem Standort verstanden. Unternehmen oder öffentliche Einrichtungen mit mehreren Standorten haben danach mehrere Betriebe (ILS et al. 2007, S. 32f.).

[4] Für die weitere Arbeit beschränkt sich der Autor auf den materiellen Verkehr von Gütern und Personen. Der immaterielle Verkehr von Nachrichten bleibt bei der Definition des Wirtschaftsverkehrs aufgrund der Fragestellung der vorliegenden Arbeit unberücksichtigt.

Vertretern und Handwerkern (Rangosch-du Moulin 1997, S. 79). In dieser Definition wird neben dem Güterverkehr auch explizit der Verkehr von Personen, nämlich Vertretern und Handwerkern, berücksichtigt.

Dass sich im Wirtschaftsverkehr neben den Gütern auch Personen aus Erwerbsgründen fortbewegen, stellt Wermuth (2007) in den Vordergrund. Er bezeichnet diesen Verkehr als Personenwirtschaftsverkehr. „Unter Personenwirtschaftsverkehr wird somit der Teil des Wirtschaftsverkehrs verstanden, bei dem der überwiegende Verkehrszweck in der Beförderung von Personen liegt, im Gegensatz zum Güter(-wirtschafts-)verkehr, dessen Verkehrszweck vorwiegend im Transport von Gütern zu sehen ist" (Wermuth 2007, S. 330). Laut Wermuth et al. (2002, S.12) umfasst somit der „Wirtschaftsverkehr die beiden Gattungen Güterverkehr und Personenwirtschaftsverkehr" (vgl. Machledt-Michael 2000b. S. 217; Rümenapp & Overberg 2003; SenStadt 2003, S. 32). Den Personenwirtschaftsverkehr unterteilt Wermuth (2007, S. 330) weiter in:

- Service- und Dienstleistungsverkehr,
- Geschäfts- und Dienst(-reise-)verkehr und
- Personenbeförderungsverkehr (vgl. Schütte 1997, S. 7f.).

Der Berufsverkehr, d. h. die nicht entlohnte Fahrt zum Arbeitsplatz bzw. die Fahrt von der Arbeitsstätte in den Feierabend, gehört nicht zum Personenwirtschaftsverkehr (Wermuth et al. 2002, S. 12f.; Wermuth 2007, S. 330).

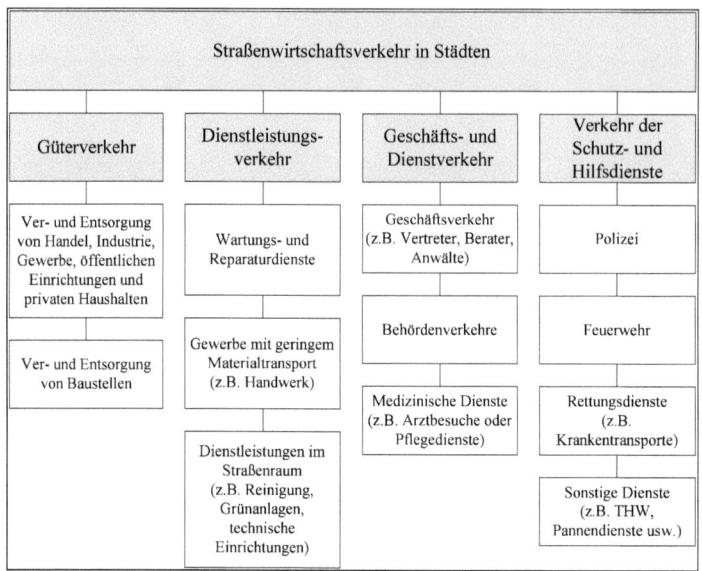

Abbildung 2-1: Abgrenzung des städtischen Straßen-Wirtschaftsverkehrs nach Dornier.
Quelle: Dornier 2004, S. 5.

In der Untersuchung ‚Leitfaden Wirtschaftsverkehr' wird der Wirtschaftsverkehr mit Bezug auf die Straße als Verkehrsträger in vier Segmente gegliedert (Dornier 2004). Ebenso wie Wermuth (2007) und Steinmeyer (2004) kennt die Kategorisierung von Dornier (2004, siehe Abbildung 2-1) neben dem Güterverkehr auch den Personenwirtschaftsverkehr sowie den Verkehr der Schutz- und Hilfsdienste. Der Personenwirtschaftsverkehr wird bei Dornier (2004) zwar nicht direkt genannt, spiegelt sich jedoch in den Dienstleistungs- sowie den Geschäfts- und Dienstverkehren wider.

Die bisher formulierten Erkenntnisse bündeln sich am besten in der von Steinmeyer (2004) postulierten Definition:

„Der als Personenwirtschaftsverkehr bezeichnete Verkehr erfolgt in Ausübung des Berufes im Allgemeinen als Dienstleistungsverkehr mit oder ohne Materialtransport. Es handelt sich um diejenigen Verkehre, die nicht unmittelbar der privaten Bedürfnisbefriedigung der Verkehrsteilnehmer dienen, sondern im Rahmen erwerbswirtschaftlicher Tätigkeiten vorrangig mit Pkw und Kleintransportern (Lkw <3,5 t zul. GG) aber auch mit öffentlichen Verkehrsmitteln, zu Fuß oder per Fahrrad erfolgen. In seiner Gänze umfasst er damit sowohl Geschäfts- und Dienstreiseverkehr im Fernverkehr als auch Geschäfts- und Dienstfahrten sowie den Service- und Dienstleistungsverkehr im städtischen bzw. regionalen Bereich. Einen Schwerpunkt des

Personenwirtschaftsverkehrs stellen Mischformen dar, wie z. B. Kundendienste, die sowohl die Beförderung des Dienstleistenden als auch den begleitenden Transport von (Klein-)Gütern umfassen" (Steinmeyer 2004, S. 32).

Die umfassende Definition von Steinmeyer (2004) greift nicht nur den Aspekt des Materialtransports als Abgrenzungskriterium auf. Sie geht auch darauf ein, dass sich der Personenwirtschaftsverkehr weder auf eine Fahrzeugkategorie oder einen Verkehrsträger noch auf einen bestimmten Raum beschränkt (vgl. Iddink 2010, S. 9).

Aufbauend auf den fundierten Arbeiten von Steinmeyer (2004) entwickelt Menge (2011) eine Übersicht zum Personenwirtschaftsverkehr. Die in Abbildung 2-2 dargestellte Kategorisierung der Wirtschaftsverkehre stellt die derzeit umfangreichste deutschsprachige Systematisierung des Wirtschafts- und Personenwirtschaftsverkehrs dar. Menge (2011) unterscheidet in den Güter-, den Personenwirtschafts- und den Personenbeförderungsverkehr sowie in Verkehre der Behörden und Organisationen mit Sicherheitsaufgaben. Anders als etwa Schütte (1997) und Wermuth (2007) zählt Menge (2011) den Personenbeförderungsverkehr nicht zum Personenwirtschaftsverkehr. Die auf Steinmeyer (2004, S. 31) beruhende Darstellung von Menge (2011, S. 58) greift die wichtige Darstellung des Güter-Personen-Kontinuums auf. Der von links nach rechts verlaufende Pfeil deutet an, dass sich die einzelnen Wirtschaftsverkehre vor allem in ihren Anteilen an transportierten Gütern unterscheiden. Die Durchgängigkeit des Pfeils weist gleichzeitig darauf hin, dass es, bezogen auf den Güter- bzw. Personentransport, keine klaren Grenzen zwischen den einzelnen Verkehren gibt. Zwar unterscheiden sich die Fahrtzwecke, mit Hilfe derer die Wirtschaftsverkehre eingeteilt werden, voneinander. Die Art und der Umfang der mitgeführten Güter können jedoch nicht immer eindeutig bestimmt werden (vgl. Schütte 1997, S. 9).

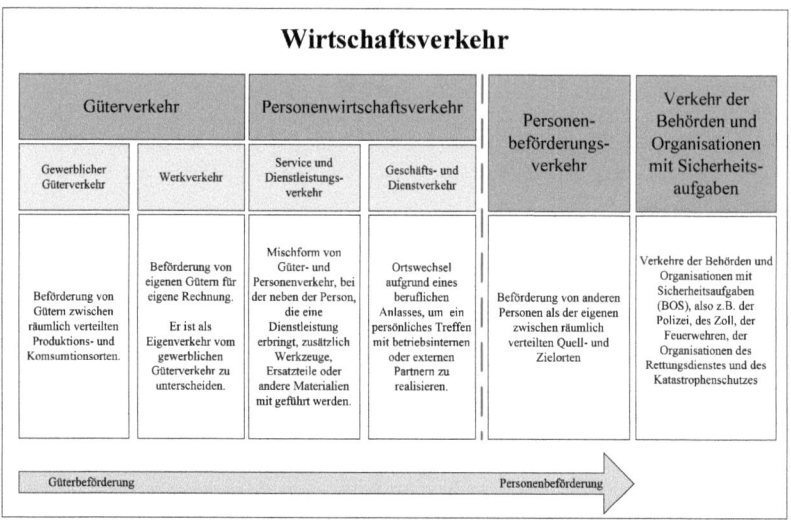

Abbildung 2-2: Unterteilung des Wirtschaftsverkehrs nach Menge.
Quelle: Menge 2011, S. 58 (erweitert nach Steinmeyer 2004).

2.1.2 Internationale Begriffsbestimmung des Personenwirtschaftsverkehrs

In der internationalen Literatur findet sich kaum ein Hinweis auf solch differenzierte Betrachtungen des Personenwirtschaftsverkehrs wie in der deutschsprachigen Fachwelt. Nichtsdestotrotz sind in der internationalen Forschung Bestrebungen zu erkennen, den Wirtschaftsverkehr zu systematisieren. Im Kontext der Touren-Modellierung von Wirtschaftsverkehren innerhalb städtischer Räume sprechen Ruan et al. (2010) von „delivering goods or services" (Ruan et al. 2010, S. 2). Somit unterscheiden auch sie den Wirtschaftsverkehr in den Güterverkehr sowie in Verkehre, bei denen Dienstleistungen vor Ort beim Kunden erbracht werden. Wo genau die Grenze zwischen den beiden Verkehren verläuft, lassen Ruan et al. (2010) offen.

Hunt & Stefan (2007) beschreiben den Wirtschaftsverkehr detaillierter:

"The term 'commercial' is used here in an inclusive sense, to mean not only trips made by commercial enterprises, but all vehicle-based travel and transport by non-commercial organizations such as governments and government agencies, as well as trips by employees of charities and similar non-commercial organizations. Specifically, a movement is considered to be 'commercial' here if the trip-maker is being reimbursed for making the trip above and beyond the reimbursement of travel costs. This includes trips made by workers while at work, but would not include trips by workers to or

from work (or trips made on break time), nor does it include travel made by volunteers or travel for personal reasons (outside of work hours) using company vehicles" (Hunt & Stefan 2007, S. 982).

Ohne dass Hunt & Stefan (2007) explizit von Dienstleistungs- oder Geschäftsverkehren sprechen, deuten sie mit der Wortwahl ‚travel' und ‚transport' an, dass sie sowohl den Güter- als auch den Personenverkehr zum Wirtschaftsverkehr zählen, solange Kraftfahrzeuge von Fahrern genutzt werden, die für ihre Fahrten während der Arbeitszeit entlohnt werden. Sie weisen auch darauf hin, dass einzig der Gebrauch von gewerblich gemeldeten Fahrzeugen noch keinen Wirtschaftsverkehr begründet. Private Fahrten mit Firmenwagen zählen Hunt & Stefan (2007) zum Privatverkehr. Eine klare Abgrenzung von Güter- und Personenwirtschaftsverkehr bieten aber auch sie nicht.

Es existieren tatsächlich nur wenige Studien, die sich abseits des Güterverkehrs auch explizit mit Verkehren befassen, die in der vorliegenden Arbeit behandelt werden. Peachman & Mu (2001) etwa beschreiben in der australischen ‚Commercial Transport Study' den Wirtschaftsverkehr als Fahrten von leichten und schweren Nutzfahrzeugen[5] zum Zwecke des Gütertransports (beladen und unbeladen). Sie subsumieren aber auch den Einsatz von leichten und schweren Nutzfahrzeugen zur Erbringung von „household or business services" (Peachman & Mu 2001, S. 2) unter den Wirtschaftsverkehr (vgl. O'Fallon & Sullivan 2006; Mendigorin & Peachman 2005). Damit sind sich die Autoren der unterschiedlichen Ausprägungen des Wirtschaftsverkehrs bewusst, behandeln in ihrer Studie aber beide Verkehre (Güter- als auch Personenwirtschaftsverkehr) gleichermaßen, ohne sie explizit voneinander zu trennen. Unter Service Trips verstehen Peachman & Mu (2001, S. 15) auch den gewerblichen Personentransport (etwa Taxifahrten) sowie KEP-Dienste. Darüber hinaus scheinen bei den Autoren außer den leichten und schweren Nutzfahrzeugen andere Kfz unberücksichtigt zu bleiben. Pkw oder auch Krad, die für den Personenwirtschaftsverkehr genutzt werden können, bleiben

---

[5] Unter Nutzfahrzeugen sind hauptsächlich Lastkraftwagen (Lkw) zu verstehen, die sich in leichte ($\leq 3,5$ t Nutzlast) und schwere (>3,5 t Nutzlast) Nutzfahrzeuge unterteilen (BMVBW 2003, S. 287f.). Zur Abgrenzung wird statt der Nutzlast teilweise das zulässige Gesamtgewicht herangezogen (etwa Browne et al. 2002; IVT & DLR 2008), was jedoch die Unterteilung in leichte und schwere Nutzfahrzeuge unberührt lässt. Nutzfahrzeuge sind nicht nur auf Lkw beschränkt. Auch Pkw basierte Lieferwagen-Varianten, Kabinenwagen und Pick-ups werden als Nutzfahrzeuge bezeichnet. Für eine ausführliche Übersicht von Nutzfahrzeugkategorien siehe Anderson (2006, S. 8f.).

außer Betracht. Ähnliche Tendenzen zeigen sich auch in der britischen Forschungslandschaft. In Untersuchungen, die vom Wirtschaftsverkehr handeln, wird die Erbringung von Dienstleistungen meist im Zusammenhang mit leichten Nutzfahrzeugen gesehen (Allen & Browne 2008; Anderson 2006). Über die Beschränkung auf Nutzfahrzeuge hinaus geht der Klassifikationsversuch von Browne et al. (2002). Die Autoren bemerken, dass in der ‚service industry'[6] auch (private) Pkw zum Einsatz kommen können (Browne et al. 2002, S. 2). Allen et al. (2000b, S. 61) stellen darüber hinaus fest, dass neben leichten Nutzfahrzeugen und Pkw auch kleine Lkw mit bis zu 7,5 t zGG für die Erbringung von Dienstleistungen genutzt werden.

In einem Versuch, Güter- und Dienstleistungsverkehr (Service Trips) für die Modellierung trennscharf voneinander abzugrenzen, nutzen Browne et al. (2002, S. 5) den Fahrten- und den Fahrzeugtyp sowie den Fahrtzweck. Der Fahrtentyp wird unterschieden in Güter- und Nicht-Gütertransport. Der Fahrzeugtyp beinhaltet einerseits das leichte Nutzfahrzeug[7] bis 3,5 t zGG und andererseits das private Kfz, vor allem das Auto und das Motorrad. Der Fahrtzweck wird differenziert nach privat oder kommerziell. Diese drei Deskriptoren spannen die von Browne et al. (2002) erstellte Matrix zur Kategorisierung der ‚Freight- und Non-Freight Verkehre' auf (siehe Abbildung 2-3).

---

[6] Die deutsche und englische Terminologie findet nicht immer eine Entsprechung in der jeweils anderen Sprache. Zwischen Begrifflichkeiten herrscht eine semantische Unschärfe. Im Kontext der Publikation von Browne et al. (2002) meint ‚service industry' weniger den tertiären Sektor, als vielmehr die Erstellung von Dienstleistungen über alle Sektoren hinweg. Der Begriff ‚service' selbst wird im Englischen deutlich enger definiert als die deutsche Verwendung. Service bezieht sich vor allem auf die technischen Dienstleistungen rund um Maschinen und Geräte, vor allem also die Reparatur, Instandhaltung, Wartung und Installation (vgl. etwa Allen et al 2000, S. 59). Die neuseeländischen Autoren O'Fallon & Sullivan (2006, S. 1) greifen unter ‚servicing activity' neben den technischen Dienstleistungen auch die Reinigung auf. Die Begriffe ‚service traffic' und ‚service trips', wie sie von deutschen Autoren verwendet werden, sind inhaltlich weiter gefasst und stellen je nach Kontext den Versuch dar, den Begriff Personenwirtschaftsverkehr ins Englische zu überführen (Hebes et al. 2010; Klostermann & Hildebrand 2006; Menge & Hebes 2008; Menge & Lenz 2008; Steinmeyer & Wagner 2006).

[7] Browne et al. (2002) schaffen in ihrem Aufsatz den Begriff des LGCV (Light Goods or Commercial Vehicle), eine Synthese aus den sonst im Anglistischen gebräuchlichen LGV (Light Goods Vehicle) und dem LCV (Light Commercial Vehicle). Für die vorliegende Arbeit wird vereinfachend vom leichten Nutzfahrzeug gesprochen, welches im deutschen Sprachgebrauch ebenso mit der Dienstleistungserbringung als auch dem Gütertransport assoziiert wird.

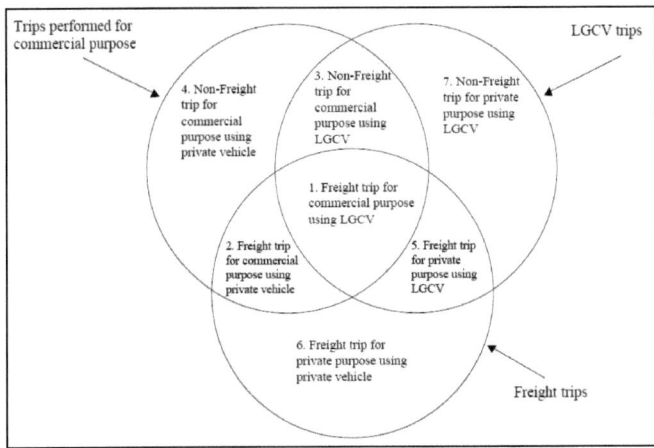

Abbildung 2-3: Venn Diagramm zur Klassifizierung von Freight und Service Trips.
Quelle: Browne et al. 2002, S. 5.

Nach dem Verständnis von Browne et al. (2002) finden sich Personenwirtschaftsverkehre in den Optionen:

- 1 (Freight trip for commercial purpose using LGCV),
- 2 (Freight trip for commercial purpose using private vehicle),
- 3 (Non-Freight trip for commercial purpose using LGCV) und
- 4 (Non-Freight trip for commercial purpose using private vehicle).[8]

Optionen 1 und 2 beinhalten deswegen Elemente des Personenwirtschaftsverkehrs, weil Browne et al. (2002) Fahrten, bei denen am Ziel eine Dienstleistung erbracht wird (Service Trip), auch dann als Güterverkehr auffassen, wenn der Transport von Gütern im Vordergrund der Fahrt steht. Exemplarisch nennen sie das Anliefern und Installieren von Gütern und Ersatzteilen, etwa Maschinen bzw. elektrischen Geräten und Computerhardware (vgl. Allen & Browne 2008 S. 21). Für diese Tätigkeiten kommen sowohl LGCV als auch Pkw infrage. Option 3 spiegelt ebenfalls einen Aspekt des

---

[8] Eine achte Option (Non-Freight trip for private purpose using private vehicle) fällt außerhalb des Venn Diagramms und zählt zur Domäne der Personenverkehrs-Studien (Browne et al. 2002, S. 7).

Personenwirtschaftsverkehrs wider. In diese Kategorie gliedern Browne et al. (2002, S. 6) etwa Fahrten ein, bei denen ein Techniker zum Kunden fährt, um einen Kostenvoranschlag zu erstellen. Materialien oder Werkzeuge kommen dabei nicht zum Einsatz. Die Option 3 umfasst allerdings auch Leerfahrten des Güterverkehrs und gewerbliche Personentransporte, sodass keine Deckungsgleichheit zu den bisher aufgezeigten deutschen Abgrenzungsversuchen besteht (siehe Kapitel 2.1.1). Mit der Option 4 (Non-Freight trip for commercial purpose using private vehicle) berücksichtigen Browne et al. (2002, S. 7) sowohl die bis dato in der englischen Literatur kaum besprochenen Fahrten von Consultants zum Zwecke des Kundenbesuchs als auch Fahrten von Vertretern und Verkaufspersonal. Damit lösen sie sich von der einseitigen Betrachtungsweise von Service Trips mit leichten Nutzfahrzeugen zum Zwecke von Reparatur und Wartung. Sie sprechen somit im weiteren Kontext den kommerziellen Verkehr an, der im deutschen als Geschäfts- bzw. Dienstverkehr bezeichnet wird.

Im gleichen Sinne grenzen Allen et al. (2000, S. 70) die ‚trips for other commercial purposes' von den Fahrten ab, die dem ‚providing a service to the premises' dienen. Ein Beratungs- als auch ein Verkaufsgespräch zählen somit nicht zum Dienstleistungsverkehr im Sinne der Untergliederung von Steinmeyer (2004), sondern sind dem Geschäfts- und Dienstverkehr zuzuschreiben. Eine gesonderte Begrifflichkeit für diesen Teil des Personenwirtschaftsverkehrs stellen jedoch weder Allen et al. (2000) noch Browne et al. (2002) bereit. Diese Wirtschaftsverkehre sind in ihrem Sinne eher als Residualgröße zu verstehen.

Als Zwischenfazit muss festgestellt werden, dass weder national, aber noch weniger international Einheitlichkeit darüber herrscht, wie sich der Wirtschaftsverkehr aufteilt und wie der Personenwirtschaftsverkehr abzugrenzen ist. Gesichert ist bisher nur, dass zum Personenwirtschaftsverkehr sowohl Verkehre zu zählen sind, bei denen Personen als auch Materialien gleichzeitig transportiert werden, um am Ziel eine Dienstleistung zu erstellen. Diese werden als Dienstleistungsverkehr bzw. Service Trips bezeichnet. Zum Personenwirtschaftsverkehr gehören aber auch die Fahrten, die ohne Material durchgeführt werden und dennoch den Zweck haben, am Ziel eine Leistung zu erbringen. Diese Fahrten werden als Dienst- und Geschäftsverkehre bzw. als ‚Non-Freight trip for commercial purpose' beschrieben.[9] Um den Personenwirtschaftsverkehr deutlicher von anderen Verkehren zu differenzieren und um ein für diese Arbeit konsistentes Verständnis vom Personenwirtschaftsverkehr zu erlangen, werden, der Abbildung 2-2 von Menge (2011) folgend, die beiden Segmente:

- Dienstleistungsverkehr und
- Geschäfts- bzw. Dienstverkehr

in den folgenden beiden Kapiteln 2.1.3 und 2.1.4 näher betrachtet.

2.1.3 Der Begriff des Dienstleistungsverkehrs

Noch im Jahr 2007 stellten Monse et al. (2007, S. 10) fest, dass der Dienstleistungsverkehr wissenschaftlich nur unzureichend untersucht worden ist (vgl. Hildebrand & Klostermann 2007, S. 220). Erste definitorische Abgrenzungen finden sich aber bereits früher bei Steinmeyer (2004, S. 32). Dienstleistungsverkehr[10] sei derjenige Verkehr, der als Mischform von Personen- und Güterverkehr entsteht, wenn eine Person, die eine Dienstleistung erbringt, auf der Fahrt auch Werkzeuge, Ersatzteile oder andere Materialien mitführt. Beispielhaft nennt sie Handwerker und Kundendienste.

Materialien, Ersatzteile und Werkzeuge, die im Dienstleistungsverkehr mitgeführt werden, sind zumeist keine herkömmlichen Warenlieferungen oder Pakete, die um der Auslieferung willen transportiert werden (Allen & Browne 2008, S. 21; Anderson 2006, S. 5). Vielmehr werden diese Güter unmittelbar zur Erstellung der Dienstleistungen

---

[9] Da die vorliegende Arbeit in deutscher Sprache abgefasst ist und um eine begriffliche Unschärfe zwischen deutschen und englischen Bezeichnungen zu vermeiden, wird für den weiteren Verlauf auf die deutsche Diktion zurückgegriffen.

[10] Steinmeyer (2004) spricht in ihrer Veröffentlichung stets vom Service- und Dienstleistungsverkehr, trennt aber nicht deutlich ab, worin sich die Begrifflichkeiten Service und Dienstleistung unterscheiden, weshalb in der vorliegenden Arbeit der deutsche und bereits früher in der Literatur auftretende Begriff ‚Dienstleistungsverkehr' genutzt wird (vgl. Hildebrand & Klostermann 2007, S. 219).

beim Kunden vor Ort benötigt. Konkrete Beispiele für Dienstleistungsverkehre, die im Zusammenhang mit Betriebsstätten stehen (B2B), sind Fahrten für:

- die Betreuung und Wartung von Fotokopierern und Computern, Aufzügen, der Gebäudesicherheit, des Feueralarms sowie von Telefon, Gas, Elektrik und Wasser,
- die Reinigung von Gebäudeanlagen,
- die Schädlingsbekämpfung und
- den Cateringservice mit Dekoration und Bedienung (Allen & Browne 2008, S. 22; Allen et al 2000, S. 57f.).

Auch im Bereich Business-to-Customer (B2C) sind Dienstleistungsverkehre gängig. So können etwa:

- die Pflege von Gärten,
- die Reinigung von Kaminanlagen und
- die Reparatur von Haushaltsgeräten

Dienstleistungsverkehrs-Fahrten auslösen (vgl. Schütte 1997, S. 8).

In allen Fällen werden Güter, Ersatzteile oder Materialien mitgeführt. Ein plastisches Beispiel repräsentiert der Servicemitarbeiter eines Elektrogeräte-Herstellers. Mit seinem Lieferwagen (Lkw <3,5 t zGG) besucht dieser einen Kunden und repariert eine defekte Waschmaschine noch vor Ort. Bei dieser Fahrt handelt es sich nach den bisher bekannten Kriterien (vor allem Iddink 2010; Menge 2011; Steinmeyer 2004) um Dienstleistungsverkehr. Bei dem folgenden Exempel fällt eine Kategorisierung des Verkehrs bereits schwerer. Ein Lieferfahrer eines Elektrofachmarktes liefert dem Kunden eine Waschmaschine. Statt diese an der ersten verschlossenen Tür der Lieferadresse dem Kunden zu übergeben, wird die Waschmaschine bis an ihren Einsatzort verbracht und an Strom- und Wasserzufuhr angeschlossen. Zum Einsatz kamen das mitgeführte Gut (Waschmaschine), Werkzeug und der Lieferfahrer selbst. Das Verbringen an den Einsatzort sowie der Anschluss stellen eine Leistung über den üblichen Transport hinaus dar. Da im Vordergrund der Fahrt die Lieferung der Waschmaschine stand und nicht der Anschluss derselben, sprächen Browne et al. (2002) von einer Fahrt des Güterverkehrs, würden sie aber gleichzeitig einen Service Trip nennen. Mit der Lesart von Steinmeyer (2004) und Menge (2011) ist in diesem Falle von Dienstleistungsverkehr zu sprechen, da sowohl die Wege durchführende Person (der Lieferfahrer) eine Dienstleistung erbringt als auch mitgeführtes Werkzeug zum Anschluss der Waschmaschine zum Einsatz kommt. Dieses Beispiel belegt, dass die Trennung zwischen Güter- und Personenwirtschaftsverkehr nicht final gelöst werden kann und sowohl der Anteil der mitgeführten Güter als auch der Anteil der erbrachten Dienstleistung im Einzelfall variiert.

Um die Abgrenzung des Personenwirtschaftsverkehrs abzuschließen, werden im nachstehenden Kapitel 2.1.4 nun die Geschäfts- und Dienstverkehre genauer betrachtet.

2.1.4 Der Begriff des Geschäfts- und Dienstverkehrs

Steinmeyer (2004, S. 32) versteht unter den Geschäfts- und Dienstreisen die Verkehre, die entstehen, wenn eine Person aus dienstlichem Anlass einen Ortswechsel durchführt, etwa für ein Kundengespräch. Dabei dürfen die Hin- und Rückfahrt nicht länger als 24 h auseinander liegen und den Nahbereich von 100 km (um den Ausgangspunkt) nicht überschreiten. Dienst- und Geschäftsfahrten, deren Hin- und Rückweg länger als 24 h auseinander liegen und die über den Nahbereich von 100 km hinausgehen, bezeichnet sie gesondert als Dienst- bzw. Geschäfts**reise**verkehr und nennt beispielhaft einen Messe- bzw. auch Kongressbesuch (siehe Abbildung 2-2).

Insbesondere für den Bereich der Geschäfts- bzw. Dienstreiseverkehre gelten bisher unterschiedliche definitorische Auffassungen. Nach Merckens (1984) wird eine Geschäfts- oder Dienstreise von einer oder mehreren Personen durchgeführt. Ob es sich um eine Geschäfts- oder Dienstreise handelt, hängt dabei von der Beschäftigungsstelle des Reisenden ab. Ist der Reisende im öffentlichen Sektor beschäftigt (etwa Beamte, Richter und Angestellte des öffentlichen Dienstes), ist die Rede von Dienstreisen. Ist der Reisende im privaten Sektor beschäftigt (etwa Unternehmensberatung, Maschinenbau und Einzelhandel), wird von einer Geschäftsreise gesprochen (Merckens 1984, S. 2).

Diskrepanzen hinsichtlich der Definition von Geschäftsreiseverkehr herrschen bezüglich der zeitlichen Komponente. Eine österreichische Panelstudie zu ‚Urlaubs- und Geschäftsreisen' definiert Dienst- und Geschäftsreisen als Reise, die mindestens eine

Übernachtung beinhaltet (Statistik Austria 2006, S. 1). Die Schweizer Statistik beschreibt den Geschäfts- und Dienstreiseverkehr hingegen als Reise „mit oder ohne Übernachtung zu geschäftlichen oder anderen beruflichen Zwecken; diese Reisen finden ausserhalb der gewohnten Umgebung der reisenden Person statt und dauern maximal ein (zusammenhängendes) Jahr" (BFS 2005, S. 5). Das Schweizer Bundesamt für Statistik (BFS) bemerkt auch, dass regelmäßige und wiederholte (einmal oder mehrmals pro Woche) unternommene Wege nicht zu Geschäftsreisen zu zählen sind.[11] Dementsprechend wird unterschieden in Geschäftsreisen ohne Übernachtungen, kurze Geschäftsreisen mit 1-3 Übernachtungen und lange Geschäftsreisen mit mehr als 3 Übernachtungen (BFS 2005, S. 6).[12]

In Anlehnung an das Verständnis von Nutz- und Wirtschaftsverkehr (siehe Kap. 2.1.1) wird der Geschäftsreiseverkehr als ein Teil des Nutzverkehrs gesehen. Unter Geschäftsreiseverkehr fallen die Fahrten, „die unternommen werden, um betriebsinterne oder -externe Partner, z. B. Kunden oder Lieferanten, persönlich zu treffen oder um Ausstellungen und Kongresse zu besuchen" (Rangosch-du Moulin 1997, S. 80).

Roy & Filiatrault (1998, S. 81) bemühen eine positiv, enumerative Definition und zählen die:

- erste persönliche Kontaktaufnahme zu möglichen Geschäftspartnern,
- Präsentationen,
- Konferenzteilnahmen,
- außerordentliche Meetings,
- Schulungen und
- kommerzielle Aktivitäten im Ausland

---

[11] Zu welchen Verkehren diese Wege dann gezählt werden, wird nicht beantwortet. Da sie aber nicht im Rahmen der zitierten Schweizer Statistik behandelt werden, kann nur vermutet werden, dass diese regelmäßigen Wege dann zu den Geschäftswegen zählen, vergleichbar mit dem Prinzip der regelmäßigen beruflichen Wege der MiD 2008 (BMVBS 2010).

[12] Auch die Reisen von Begleitpersonen Geschäftsreisender gelten als Geschäftsreisen (BFS 2005, S. 5).

zum Geschäftsverkehr (‚Business trips').

Die unterschiedlichen Definitionen zeigen, dass, wie beim Personenwirtschaftsverkehr allgemein, auch der Geschäfts- und Dienstverkehr im Speziellen unterschiedlich begriffen wird. Insbesondere die Gliederung in Geschäfts- und Geschäfts**reise**verkehr bzw. Dienst- und Dienst**reise**verkehr erscheint in Teilen unstimmig. Bei der von Steinmeyer (2004) vorgenommenen Unterteilung kommt es stellenweise zu Widersprüchen. Steinmeyer (2004, S. 32) betont, dass für die Definition des Personenwirtschaftsverkehrs der räumliche Bezug und das Verkehrsmittel nachrangig sind. Im Vordergrund stünden vielmehr:

- die handelnde Person und
- die Weg auslösende Tätigkeit.

Dennoch unterscheidet sie zwischen Geschäftsverkehr und Geschäfts**reise**verkehr bzw. zwischen Dienstverkehr und Dienst**reise**verkehr. Es erscheint jedoch sinnvoll, die zuvor erwähnten definitorischen Kriterien (handelnde Person, Wegezweck) auch auf die Geschäftsverkehre und die Geschäftsreiseverkehre zu übertragen. Zwar ist richtig, dass verkehrswissenschaftlich die Reise, die mit höheren Distanz- und Zeitaufwänden verbunden ist, oftmals separat betrachtet wird (vgl. BFS 2005; Menge 2011, S. 54; Statistik Austria 2006). Mit Hinblick auf den Personenwirtschaftsverkehr und somit auf den Dienst- und Dienst**reise**verkehr sollte diese gesonderte Betrachtung jedoch überdacht werden. Wird der Geschäftsverkehr über den Nahbereich oder die gewohnte Umgebung definiert (vgl. BFS 2005, S. 5; Merckens 1984, S. 1f.), rücken der zuvor als nachrangig betrachtete räumliche Bezug und das Verkehrsmittel ungewollt in den Fokus. Dem Verkehrsmittel wird eine bedeutende Rolle beigemessen, wenn es zu einer Differenzierung zwischen Nah- und Fernbereich kommt. In vielen Fällen ist im Fernbereich mit einer vom Nahbereich abweichenden Nutzung eines Verkehrsmittels (etwa Flugzeug und Fernzug) zu rechnen. Hinzu kommt, dass sich Wegezwecke im Nah- und Fernbereich nicht unterscheiden. Zwar mögen sich die Anteile der Wegezwecke wie Beratungsleistung, Kundengespräch sowie der Kongress- und Messebesuch je nach Distanz vom Betriebsstandort unterscheiden. Diese Weg auslösenden Zwecke sind jedoch für den Nah- wie den Fernbereich von Bedeutung. Schließlich wirken räumliche Grenzen wie bei Steinmeyer (2004, 100 km), wie bei

Merckens (1984, 50 km) und wie beim BFS (2005, die ‚gewohnte Umgebung') zur Differenzierung von Geschäftsverkehr und Geschäftsreiseverkehr im Kontext betrieblicher Aktivitäten wenig hilfreich.[13] Je nach Verkehrsmittel und Raumstruktur können große Distanzen in kurzer Zeit überwunden werden. Deshalb ist kaum zu begründen, warum eine Fahrt zur Besprechung in einer Entfernung von etwa 105 km zum Geschäfts**reise**verkehr, eine Fahrt zu einem Meeting in 95 km Entfernung aber zum Geschäftsverkehr zu zählen ist. Dementsprechend erscheint es zielführend, die klassische Unterteilung von Steinmeyer (2004, S. 32) neu zu überdenken. In der vorliegenden Arbeit wird daher auf eine Differenzierung von Geschäfts- und Geschäfts**reise**- bzw. Dienst- und Dienst**reise**verkehr verzichtet (vgl. Menge 2011). Als Subkategorie des Personenwirtschaftsverkehrs spricht dieser Autor nur vom Geschäfts- und Dienstverkehr.

Bezugnehmend auf die Definition des Dienstleistungsverkehrs von Steinmeyer (2004, S. 32, siehe Kapitel 2.1.3) stellt sich weiterhin die Frage nach einer klaren Abgrenzung der beiden Personenwirtschaftsverkehre (Dienstleistungsverkehr und Geschäfts- bzw. Dienstverkehr). Je nach Auslegung von ‚Werkzeug' führt auch ein Anwalt oder ein Unternehmensberater auf einer Geschäftsfahrt Material mit (Akten, Laptop etc.), um beim Kundengespräch eine Dienstleistung, die Beratung, zu erbringen (vgl. Machledt-Michael 2000b, S. 217). Eine Abgrenzung dieser beiden Verkehre wird daher immer situationsbedingt und entsprechend der Fragestellung erfolgen müssen (vgl. Menge 2011, S. 59; Wermuth et al. 2002, S. 12). Folglich wird im Weiteren der vorliegenden Arbeit, zur Vermeidung einer begrifflichen Unschärfe, vorwiegend vom übergeordneten Personenwirtschaftsverkehr gesprochen, womit sowohl Verkehre von Personen mit als auch ohne Werkzeug nach dem Verständnis von Steinmeyer (2004) berücksichtigt werden (vgl. Merckens 1984).[14]

---

[13] Zur unterschiedlichen Abgrenzung des Nah- und Fernbereichs in den Verkehrswissenschaften siehe auch Limtanakool et al. 2006, S. 328.

[14] Anders als Schütte (1997), Steinmeyer (2004) und Wermuth (2007) unterscheidet Merckens (1984) in einer frühen Arbeit zum Geschäftsreiseverkehr nicht zwischen Dienst- bzw. Geschäftsreiseverkehr und Dienstleistungsverkehr. Zwar zählt auch er den Besuch von Messen und Tagungen zum Geschäftsverkehr. Darüber hinaus subsumiert er aber auch die Erbringung gewerbemäßiger Dienstleistungen (Beratung etc.) und vor allem auch die technischen Kundendienstleistungen zum Geschäftsverkehr.

2.1.5 Verständnis des Personenwirtschaftsverkehrs in dieser Arbeit

Resümierend kann festgestellt werden, dass in der Forschungslandschaft lediglich für die oberste Ebene der verkehrlichen Differenzierung Einigkeit besteht. Es werden materielle Ortsveränderungen von Gütern und Personen und immaterielle Ortsveränderungen von Nachrichten unterschieden. Die darauf folgenden Gliederungsebenen sind hingegen einem ständigen definitorischen Wandel ausgesetzt. Insbesondere der Wirtschafts- und Personenwirtschaftsverkehr bieten keine trennscharfen Konturen der Abgrenzung. Die definitorischen Grenzen zwischen Güter- und Personenwirtschaftsverkehr können bisweilen nicht als stabil angesehen werden und obliegen der fallbezogenen Interpretation des Anwenders bzw. Forschers (vgl. Allen & Browne 2008, S. 22; Browne et al. 2002, S. 1). Das Gleiche gilt für die beiden Segmente des Personenwirtschaftsverkehrs, den Dienstleistungsverkehr und den Geschäfts- bzw. Dienstverkehr. Auch Wermuth et al. (2002) geben zu, dass „die wissenschaftliche Erörterung der Einzelsegmente des Personenwirtschaftsverkehrs […] nicht als abgeschlossen angesehen werden" kann (Wermuth et al. 2002, S. 12). Nach dem Vorstellen diverser Ansätze zur Definition des Wirtschaftsverkehrs kommen die Autoren zu folgendem Fazit: „Das Fehlen einer allgemein akzeptierten Definition für den Wirtschaftsverkehr ist deshalb verständlich, weil diese im Einzelfall jeweils für bestimmte verkehrliche Untersuchungs- und/oder Planungszwecke in meist pragmatischer Weise gefunden werden muß" (Wermuth et al. 2002, S. 13).

Dieser Erkenntnis folgend, wird, unter Berücksichtigung der deutsch- und englischsprachigen Veröffentlichungen und den argumentativ hergeleiteten Abwandlungen bestehender Klassifikationen, eine für diese Arbeit bestimmte Abgrenzung des Personenwirtschaftsverkehrs erstellt. Eine auf Basis von Steinmeyer (2004) und Menge (2011) leicht modifizierte Unterteilung des Wirtschaftsverkehrs und somit Spezifizierung des Personenwirtschaftsverkehrs stellt Abbildung 2-4 dar.

Der Personenwirtschaftsverkehr wird in der vorliegenden Arbeit als eines von vier Segmenten des Wirtschaftsverkehrs begriffen. Der Personenwirtschaftsverkehr untergliedert sich in den Dienstleistungsverkehr und in den Geschäfts- bzw. Dienstverkehr. Das existierende Kontinuum aus Güter- und Personentransport zwischen den einzelnen Wirtschaftsverkehren (siehe Abbildung 2-2) wurde, in Anlehnung an die internationale Forschung, um den Aspekt der Dienstleistungserstellung ergänzt. Die drei Fahrtzwecke: Personentransport, Gütertransport sowie Dienstleistungserstellung finden sich in allen Wirtschaftsverkehren mit unterschiedlicher Bedeutung wieder.[15] Beim Dienstleistungsverkehr ist der Transport von Gütern stärker involviert als beim Geschäfts- bzw. Dienstverkehr (siehe Abbildung 2-4). Auch dort kann der Transport von Gütern, etwa Akten und Anschauungsmaterial sowie elektrischen Arbeitsgeräten eine Rolle spielen. Dominanter für den Geschäftsverkehr ist im Verhältnis jedoch der Transport der Wege durchführenden Person, die am Ziel der Fahrt eine Dienstleistung erstellt. Während die Bedeutung des Personentransports im gewerblichen Personentransport gipfelt, entfaltet die Dienstleistungserstellung die größte Bedeutung im Dienstleistungsverkehr. Zwar werden beim Dienstleistungsverkehr Güter mitgeführt und die Dienstleistenden zum Zielort transportiert. Der Zweck der Fahrt ist aber vorrangig die Erstellung einer Dienstleistung für den Kunden, nicht der Personentransport selbst.

Obwohl der Transport von Gütern und Personen im wirtschaftlichen Sinne eine Dienstleistung darstellt und durch den Transport selbst eine Dienstleistung erbracht wird, ist der Fahrtzweck im verkehrlichen Zusammenhang der Güter- bzw. Personentransport und nicht die Dienstleistungserstellung.[16] Daher ist die Erstellung

---

[15] Der Verkehr der Behörden und Organisationen mit Sicherheitsaufgaben wird bei der Betrachtung der Fahrtzwecke, wie auch in der gesamten Arbeit, außer Betracht gelassen. Generell gilt aber auch hier, dass je nach spezifischem Fahrtzweck sowohl Güter als auch Personen transportiert werden bzw. eine Dienstleistung erstellt wird.

[16] Die Diskussion um Dienstleistungen und deren Definition stellt ein gesondertes Forschungsfeld dar, insbesondere in der Wirtschaftswissenschaft und der Wirtschaftsgeographie. Ein umfassendes Kompendium zur Definition von Dienstleistungen bietet Kulke (2008). Auf Dienstleistungen und deren Zusammenhang mit Verkehr geht Menge (2011) näher ein. Für die vorliegende Arbeit werden Dienstleistungen über ihre konstitutiven Merkmale definiert. Demnach zeichnen sie sich aus durch:

- die Immaterialität der Produkte,
- die fehlende Lagerfähigkeit der Produkte,
- die Interaktionsprozesse zwischen Anbieter und Nachfrager,
- das uno-actu-Prinzip,
- den relativ hohen Anteil menschlicher Arbeitsleistung und
- hohe Humankapital- bzw. Arbeitsintensität (Kulke 2008, S. 22f.; Bullinger & Schreiner 2006, S. 53ff.).

einer Dienstleistung im Güter- und Personenbeförderungsverkehr ‚(fast) unbedeutend' und beschränkt sich auf mögliche Zusatzleistungen vor Fahrtbeginn bzw. nach dem Fahrtende (bspw. Entladen und Lagern von Gütern sowie Verpflegen und Führen von Personen).

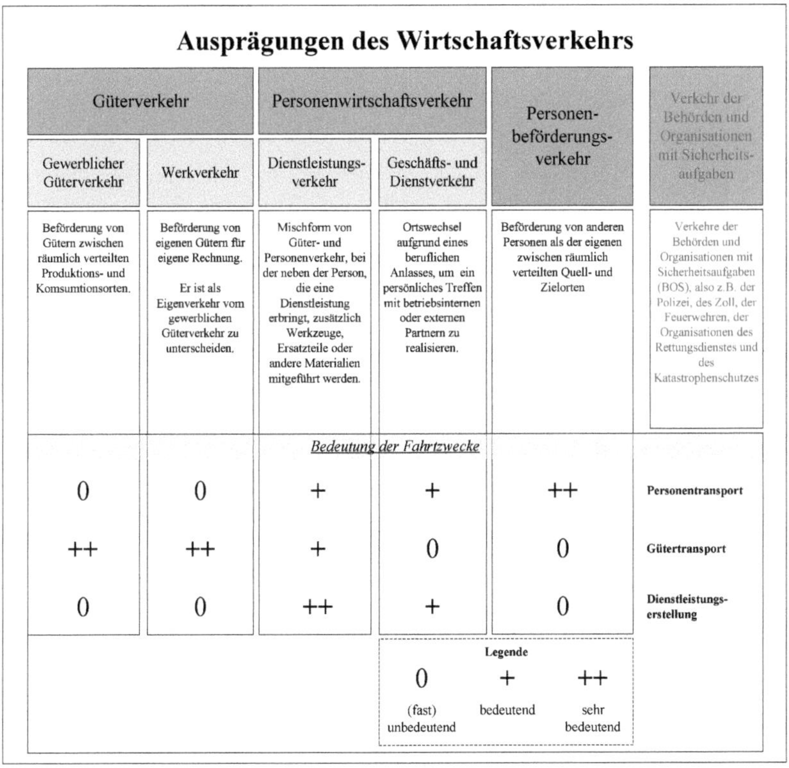

Ausprägungen des Wirtschaftsverkehrs

Güterverkehr		Personenwirtschaftsverkehr		Personenbeförderungsverkehr	Verkehr der Behörden und Organisationen mit Sicherheitsaufgaben
Gewerblicher Güterverkehr	Werkverkehr	Dienstleistungsverkehr	Geschäfts- und Dienstverkehr		
Beförderung von Gütern zwischen räumlich verteilten Produktions- und Komsumtionsorten.	Beförderung von eigenen Gütern für eigene Rechnung. Er ist als Eigenverkehr vom gewerblichen Güterverkehr zu unterscheiden.	Mischform von Güter- und Personenverkehr, bei der neben der Person, die eine Dienstleistung erbringt, zusätzlich Werkzeuge, Ersatzteile oder andere Materialien mitgeführt werden.	Ortswechsel aufgrund eines beruflichen Anlasses, um ein persönliches Treffen mit betriebsinternen oder externen Partnern zu realisieren.	Beförderung von anderen Personen als der eigenen zwischen räumlich verteilten Quell- und Zielorten	Verkehre der Behörden und Organisationen mit Sicherheitsaufgaben (BOS), also z.B. der Polizei, des Zoll, der Feuerwehren, der Organisationen des Rettungsdienstes und des Katastrophenschutzes
Bedeutung der Fahrtzwecke					
0	0	+	+	++	Personentransport
++	++	+	0	0	Gütertransport
0	0	++	+	0	Dienstleistungserstellung

Legende
0 — (fast) unbedeutend
+ — bedeutend
++ — sehr bedeutend

Abbildung 2-4: Verständnis des Personenwirtschaftsverkehrs dieser Arbeit.
Quelle: Eigener Entwurf, nach Menge (2011) und Steinmeyer (2004).

2.2 Entstehungsgründe des Personenwirtschaftsverkehrs

Um die Rolle der Unternehmen beim Verkehrsverhalten im Personenwirtschaftsverkehr vollständig zu erfassen, ist es notwendig, die Entstehungsgründe des

Personenwirtschaftsverkehrs zu berücksichtigen. Schließlich sind es primär die Unternehmen, die als Erzeuger von Personenwirtschaftsverkehr auftreten (siehe Kapitel 4.1). Die Gründe für die Entstehung von Personenwirtschaftsverkehr und wodurch diese noch verstärkt werden, beschreibt dieses Kapitel.

Aguilera (2008, S. 1110) stellt fest, dass sowohl inter- als auch intra-unternehmerische Beziehungen und Kommunikationsbedürfnisse existieren, die Verkehre zwischen Betrieben verursachen. Die formalen und informalen Beziehungen zwischen Unternehmenseinheiten untereinander und die Beziehungen zwischen zwei oder mehreren Unternehmen setzen eine ein- oder mehrseitige Kommunikation voraus, die wiederum auf den Bedarf des Wissensaustausches zurückzuführen ist. Verschiedene Wissensformen (siehe Abbildung 2-5) führen zu verschiedenen Ausprägungen des Verkehrs. Der Verkehr von Daten mittels Informations- und Kommunikationstechnologien (IKT) ermöglicht den Austausch von kodifiziertem Wissen (codified knowledge). Nicht aufgeschriebenes, nicht erfasstes Wissen (tacit knowledge) erfordert hingegen einen persönlichen Austausch von Informationen (Aguilera 2008, S. 1111; Kulke 2008, S. 126). Insbesondere das fehlende know-how der Kunden ist es, das im Personenwirtschaftsverkehr den Ausschlag dazu gibt, dass Auftraggeber und Auftragnehmer zusammentreffen (vgl. Roy & Filiatrault 1998, S. 81). Fährt ein Monteur eines Industriebetriebes ‚A' zum Kunden ‚B', um die durch ‚B' gekauften Maschinen zu warten, erledigt der Monteur dies i. d. R. deshalb, weil ‚B' nicht das nötige know-how besitzt, um die Wartung selbständig durchzuführen. Ähnlich verhält es sich mit einem Unternehmensberater, der sein Wissen vor Ort für den Kunden zu dessen Vorteil einbringt. Zwar könnte know-how und know-who zu Teilen auch über IKT kommuniziert werden (etwa Remote-Wartung von Maschinen). Die Komplexität dieses Wissens, die erforderliche Vetrautheit beim Austausch und größere Distanzen zwischen Anbieter und Kunde führen jedoch zur regelmäßigen Notwendigkeit von face-to-face Kontakten (Lassen 2009, S. 241; Lu & Peeta 2009, S. 721). Es ist letztlich das Erfordernis des ‚sich persönlich Treffens', das Unternehmen zu Nachfragern des Personenwirtschaftsverkehrs macht.

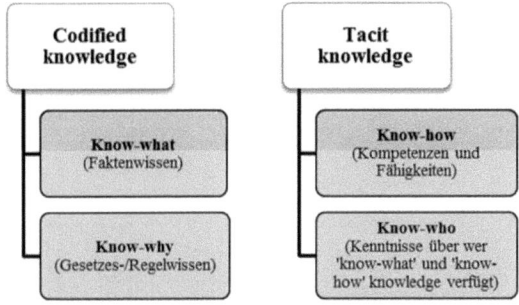

Abbildung 2-5: Wissensformen.
Quelle: eigene Darstellung nach Aguliera 2008, S. 1111.

Der persönliche Kontakt zweier oder mehrerer Parteien kennt weitere Vorteile als den reinen Wissensaustausch. Um eine höhere Flexibilität und Reagibilität gegenüber dem Kunden gewährleisten zu können, ziehen viele Unternehmen nach wie vor den face-to-face Kontakt den IKT-Lösungen vor (Aguilera 2008, S. 1110f.). Das direkte Zusammentreffen von Anbieter und Kunde[17] ermöglicht weiterhin ein besseres Verständnis des Gegenübers, eine prestigeträchtigere Repräsentanz und das effizientere Vorführen neuer Produkte oder Ergebnisse von Prozess- und Arbeitsschritten (Roy & Filiatrault 1998, S. 81).

Die Beziehungen von Unternehmen zu Dritten bestehen aus einen bestimmten Grund. Kommunikation und Wissensaustausch finden nicht willkürlich statt, sondern verfolgen einen Zweck. Dieser besteht überwiegend darin, die unternehmerischen Aktivitäten zu stimulieren und aufrechtzuerhalten. Aus diesem Grunde ist ein Unternehmen mit zahlreichen Akteuren verknüpft. Lian & Denstadli (2004, S. 110) fassen diese Akteure und die Gründe für die Beziehung bzw. Kommunikation zu den Akteuren umfassend zusammen und zeigen so, aus welchem Anlass heraus Personenwirtschaftsverkehr entstehen kann (vgl. Beaverstock et al. 2009, S. 195; Lassen 2009, S. 232).

---

[17] Wobei der Kunde im Sinne dieser Arbeit stets auch Privatperson sein kann (Consumer) und nicht ausschließlich ein Unternehmen (Business) sein muss. Demnach sind die Ausführungen dieses Kapitels nicht nur auf Business-to-Business Relationen (B2B) zu beziehen, sondern schließen auch Business-to-Consumer Relationen (B2C) ein.

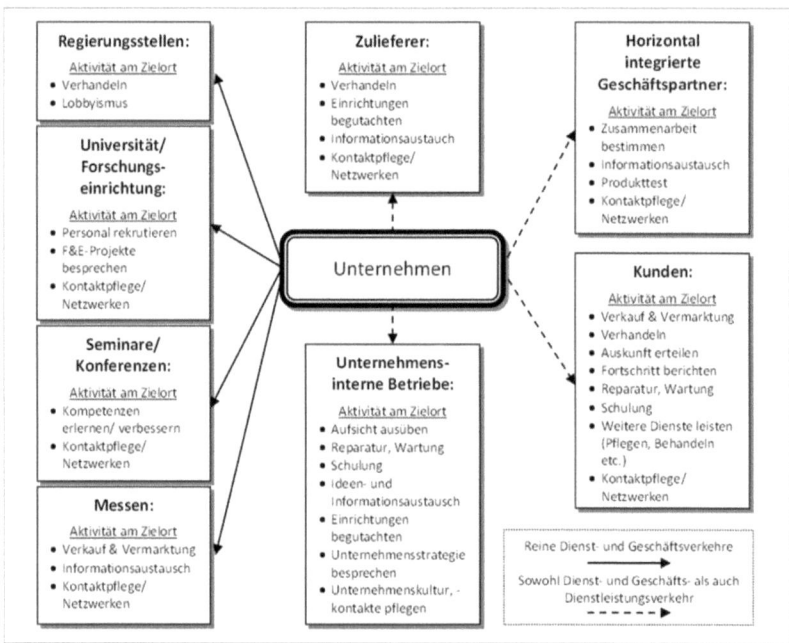

Abbildung 2-6: Zielgruppen im Personenwirtschaftsverkehr und Aktivitäten am Zielort.
Quelle: verändert und erweitert nach Lian & Denstadli 2004, S. 110.

Abbildung 2-6 zeigt, dass aufgrund einer Vielzahl unternehmerischer Aktivitäten Personenwirtschaftsverkehr entsteht, dessen Ursprung im regelmäßigen Handeln einer wirtschaftlichen Einheit zu suchen ist. Fast alle Aktivitäten können auf die von Aguilera beschriebenen Wissensformen (siehe Abbildung 2-5) zurückgeführt werden.

Vier Zielgruppen werden von Unternehmen aufgesucht,[18] um am Zielort Aktivitäten auszuüben, die ausschließlich dem Dienst- und Geschäftsverkehr zuzuordnen sind (siehe Abbildung 2-6). In Forschungseinrichtungen kommt es bspw. zu Besprechungen über den Stand von Forschungs- und Entwicklungsprojekten und auf Messen sind Unternehmen bemüht, ihre Produkte und Dienstleistungen zu verkaufen bzw. zu vermarkten. Die vier Zielgruppen: Zulieferer, horizontal integrierte Geschäftspartner, Kunden und unternehmensinterne Betriebe können sowohl Ziel reiner Geschäfts- bzw.

---

[18] Nicht jedes Unternehmen muss zwangsläufig Beziehungen zu allen acht beschriebenen Zielgruppen unterhalten.

Dienstverkehre sein als auch Destination für Dienstleistungsverkehre. Zwar ist anzunehmen, dass es bei den Zulieferern und den horizontal integrierten Geschäftspartnern insbesondere zu Geschäfts- und Dienstverkehren kommen wird. Die Erbringung von Dienstleistungen am Zielort unter Einsatz von Materialien, Ersatzteilen und Werkszeugen ist aber ebenso vorstellbar. Deutlich heterogener fallen hingegen die Aktivtäten am Zielort bei Kunden und unternehmensinternen Betrieben aus. Beide Segmente des Personenwirtschaftsverkehrs können mit diesen beiden Akteursgruppen assoziiert werden. Aktivitäten wie Reparatur und Begutachtung von Einrichtungen sind potentiell dem Dienstleistungsverkehr zuzuschreiben. Leistungen wie Schulungen, Informationsaustausch und Auskunftserteilung sind hingegen dem Geschäftsverkehr zuzurechnen.

Neben den beschriebenen Gründen, warum Unternehmen mit zahlreichen Akteuren interagieren, existieren Faktoren, die das Entstehen von Personenwirtschaftsverkehr weiter begünstigen. Browne et al. (2002) stellen fest, dass verschiedene Einflüsse bestehen, die die Anzahl von Fahrten zur Erbringung von Dienstleistungen in städtischen Gebieten potentiell erhöhen. Dazu zählen sie:

- die Einführung neuer Technologien und Maschinen in privaten und in Firmengebäuden,
- die steigenden Service-Levels und die entsprechend notwendige Reaktionsgeschwindigkeit der Anbieter und
- die zunehmende Ausgliederung von Dienstleistungen aus den Unternehmen (Outsourcing) (Browne et al. 2002, S. 3).

Der erstgenannte Punkt beschreibt, dass zuvor manuell getätigte Aufgaben automatisch erledigt und so die Anwender entlastet werden. Die Automatisierung von Prozessen und Dienstleistungen erzeugt aber gleichzeitig einen Mehrbedarf an Installation, Wartung, Reparatur und Instandhaltung der neu eingesetzten Technologien und erzeugt somit mehr Verkehr.

Um Kunden langfristig an sich zu binden bzw. Kunden überhaupt für das eigene Unternehmen zu gewinnen, versuchen immer mehr Unternehmen, sich durch ein gezieltes Dienstleistungsangebot von konkurrierenden Unternehmen abzusetzen, etwa durch Abschluss eines Service Level Agreements (Lay et al. 2007, S. 1f.). Derartige Vereinbarungen sind eng verknüpft mit der zunehmenden „Erweiterung des Produktionsprozesses um komplementäre Dienstleistungen in Form von produktions- oder betriebsbezogenen Dienstleistungen" (Monse et al. 2007, S. 9; vgl. IVT & DLR 2008, S. 26; Klostermann & Hildebrand 2006, S. 2) und sind ursächlich für einen stärker werdenden Bedarf an Personenwirtschaftsverkehr (vgl. Hildebrand & Klostermann 2007, S. 220). So werden zum Beispiel, je nach vereinbartem Service Level, Maschinen in kurzen Intervallen für Wartung und Instandhaltung aufgesucht und Schulungen vor Ort beim Kunden geleistet. Diese zusätzlichen Angebote an Dienstleistungen generieren ein höheres Verkehrsaufkommen.

Die verstärkt nachgefragten komplementären Dienstleistungen werden zunehmend extern bezogen und nicht mehr im eigenen Betrieb erstellt (Browne et al. 2002; Dicken 1998, S. 390f., DIHK 2002, S. 10). Diese Externalisierungen ermöglichen den Unternehmen durch die Umsetzung von economies of scope Kosten zu senken und flexibler zu wirtschaften (Kulke 2008, S. 164). Für produktbezogene, zuvor selbst erstellte Dienstleistungen wie Marketing, Design und Forschung werden zunehmend mehr Interaktionen zwischen Kunden (Auftraggeber) und Dienstleister (Auftragnehmer) notwendig, weshalb es etwa zu mehr Geschäfts- und Dienstverkehren kommen kann (vgl. Monse et al. 2007). Auch im Bereich der betriebsbezogenen Dienstleistungen, wie Reinigung, Wartung und Instandhaltung der Produktions- und technischen Anlagen wird Personenwirtschaftsverkehr erzeugt, da externe Firmen einen Weg zurücklegen, um die Nachfrage des Auftraggebers nach einer Dienstleistung zu befriedigen (vgl. Beaverstock et al. 2009, S. 194f.; Menge & Lenz 2008, S. 1f.). Die hier angestellten Überlegungen sind nicht auf Industriebetriebe des sekundären Sektors zu beschränken. Betriebe des primären und tertiären Sektors fragen ebenso produkt- und betriebsbezogene Dienstleistungen nach. Gleichermaßen können sie als Anbieter dieser Dienstleistungen fungieren. In beiden Fällen stimulieren die Nachfrage und das Angebot die Notwendigkeit an Personenwirtschaftsverkehr.

Schließlich liegt es in der Natur einiger Güter und Dienstleistungen, dass Verkehr entsteht. Ist der Kunde, der vom Anbieter eine Leistung beziehen will, nicht gewillt oder nicht in der Lage, selbst mobil zu werden, treten Unternehmen als Nachfrager des Personenwirtschaftsverkehrs auf. Das Beziehen von bspw. handwerklichen Leistungen ist i. d. R. vor Ort erforderlich. Große Maschinen, aber auch kleine und fest verbaute Gegenstände, machen es unerlässlich, dass das zu wartende Gut beim Kunden bearbeitet wird. In der Hauskrankenpflege ist der Kunde nicht in der Lage oder nicht gewillt, die beanspruchte Leistung außerhalb seines ständigen Aufenthaltsortes zu beziehen. In beiden beschriebenen Fällen sind eine Anbieter-Nachfrager-Trennung (seperated services) und eine Anbieter-Nachfrager-Mobilität (footlose services, Kulke 2008, S. 141) nicht praktikabel. Es entsteht ein vom Unternehmen (Industrie-/Handwerksbetrieb und Hauskrankenpflege) initiierter Personenwirtschaftsverkehr.[19]

Es stellt sich zusammenfassend heraus, dass Personenwirtschaftsverkehr vor allem deswegen entsteht, da Wissen zwischen den Unternehmen und den von ihnen aufgesuchten Zielgruppen ausgetauscht werden muss. Wird Wissen nicht vermittelt, kommt es zumindest zur Anwendung eines spezifischen Wissens, dass das Unternehmen, i. d. R. aber nicht der Kunde selbst besitzt, etwa bei der Reparatur von Maschinen. Die Entstehung von Personenwirtschaftsverkehr wird durch marktspezifische Entwicklungen wie Externalisierung, technische Innovationen und das Angebot komplementärer Dienstleistungen verstärkt.

2.3 Verfügbare Daten zum Personenwirtschaftsverkehr

Kapitel 2.2 hat gezeigt, dass in der Theorie zahlreiche Entstehungsgründe existieren, die die Nachfrage des Personenwirtschaftsverkehrs fördern. Ob sich Personenwirtschaftsverkehr tatsächlich in der Realität manifestiert, kann nur mit empirisch gewonnenen Daten belegt werden. Bisher bestehen jedoch nur sehr begrenzt Betrachtungen dazu, welche Daten zum Wirtschaftsverkehr allgemein und für den Personenwirtschaftsverkehr im Speziellen existieren. Dieses Kapitel dient zunächst dazu, eine Bestandsaufnahme möglicher Datenquellen des Personenwirtschaftsverkehrs

---

[19] Dabei handelt es sich in der Diktion von Kulke (2008, S. 140) um Nachfrager basierte Dienste (demander-located services), bei dem der Anbieter (das Unternehmen) den Standort des Kunden aufsucht. Diese Terminologie ist für die vorliegende Arbeit jedoch irreführend. In dieser Arbeit werden die Unternehmen, die Anbieter einer Leistung sind, als Nachfrager bezeichnet, weil sie im Sinne der Verkehrsforschung Personenwirtschaftsverkehr nachfragen. Folglich wird der Begriff der demander-located services vermieden. Nichtsdestotrotz folgt die vorliegende Arbeit der Auffassung, dass die aushäusigen Aktivitäten am Zielort „die originären Ursachen von Wegen sind [...] und die Verkehrsnachfrage eine abgeleitete Nachfrage darstellt" (Zumkeller et al. 2001, S. 12).

in Deutschland zu liefern. Ausgewählte Erkenntnisse der identifizierten Datenquellen gibt Kapitel 2.4 wieder.

Im Rahmen des EU-Projekts ‚Best Urban Freight Solutions 2' (BESTUFS 2) wurden in zahlreichen europäischen Ländern, darunter Deutschland, Experten befragt, um deren Einschätzung zur Datenlage im Wirtschaftsverkehr zu erlangen (Browne & Allen 2006). Das übergeordnete europäische Ziel ist die Harmonisierung von Datenerhebungen zur Förderung nachhaltiger (urbaner) Verkehre (Patier & Routhier 2008). Eine der identifizierten Datenlücken betrifft die Verkehre mit leichten Nutzfahrzeugen, speziell in städtischen Gebieten (Browne & Allen 2006, S. 17; Patier & Routhier 2008, S. 19). Obwohl in diesem Zusammenhang nicht explizit von Personenwirtschaftsverkehr gesprochen wird, zeigen vor allem britische Studien (siehe Kapitel 2.1.2), dass mit leichten Nutzfahrzeugen die Service Trips verbunden werden. Da Service Trips Teil des Personenwirtschaftsverkehrs sind, ist zu schlussfolgern, dass auf europäischer Ebene eine mangelnde Datenlage zum Personenwirtschaftsverkehr besteht. Nach Einschätzung von Binnenbruck (2006, S. 3) trifft der Mangel an Daten zu den Aktivitäten von leichten Nutzfahrzeugen auch in Deutschland zu. Außerdem gäbe es keine ausreichenden Informationen zu sonstigen kommerziellen Fahrten in Städten, etwa mit Pkw (Binnenbruck 2006, S. 24; vgl. Machledt-Michael 2000a, S. 18; Nobis & Luley 2005, S. 4). Trotz erster Bemühungen fehle es in Deutschland noch immer an einer kontinuierlichen Erhebung zu den Fahrten von Lkw <3,5 t zGG, wenngleich Binnenbruck (2006, S. 3f.) betont, dass mit der KiD 2002 ein wichtiger Schritt gemacht wurde, um die Datenlücke zu schließen.

Mit deutschen Daten zum Personenwirtschaftsverkehr befasst sich Steinmeyer (2004) ausführlicher. Sie berücksichtigt in ihrer Arbeit in umfangreicher Art und Weise sowohl regionale als auch nationale deutsche Quellen. Doch auch sie stellt fest, dass bis 2003 auf nationaler Ebene keine Daten vorlagen, die detailliert Auskunft zur Fahrtenanzahl pro Tag, Fahrtzwecken und Zielarten geben (vgl. Kutter 2002, S. 10; Wermuth 2007, S.

334). Neue Erkenntnisse erhoffte sich Steinmeyer (2004) durch die Studie ‚Kraftfahrzeugverkehr in Deutschland 2002' (KiD).[20]

Obgleich bisher der Eindruck entsteht, dass keine verlässlichen Daten zum Personenwirtschaftsverkehr existieren, geben Statistiken des KBA (Kraftfahrtbundesamt: ‚Statistische Mitteilungen'), der BASt (Bundesanstalt für Straßenwesen: ‚Fahrleistungserhebung') und des DIW (Deutsches Institut für Wirtschaftsforschung: ‚Verkehr in Zahlen') Anhaltspunkte zum Personenwirtschaftsverkehr (vgl. Browne & Allen 2006, S. 13; Steinmeyer 2002, S. 5f.). Diesen Statistiken ist jedoch gemein, dass sie keine konkreten Angaben zum Personenwirtschaftsverkehr eines Betriebs oder einer Person liefern können. Zwar geben sie Auskunft über die Fahrleistung eines Fahrzeugs je Fahrzeugklasse und/oder je Wirtschaftsabschnitt, sodass über Annahmen Aussagen zum Personenwirtschaftsverkehr abgeleitet werden können (vgl. Steinmeyer 2004).[21] Da jedoch weder Fahrtzwecke differenziert ausgewiesen sind, noch einzelne Wege erfasst wurden, bleiben die Erkenntnisse eher vage und auf aggregiertem Niveau.

Detailliertere Erkenntnisse zum Personenwirtschaftsverkehr ermöglichen hingegen nationale und regionale Studien, die insbesondere zu Beginn des vergangenen Jahrzehnts zahlreich durchgeführt wurden (Nobis & Luley 2005, S. 5). Erhebungen, die Auskunft zum Personenwirtschaftsverkehr liefern können, sind, neben der in dieser Arbeit verwendeten KiD 2002 und der Dienstleistungsverkehrsstudie, die bundesweite Studie MiD 2002/2008 (Mobilität in Deutschland), das jährliche MoP (Mobilitätspanel) und das SrV 2008 (System repräsentativer Verkehrsbefragungen). Alle drei Studien richten sich an Haushalte und erfassen deren generelle Mobilitätsmerkmale sowie die

---

[20] Die KiD 2002 erschien kurz nach der Veröffentlichung von Steinmeyer (2004) und wird in der vorliegenden Arbeit als relevanter Arbeitsdatensatz zu einem späteren Zeitpunkt vorgestellt.

[21] Steinmeyer (2004, S. 53ff.) geht etwa davon aus, dass die gewerblich gemeldeten Pkw, speziell im Wirtschaftszweig der Dienstleistungen, Auskunft über die Bedeutung des Personenwirtschaftsverkehrs geben. Dieser Auffassung ist größtenteils zu folgen. Jedoch ist unklar, ob die gewerblichen Pkw tatsächlich im vollen Umfang für den Personenwirtschaftsverkehr genutzt werden. Die Nutzung gewerblicher Pkw als Dienstwagen, die nur für private Zwecke eingesetzt werden, ist ebenso denkbar wie der Gebrauch privat gemeldeter Pkw für Fahrten im Personenwirtschaftsverkehr.

Wege an einem Stichtag bzw. in einer Stichwoche (INFAS & DLR 2010; Nobis & Luley 2005, S. 6ff.; Zumkeller et al. 2007; Wittwer 2008, S. 81ff.).

Die MiD ist die Weiterführung und -entwicklung der Studie zur ‚Kontinuierlichen Erhebung zum Verkehrsverhalten' (KONTIV), die bereits 1976, 1982 und 1989 durchgeführt wurde. Die MiD befragt deutschlandweit Haushalte zu deren Alltagsverkehr und erfasst in einem Wegeprotokoll die an einem Stichtag durchgeführten Wege (INFAS & DIW 2004, S. 3ff.; INFAS & DLR 2010, S. 11f.; Lenz 2010, S. 588). Durch die dabei stattfindende Erfassung der ‚regelmäßigen beruflichen Wege' und der ad hoc anfallenden beruflichen Wege lassen sich Erkenntnisse zum Wirtschaftsverkehr gewinnen (INFAS & DLR 2010, S. 125). Zwar beziehen die erfassten beruflichen Wege auch den gewerblichen Personentransport (etwa die Wege von Busfahrern) sowie die Wege von Lieferanten im Güterverkehr mit ein (INFAS & DLR 2010, S. 16). Sie beinhalten aber vor allem die Wege, die den in Kapitel 2.1 definierten Zwecken des Personenwirtschaftsverkehrs entsprechen.

Das Deutsche Mobilitätspanel (MoP), das vom Bundesministerium für Verkehr, Bau und Stadtentwicklung in Auftrag gegeben wird, richtet sich wie die MiD an deutsche Haushalte und erfasst „seit 1994 jährlich in Form eines Rotationspanels die Alltagsmobilität, Pkw-Fahrleistungen und verbrauchte Treibstoffmengen" (BMVBS 2008, S. 1). Das MoP erfasst eine Woche lang die Wege der Probanden über ein Wegeprotokoll. Als Wegeziel bzw. -zweck steht die Kategorie ‚dienstlich/geschäftlich' zur Auswahl, sodass Aussagen zum Personenwirtschaftsverkehr getroffen werden können. Da das Wegeprotokoll jedoch nicht die Ausführlichkeit der MiD erreicht, sind die Erkenntnisse zum Personenwirtschaftsverkehr vergleichsweise eingeschränkt. Ob es sich bei den dienstlichen/geschäftlichen Wegen statt um Personenwirtschaftsverkehr um Güter- oder gewerblichen Personenbeförderungsverkehr handelt, ist nicht ersichtlich. Durch die Kontinuität der Erhebung ist das MoP dennoch eine geeignete Quelle, um Angaben über die langfristigen Entwicklungen des Personenwirtschaftsverkehrs zu machen. Eine solche Auswertung der MoP-Daten existiert nach Kenntnissen des Autors der vorliegenden Arbeit bisher jedoch nicht.

Im Jahr 2008 wurde parallel zur MiD 2008 die neunte SrV-Studie durchgeführt. Die seit 30 Jahren stattfindenden Erhebungen erfassen die Mobilität in Städten und deren engeren Verflechtungsräumen (Umlandgemeinden) durch die Befragung von Haushalten (Ahrens 2009, S. 1ff.). Das SrV erfasst auf ähnlich aggregiertem Niveau wie das MoP die dienstlichen/geschäftlichen Wege und ermöglicht so grobe Auswertungen zum Personenwirtschaftsverkehr. Zwar existieren weiterreichende Angaben zum einzelnen Weg selbst. Der Fahrtzweck, der Erkenntnisse zum Personenwirtschaftsverkehr ermöglicht, erreicht aber nicht den Differenzierungsgrad der MiD 2008.

2.4 Relevanz des Personenwirtschaftsverkehrs

Da Steinmeyer (2002, 2004) sowie Menge (2011) ausführlich die existierenden, in Kapitel 2.3 vorgestellten Daten analysiert und auszugsweise wiedergegeben haben, beschränkt sich der Autor der vorliegenden Arbeit auf die Darstellung von:

- Kennwerten, die aus der aktuellen MiD 2008 stammen und einen nationalen Bezug haben (Kapitel 2.4.1) sowie
- internationalen und deutschen Studien mit regionalem Bezug, die in früheren Publikationen zum Personenwirtschaftsverkehr keine Berücksichtigung fanden und einen konkreten Bezug zu Unternehmen herstellen (Kapitel 2.4.2).

Die nachfolgend vorgestellten Kennwerte belegen die Relevanz des Personenwirtschaftsverkehrs sowohl im Vergleich zu anderen Verkehren als auch für einzelne Wirtschaftsabschnitte und Fahrzeugklassen.

2.4.1 Aktuelle Erkenntnisse aus der MiD 2008

Die derzeit aktuellsten deutschen Daten, die sehr differenziert Auskunft über den Personenwirtschaftsverkehr geben, stammen aus der bundesweiten Erhebung zum ‚Mobilitätsverhalten in Deutschland', der MiD 2008 (siehe Kapitel 2.3).

Die Studie zeigt, dass fast 6 % aller Erwerbstätigen in Deutschland regelmäßige berufliche Wege ausüben. Dies spiegelt sich auch am Anteil der Wegezwecke am Verkehrsaufkommen wider. Die ‚dienstlichen' Wege, die sowohl die ad hoc anfallenden als auch die regelmäßigen beruflichen Wege umfassen, verursachen im Jahr 2008 7 % aller Wege. Gegenüber dem Jahr 2002 ist dies ein Rückgang um 1 % (INFAS & DLR 2010, S. 116ff.). Auch das Verkehrsaufkommen der dienstlichen Wege sinkt zwischen

2002 und 2008 um 2 Mio. Wege pro Tag auf täglich 19 Mio. Wege. Im gleichen Zeitraum verringert sich die Verkehrsleistung von 435 Mio. auf 378 Mio. Personenkilometer je Tag (INFAS & DLR 2010, S. 29).

Für eine differenziertere Betrachtung des Personenwirtschaftsverkehrs kann nur der Teil der Daten der MiD 2008 genutzt werden, der die regelmäßigen beruflichen Wege (rbW) enthält, da diese nach mehreren Wegezwecken unterschieden werden. Bei den im Wegeprotokoll erfassten ad hoc anfallenden beruflichen Wegen konnte in der Studie nur ‚dienstlich/geschäftlich' als Wegezweck gewählt werden. Ob es sich bei dem Weg um Personenwirtschaftsverkehr oder andere Bereiche des Wirtschaftsverkehrs handelt, bleibt offen. Daher können keine aussagekräftigen Erkenntnisse allein für den Personenwirtschaftsverkehr über die Analyse der ad hoc anfallenden beruflichen Wege getroffen werden.

Die regelmäßigen beruflichen Wege erlauben jedoch einen konkreten Einblick in den Personenwirtschaftsverkehr. Der dem Personenwirtschaftsverkehr zuzuordnende Wegezweck ‚Kundendienst/Erledigung' generiert bei den regelmäßigen beruflichen Wegen über 4,2 Mio. Wege am Tag und übersteigt damit das Wegeaufkommen für ‚Transport/Abholung/Zustellung von Waren' von knapp 3,3 Mio. Wegen pro Tag. Zum Personenwirtschaftsverkehr zählend, kommen über 1,6 Mio. Wege je Tag für ‚Sozialdienst/Betreuung' sowie über 2,3 Mio. Wege pro Tag zum Zwecke ‚Besuch/Besichtigung/Besprechung' hinzu (INFAS & DLR 2010, S. 125f.).[22] Dies unterstreicht erneut, dass dem Personenwirtschaftsverkehr neben dem Güterverkehr eine bedeutende Rolle im alltäglichen deutschen Mobilitätsgeschehen zukommt.

---

[22] Da die ad hoc anfallenden Wege außer Acht gelassen werden, ist davon auszugehen, dass die Wegeaufkommen im Personenwirtschaftsverkehr im Verhältnis zum Güter- und Personentransportverkehr noch unterschätzt werden. Es ist anzunehmen, dass die ad hoc anfallenden beruflichen Wege zum Großteil den Zwecken des Personenwirtschaftsverkehrs zuzurechnen sind. Während ein Berufsfahrer im Güterverkehr oder im gewerblichen Personentransport mehrheitlich die beruflichen Wege als regelmäßig bezeichnen wird, können Wege zum Zwecke der Besprechung oder des Kundenbesuches spontan und somit nicht regelmäßig notwendig sein. Zu vermuten ist daher, dass ein Großteil der dienstlichen Wege, die in der MiD 2008 als ad hoc anfallende berufliche Wege einzeln aufgenommen wurden, zum Personenwirtschaftsverkehr zählen.

Eine vom Autor dieser Arbeit durchgeführte deskriptive Datenanalyse der MiD 2008 zu den regelmäßigen beruflichen Wegen ermöglicht weitere Erkenntnisse zum Personenwirtschaftsverkehr.[23] Wie Tabelle 2-1 zeigt, gaben über 900 der knapp 1.700 Personen, die regelmäßige berufliche Wege am Stichtag durchführten, an, dass der Hauptzweck ihrer Wege dem Personenwirtschaftsverkehr zuzurechnen ist (Kategorien: Besuch, Kundendienst und Sozialdienst). Für den Zweck des Sozialdienstes bzw. der Betreuung werden die meisten Wege im Personenwirtschaftsverkehr zurückgelegt, durchschnittlich neun am Tag pro Person. Im Zusammenhang mit der verhältnismäßig geringen Verkehrsleistung von rund 60 km je Tag ist für diesen Bereich auf kurze Wege zu schließen. Für den Zweck des Besuchs bzw. der Besprechung fallen hingegen nur ca. fünf Wege am Tag an, wobei insgesamt eine größere Distanz von etwa 111 km zurückgelegt wird, was auf längere Wege hindeutet. Mit im Durchschnitt annähernd 99 km und fast sechs Wegen pro Tag befindet sich der Wegezweck Kundendienst im Mittelfeld des Personenwirtschaftsverkehrs, ist aber gleichzeitig der Zweck, für den im Verhältnis am meisten berufliche Wege durchgeführt werden. Dies erklärt auch, trotz der geringeren täglichen Verkehrsleistung und dem niedrigeren Verkehrsaufkommen je

---

[23] Zu beachten ist: Die berechneten Zahlen können nur als ungefähre Hinweise zum Personenwirtschaftsverkehr verstanden werden, da in dem MiD-Befragungsmodul zu den regelmäßigen beruflichen Wegen ausschließlich der Hauptzweck der Wege am Stichtag und das überwiegend genutzte Verkehrsmittel über alle beruflichen Wege abgefragt wurden. Auswertungen über die Verkehrsleistung und das Verkehrsaufkommen müssen demnach mit Vorsicht interpretiert werden. Denkbare Mischformen, bei denen am Stichtag sowohl Wege zum Zwecke des Kundendienstes als auch zum Zwecke der Besprechung durchgeführt werden, bleiben unberücksichtigt und verzerren ggf. die Aussagen leicht zu Gunsten bzw. Ungunsten eines Zweckes. Das Gleiche trifft auf das Verkehrsmittel zu. Eine am Stichtag auftretende Multi- und/oder Intermodalität bleibt bei den regelmäßig durchgeführten Wegen unberücksichtigt und kann insbesondere bei einzelnen Verkehrsmodi zu unerwarteten Ergebnissen führen. So entstehen etwa hohe Verkehrsleistungen bei ‚zu Fuß' (teils über 14 km am Tag, vgl. Tabelle 2-1), die in Einzelfällen zwar plausibel, für einen Mittelwert aber kaum nachvollziehbar sind. Ursächlich hierfür kann demnach sein, dass ‚zu Fuß' zwar das Hauptverkehrsmittel am Stichtag darstellt und vom Probanden angegeben wurde, jedoch auch ein Weg mit dem Auto oder dem ÖPNV zurückgelegt wurde. Da aber nur die Gesamtlänge aller Wege abgefragt wurde, fließt die mit dem Kfz oder Nahverkehr zurückgelegt Strecke zwar in die Gesamt-Verkehrsleistung mit ein, wird aber verallgemeinernd dem Hauptverkehrsmittel zugeschlagen. Eine Analyse der ad hoc anfallenden beruflichen Wege stützt diese Überlegung und zeigt, dass für einen dienstlichen Weg durchschnittlich nur knapp 1,5 km zurückgelegt wurden, wenn das Hauptverkehrsmittel ‚zu Fuß' war. Für die Interpretation der regelmäßigen beruflichen Wege müssen auch die teilweise geringen Fallzahlen (n) berücksichtigt werden (siehe Tabelle 2-1).

Tag, warum hochgerechnet auf ein Jahr und ganz Deutschland für den Kundendienst mehr Wege aufkommen als für den Transport von Waren.

Tabelle 2-1: Verkehrsleistung und -aufkommen im Wirtschaftsverkehr nach Hauptverkehrsmittel und Hauptzweck.
Quelle: eigene Zusammenstellung, Daten: MiD 2008.

Hauptzweck der regelmäßigen beruflichen Wege am Stichtag	Verkehrsleistung (Personenkilometer)/Verkehrsaufkommen	Hauptverkehrsmittel (Mittelwert, gewichtete Anzahl n)						
		zu Fuß Mittelwert (n)	Fahrrad Mittelwert (n)	MIV Mittelwert (n)	ÖPV Mittelwert (n)	Flugzeug Mittelwert (n)	Sonstiges Mittelwert (n)	Gesamt Mittelwert (n)
Besuch Besichtigung Besprechung	Kilometer insgesamt auf regelmäßigen beruflichen Wegen	14 (8)	14,1 (11)	112,8 (265)	137,8 (14)	1500 (1)	138 (4)	111,1 (303)
	Anzahl regelmäßiger beruflicher Wege am Stichtag	8,9 (8)	7,8 (11)	5,3 (265)	2,5 (14)	2 (1)	3 (4)	5,3 (303)
Kundendienst Erledigung	Kilometer insgesamt auf regelmäßigen beruflichen Wegen	14,1 (7)	19,3 (16)	101,7 (487)	312 (2)	. (0)	5 (1)	98,7 (513)
	Anzahl regelmäßiger beruflicher Wege am Stichtag	2,9 (7)	11,4 (16)	5,7 (487)	3,6 (2)	. (0)	2 (1)	5,8 (513)
Sozialdienst Betreuung	Kilometer insgesamt auf regelmäßigen beruflichen Wegen	4 (3)	10 (3)	48,7 (110)	. (0)	1000 (1)	172,5 (9)	60,4 (126)
	Anzahl regelmäßiger beruflicher Wege am Stichtag	2,3 (3)	3,7 (3)	9,7 (110)	. (0)	5 (1)	5,4 (9)	9 (126)
Transport Abholung Zustellung von Waren	Kilometer insgesamt auf regelmäßigen beruflichen Wegen	5,3 (24)	12,2 (20)	193,7 (296)	102,5 (7)	. (0)	. (0)	169,6 (346)
	Anzahl regelmäßiger beruflicher Wege am Stichtag	6,6 (24)	2,4 (20)	7,6 (296)	4,1 (7)	. (0)	. (0)	7,4 (346)
Personenbeförderung	Kilometer insgesamt auf regelmäßigen beruflichen Wegen	4 (1)	8 (1)	168,8 (60)	255,5 (7)	. (0)	289,4 (2)	176,5 (70)
	Anzahl regelmäßiger beruflicher Wege am Stichtag	2 (1)	1 (1)	14,6 (60)	7 (7)	. (0)	6,5 (2)	13,3 (70)
anderer Zweck	Kilometer insgesamt auf regelmäßigen beruflichen Wegen	33,2 (15)	20,9 (5)	99,8 (276)	227,9 (14)	800 (1)	229,1 (4)	106 (315)
	Anzahl regelmäßiger beruflicher Wege am Stichtag	3,1 (15)	5,1 (5)	4,5 (276)	4,3 (14)	2 (1)	4,4 (4)	4,5 (315)
Gesamt	Kilometer insgesamt auf regelmäßigen beruflichen Wegen	15,1 (58)	15,2 (56)	120,3 (1494)	187,4 (43)	1014,2 (3)	185 (19)	117,3 (1673)
	Anzahl regelmäßiger beruflicher Wege am Stichtag	5,2 (58)	7,7 (56)	6,4 (1494)	4 (43)	2,8 (3)	4,7 (19)	6,3 (1673)

Die Betrachtung des genutzten Hauptverkehrsmittels offenbart eine Dominanz des Motorisierten Individualverkehrs und eine nur geringe Bedeutung des Umweltverbundes (zu Fuß, Fahrrad, ÖPV). Zwischen 87 % und 95 % der Personen, die am Stichtag regelmäßige berufliche Wege im Rahmen des Personenwirtschaftsverkehrs durchführten, nutzten hauptsächlich den MIV. Die meisten Wege (9,7) pro Tag mit dem MIV werden zum Zwecke des Sozialdienstes bzw. der Betreuung unternommen. Die intensive Nutzung des MIV bei gleichzeitig geringer Verkehrsleistung am Tag von durchschnittlich knapp 49 km verstärkt die angesprochene Charakteristik der kurzen Wege in diesem Bereich des Personenwirtschaftsverkehrs. Dies scheint plausibel, da der Sozialdienst und die Betreuung vor allem in dicht besiedelten Städten lokal organisiert und abgegrenzt sind und die Wege zwischen den Kunden, z. B. ältere Menschen, verhältnismäßig kurz ausfallen.

Weitere Auswertungen zeigen, dass die Studienteilnehmer der MiD 2008, die angaben, regelmäßige berufliche Wege im Rahmen des Personenwirtschaftsverkehrs auszuüben, sich ungleich auf die Wirtschaftsabschnitte[24] verteilen, das heißt in unterschiedlichen Berufen tätig sind. Mit über 94 % dominieren die Wegezwecke des Personenwirtschaftsverkehrs im Wirtschaftsabschnitt ‚Erbringung von Finanz- und Versicherungsdienstleistungen'. Es werden sowohl Wege für Kundenbesuche bzw. Besprechungen (49,6 %) als auch für den Kundendienst (42,9 %) durchgeführt. Weitere Wegezwecke spielen in dieser Branche für die regelmäßigen beruflichen Wege keine bedeutende Rolle. Ähnlich hohe Anteile des Personenwirtschaftsverkehrs an den hauptsächlichen Wegezwecken sind in den Wirtschaftsabschnitten ‚Energieversorgung' (86,3 %), ‚Gesundheits- und Sozialwesen' (80,5 %), ‚Information und Kommunikation' (78,0 %) und ‚Verarbeitendes Gewerbe' (71,0 %) zu verzeichnen. Besonders geringe Werte treten hingegen bei ‚Verkehr und Lagerei' (8,0 %), ‚Gastgewerbe' (28,9 %) und ‚Kunst, Unterhaltung und Erholung' (38,2 %) auf.

Resümierend ist festzustellen, dass der Personenwirtschaftsverkehr eine bedeutende Rolle im Bereich des Wirtschaftsverkehrs einnimmt, wenngleich letzterer in den vergangenen Jahren in Relation zum Personenverkehr, aber auch absolut an Bedeutung leicht verloren hat. Innerhalb des Personenwirtschaftsverkehrs bestehen Unterschiede

---

[24] Gemeint sind Wirtschaftsabschnitte im Sinne der Wirtschaftszweigsystematik des Statistischen Bundesamtes, WZ 2008. „Die Wirtschaftszweigsystematik erfasst die Unternehmen einer Volkswirtschaft entsprechend dem Schwerpunkt ihrer wirtschaftlichen Tätigkeiten" (Menge 2011, S. 38) und gliedert sich in der Version 2008 in 21 Abschnitte. Die deutsche WZ 2008 orientiert sich an der europäischen Klassifikation NACE Rev. 2. Für eine ausführliche Darstellung zu Wirtschaftszweigsystematiken siehe Menge (2011). Die vorliegende Arbeit nutzt außerdem den Begriff ‚Wirtschaftszweig'. Dieser findet Anwendung, wenn zwar zwischen den wirtschaftlichen Tätigkeiten von Unternehmen differenziert, jedoch nicht im statistischen Sinne unterschieden wird. Dies tritt insbesondere in zitierter Literatur auf, die sich nicht explizit auf eine Wirtschaftszweigsystematik stützt.

im Verkehrsaufkommen und in der Verkehrsleistung zwischen einzelnen fahrtauslösenden Zwecken. Für den Sozialdienst bzw. die Betreuung fallen die meisten Wege pro Person und Tag an. Für den Kundenbesuch bzw. die Besprechung werden an einem Tag die größten Entfernungen zurückgelegt. Auch zeigt sich, dass der Personenwirtschaftsverkehr eine unterschiedliche Relevanz in den verschiedenen Wirtschaftsabschnitten besitzt. Während der Personenwirtschaftsverkehr in der Energieversorgung der dominante Wegezweck ist, spielt er im Bereich ‚Verkehr und Lagerei' nur eine untergeordnete Rolle.

2.4.2 Regionale Studien mit Unternehmensbezug

Abgesehen von der nationalen Studie MiD 2008 bieten aktuelle regionale Studien Einblicke in den Personenwirtschaftsverkehr. Sie bieten den Vorteil, dass sie einen direkten Bezug zu Unternehmen aufweisen und tragen so zu einem besseren Verständnis des Personenwirtschaftsverkehrs und der hier behandelten Thematik bei. Zunächst werden die deutschen Studien vorgestellt, die mittels quantitativer, empirischer Methoden Kennwerte zum Personenwirtschaftsverkehr erzeugt haben. Im Anschluss werden qualitative und quantitative Resultate internationaler Studien mit regionalem Bezug präsentiert. Auch wenn sich diese Arbeit mit dem deutschen Personenwirtschaftsverkehr befasst, erlauben grenzüberschreitende Betrachtungen eine bessere Einordnung dieses Verkehrs und ermöglichen es, verkehrlich-unternehmerische Zusammenhänge zu erschließen.

Deutsche Studien

Innerhalb eines Betriebes gibt es:

- permanent mobile,
- gelegentlich mobile und
- immobile Mitarbeiter (Aguilera 2008, S. 1113).

Letztere verlassen ihren Betrieb nicht aus dienstlichen/geschäftlichen Gründen. Obwohl es eine große Anzahl mobiler Mitarbeiter der beiden zuerst genannten Gruppen gibt, dominieren heute noch die immobilen Mitarbeiter (Aguilera 2008, S. 1113). Dies zeigt unter anderem eine Betriebsbefragung von über 400 Betrieben mit mehr als 100

Mitarbeitern in fünf deutschen Regionen. In der Studie des ILS et al. (2007) wird auf der einen Seite zwar festgestellt, dass in 68 % der Betriebe Beschäftigte in Ausübung ihres Berufs auf einen Pkw angewiesen sind. In 1/3 dieser Betriebe betrifft das auf der anderen Seite jedoch weniger als 10 % der Beschäftigten. Lediglich in 22 % der befragten Betriebe sind mehr als 50 % der Beschäftigten auf einen Pkw angewiesen, um ihre Arbeit zu verrichten (ILS et al. 2007, S. 108). Die Studie zeigt außerdem, dass eine große Zahl an Betrieben ein multimodales Mobilitätsprofil aufweist (siehe Abbildung 2-7).[25]

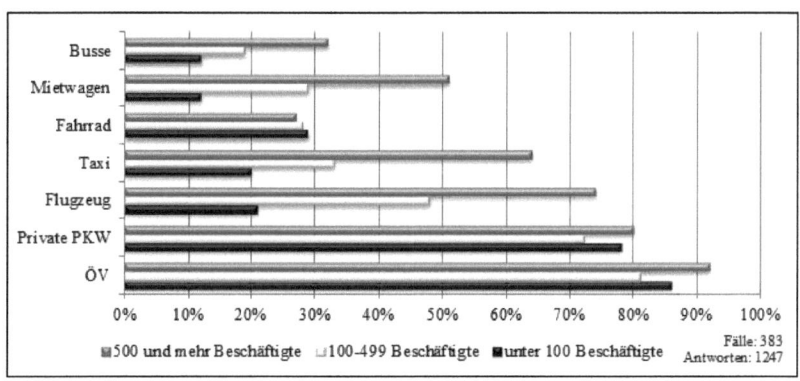

Abbildung 2-7: Verkehrsmittelnutzung (außer Dienstwagen) bei berufsbedingten Aktivitäten, nach Beschäftigtenanzahl.
Quelle: ILS et al. 2007, S. 110, angepasst.

Neben dem Dienstwagen nutzen über 80 % der Betriebe auch den öffentlichen Verkehr (ÖV) für berufsbedingte Aktivitäten. Auch das Fahrrad erreicht mit über 25 % einen hohen Zuspruch unter den Betrieben. Während für das Fahrrad und den ÖV die Nutzung unabhängig von der Mitarbeiteranzahl zu sein scheint, spielt die Betriebsgröße bei der Nutzung von Flugzeug, Taxi und Mietwagen eine bedeutendere Rolle. Die Abbildung 2-7 stellt dar, welche Verkehrsmittel generell genutzt werden. Sie ermöglicht keinen Aufschluss über die Nutzungsintensität bzw. die Verkehrsleistung der einzelnen Verkehrsträger. Die Dominanz des MIV, die durch die MiD 2008 belegt wird (siehe Kapitel 2.4.1), spiegelt sich so nicht wider.

---

[25] Die Kategorie ‚Busse' in Abbildung 2-7 bezieht sich hier auf Werksbusse der befragten Betriebe.

Eine regionale Befragung von Fahrzeugführern im Straßenverkehr an drei Ausfallstraßen in Dresden gibt Hinweise auf einige Kenngrößen des Personenwirtschaftsverkehrs (Rümenapp & Overberg 2003). Demnach gaben insgesamt ca. 15 % der Befragten an, dass ihr Fahrtzweck dem Personenwirtschaftsverkehr entspricht, der Güterverkehr kam auf 11 % Anteil an allen Wegezwecken. Auf den Stichtag hochgerechnet wurden mit Pkw 79 % der Personenwirtschaftsverkehrs-Fahrten ausgeführt, Kleinbusse und Lkw <3,5 t zGG waren für weitere 16 % verantwortlich. Erneut verdeutlichen die Zahlen, dass der Personenwirtschaftsverkehr bezogen auf das Aufkommen im Verhältnis zum Güterverkehr der dominantere Wirtschaftsverkehr ist.

Internationale Studien

Internationale Studien, insbesondere aus dem englischen Sprachraum, belegen die Bedeutung des Personenwirtschaftsverkehrs. Eine Untersuchung in Calgary etwa hat gezeigt, dass ungefähr 45 % aller von Unternehmen durchgeführten Kundenbesuche auf die Erbringung einer Dienstleistung zurückzuführen sind (Hunt & Stefan 2007, S. 983).

In einer umfassenden Metastudie stellen Allen et al. (2008) 30 britische Untersuchungen zu urbanen Lieferverkehren zusammen. Einige der zusammengetragenen Studien berücksichtigen explizit die Lieferverkehre, bei denen vor Ort eine Dienstleistung erbracht wird. Die als Service Trips bezeichneten Fahrten entsprechen am ehesten den Dienstleistungsverkehren im Sinne dieser Arbeit (siehe Kapitel 2.1.2).[26] Eine neuere der 30 Studien, aus der Region Catford, betrachtet die Verweildauern der Dienstleistenden je nach Art der Leistung vor Ort beim Kunden und ermöglicht so erste Aufschlüsse über die Fahrzeugnutzung im Personenwirtschaftsverkehr.[27]

---

[26] Es ist jedoch zu beachten, dass etwa Müllabfuhren und Postlieferungen in der britischen Forschung teilweise als Service Trips bezeichnet werden, diese aber nicht in die hier genutzte Definition von Personen-wirtschaftsverkehr fallen.

[27] Befragt wurden im Jahr 2006 45 Betriebe, vornehmlich aus dem Einzelhandels- und Gastgewerbe.

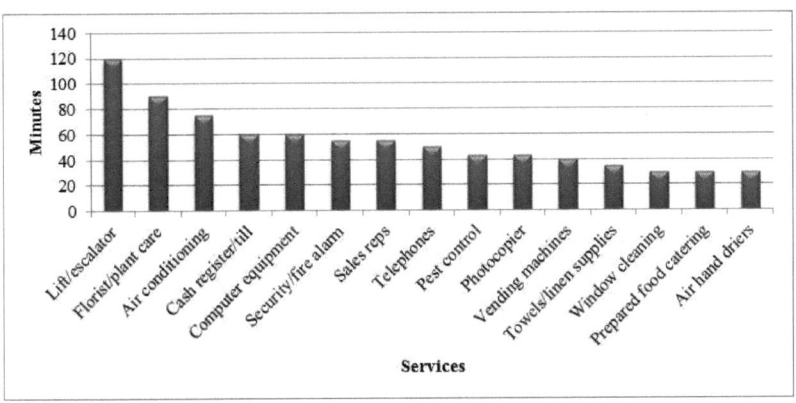

Abbildung 2-8: Durchschnittliche Verweildauern bei Unternehmen nach Art der Dienstleistung in der Region Catford.
Quelle: Allen et al. 2008, S. 57, angepasst.

Abbildung 2-8 zeigt die von den untersuchten Unternehmen nachgefragten Dienstleistungen. Die Reparatur von Fahrstühlen und Rolltreppen beansprucht mit durchschnittlich 120 min am meisten Zeit. In dieser Zeit stehen die entsprechenden Fahrzeuge (Pkw, LNFZ) der dienstleistenden Person am Zielort still. Mit ca. 90 min beansprucht die Garten- und Pflanzenpflege die zweitmeiste Zeit, gefolgt von der Wartung und Instandhaltung diverser Equipments. Die Fensterreinigung und die Wartung von Luft-Handtrocknern erfordern im Durchschnitt einen Aufenthalt von 30 min.

Tabelle 2-2: Wegezweck der Service Trips für Haushalte laut SVAR.
Quelle: Peachman & Mu 2001, S. 15, angepasst.

Industry	Service Trips
Building & Renovation Services	25.4 %
Health, Childcare & Community Services	14.9 %
Landscape & Gardening Services	13.8 %
Cleaning & Laundry Services	13.3 %
Miscellaneous Services	9.9 %
Utilities, Local Government Services	7.7 %
Taxi & other Road Passenger Transport	5.0 %
Household Equipment Repair Sevices	3.9 %
Interest Groups and Religious Organisations	3.3 %
Postal & Courier Services	2.8 %
Total	100 %

Die Service Vehicle Atttraction Rate Study (SVAR) im australischen Sydney und North Epping untersuchte für die Modellierung des Wirtschaftsverkehrs leichter und schwerer Nutzfahrzeuge, wie häufig sowohl Haushalte als auch Betriebe von Nutzfahrzeugen zum Zwecke des Güter- und Personenwirtschaftsverkehrs angesteuert wurden (Mendigorin & Peachman 2005; Peachman & Mu 2001). Es konnte belegt werden, dass vor allem Haushalte mit geringem Einkommen eine sehr hohe Service Trip-Rate von über einem Besuch pro Haushalt und Woche erzeugten. Dies, so die Autoren, liegt an dem höheren Bedarf an Gesundheits- und Sozialdienstleistungen. Neben Erkenntnissen zur Attraktionsrate je nach Haushaltsgröße, Wohntyp und Eigentumsverhältnissen stellt die Studie heraus, wie sich die durchgeführten Service Trips auf die einzelnen Dienstleistungsangebote der Unternehmen verteilten (siehe Tabelle 2-2). Demnach dominieren mit über 25 % die ‚Building and Renovation Services'. Mit einem Abstand von 10 % folgen die Gesundheits- und Sozialdienste sowie dann die Landschafts- und Gartenpflege-Dienstleistungen.

Die SVAR Studie betrachtete auch die Attraktionsraten von Betrieben im australischen Untersuchungsgebiet.[28] Die wesentlichen Erkenntnisse lassen sich Tabelle 2-3 entnehmen. Insgesamt betrachtet, werden die untersuchten Unternehmen zwar mehrheitlich von Nutzfahrzeugen angesteuert, die Güter be- und entladen. Über 39 % der 969 erfassten Besuche von Nutzfahrzeugen sind jedoch der Dienstleistungserstellung zuzurechnen. Dabei verteilen sich diese Besuche heterogen auf die einzelnen Wirtschaftsbereiche, in denen die untersuchten Unternehmen tätig sind. Betriebe, die vor allem der ‚Büroarbeit'[29] zuzuschreiben sind, weisen eine klare Dominanz von ‚Service Visits' auf (96 %). In den Bereichen Gastgewerbe, Industrie und Einzelhandel dominieren hingegen die Güterverkehre. Aber auch diese Betriebe

---

[28] Die Studie besitzt für den Bereich der Betriebe nur einen Pilotcharakter, da aufgrund des geringen Budgets lediglich 41 Unternehmen in die Untersuchungen mit einbezogen wurden. Die Resultate haben daher einen explorativen Charakter. Einen vergleichbaren Studienansatz wählen O'Fallon & Sullivan (2006). Auch sie liefern keine quantitativ belastbaren Resultate, sondern konzentrieren sich auf qualitative Erkenntnisse, die aus Expertenbefragungen gewonnen werden.

[29] Peachman & Mu (2001) werden nicht konkreter bei der Benennung der Betriebe. Die Kategorie ‚Office' ist aber vermutlich dem tertiären Sektor zuzuschreiben und umfasst aller Wahrscheinlichkeit nach Finanz-, Beratungs- und F&E-Dienstleistungen.

werden mehrmals pro Woche von Nutzfahrzeugen angesteuert, die vor Ort Dienstleistungen erbringen. Werden die Service Trip-Raten je Woche und Mitarbeiter betrachtet, rücken die Industrieunternehmen in den Fokus. Über 1,8 Besuche je Mitarbeiter fallen in diesen Betrieben innerhalb von sieben Tagen für eine Dienstleistungserstellung an. Der geringste Wert wurde im Gastgewerbe (0,15) gemessen.[30]

Tabelle 2-3: Trip-Rate je Mitarbeiter und Woche nach Wirtschaftszweig laut SVAR.
Quelle: Peachman & Mu 2001, S. 19, angepasst.

Data	Business Type				Total
	Hospitality	Industrial	Office	Retail	
No. Service Visits	36	65	166	113	380
Total No. Visits	137	199	173	460	969
Services Trip Rate per Employee	0.15	1.81	0.31	0.22	0.28
Total Trip Rate per Employee	0.56	5.53	0.32	0.90	0.72

Ähnlich wie in der australischen Studie von Peachman & Mu (2001) befassen sich Allen et al. (2000b) in einer britischen Untersuchung mit den Zielen von Personenwirtschaftsverkehrs-Fahrten. Eine qualitative Befragung weniger Betriebe[31] zeigt, wie stark verschiedene Dienstleistungen nachgefragt werden, wie viele Fahrten im Jahr pro Betrieb und Dienstleistung anfallen und ob diese ad hoc oder geplant bezogen werden (siehe Tabelle 2-4).

---

[30] Die geringe Stichprobenzahl der Betriebsuntersuchung und eine fehlende Transparenz bei der Berechnung der Trip-Raten machen diese Zahlen nur wenig belastbar (vgl. Peachman & Mu 2001, S. 19). Sie werden daher als Hinweise verstanden.

[31] Im Rahmen der Studie wurden 58 Eigentümer und Manager von Betrieben des Einzelhandels, der Industrie, des Gastgewerbes und der Bürodienstleistungen im Bereich London und Norwich, England, face-to-face interviewt. Für Details siehe Allen et al. (2000a, S. 7f.).

Tabelle 2-4: Fahrtenaufkommen zur Erstellung verschiedener Dienstleistungen.
Quelle: Allen et al. 2000b, S. 63, angepasst.

	Whether sevice vehicle trips are made to premises (% of premises surveyed)	Where premises receive service trips: planned or ad hoc basis (% of premises surveyed)	Average number of planned vehicle trips for those premises using services (per year)
Computer equipment	56%	Planned: 32%	2 per year
		Ad hoc: 64%	
Photocopier	30%	Planned: 81%	44 per year
		Ad hoc: 19%	
Cash register/till	63%	Planned: 10%	1 per year
		Ad hoc: 90%	
Security/fire alarm	92%	Planned: 76%	6 per year
		Ad hoc: 24%	
Lift/escelator	23%	Planned: 83%	7 per year
		Ad hoc: 17%	
Air conditioning	42%	Planned: 64%	4 per year
		Ad hoc: 26%	
Vending machines	26%	Planned: 85%	44 per year
		Ad hoc: 15%	
Warm air hand driers	21%	Planned: 18%	2 per year
		Ad hoc: 82%	
Window cleaning	72%	Planned: 100%	79 per year
		Ad hoc: 0%	
Telephones	92%	Planned: 2%	2 per year
		Ad hoc: 98%	
Florist/plant care	8%	Planned: 100%	240 per year
		Ad hoc: 0%	
Ready prepared food catering	4%	Planned: 100%	260 per year
		Ad hoc: 0%	
Laundry/dry cleaning	10%	Planned: 100%	346 per year
		Ad hoc: 0%	
Towels/linen supplies	8%	Planned: 100%	156 per year
		Ad hoc: 0%	
Pest control	25%	Planned: 91%	11 per year
		Ad hoc: 9%	

Die Fahrt auslösenden Dienstleistungen zeigen sich sehr heterogen in Bezug auf die generelle Inanspruchnahme, aber auch mit Hinsicht auf die Bezugshäufigkeit und die Planung. Am häufigsten (je 92 %) werden die Dienste bezogen, die die Sicherheits- und Feueralarmsysteme sowie die Telefonanlagen betreffen. Hingegen werden Catering fertiger Speisen, Gärtnerdienste sowie Wäsche- und Handtuchreinigungen (jeweils ≤10 %) kaum nachgefragt. Es zeigt sich, dass die Dienstleistungen, die von den meisten Betrieben benötigt werden, nicht die sind, die durchschnittlich am meisten Verkehrsaufkommen erzeugen. Leistungen rund um Sicherheits- und Feueralarmsysteme sowie die Telefonanlagen werden durchschnittlich nur sechs- bzw. zweimal pro Jahr benötigt. Die von Betrieben weniger benötigten Dienstleistungen, die

Fotokopierer und Schädlingsbekämpfung betreffen, lösen im Durchschnitt 44 bzw. 11 Fahrten pro Jahr und Betrieb aus. Auch die Planung der Fahrten zu den Betrieben unterscheidet sich je nach bezogenen Dienstleistungen. Während Fensterreinigung und Gartenpflege zu 100 % geplant erfolgen, werden Dienstleistungen rund um (Registrier-)Kassensysteme und Telefonanalagen ad hoc bezogen. Dies spricht einerseits für die Anfälligkeit der Systeme, andererseits für die reaktive statt proaktive Einstellung vieler Betriebe. Auf alle Dienstleistungen bezogen, überwiegen jedoch die geplanten Leistungsnachfragen. Die Differenzierung in geplante und ad hoc erbrachte Dienstleistungen kann verkehrliche Implikationen mit sich bringen. Geplante Dienstleistungen erlauben dem Anbieter, die Stopps an einem Tag im Vorhinein festzulegen und so die Route eines Fahrzeugs zu optimieren. Die Wegeanzahl können minimiert[32] und Fahrtweiten sowie die Fahr- und Standzeiten verringert werden. Bei ad hoc anfallenden Dienstleistungs-Nachfragen kann eine Route kaum im Vorfeld erstellt oder optimiert werden (vgl. Allen et al. 2000b, S. 59).

Abseits der umfangreichen Erfassung von Service Trips (Dienstleistungsverkehr) haben Allen et al. (2000a, S. 70f.) im geringeren Maße auch die sonstigen kommerziellen Fahrten erfasst, die zu den Geschäfts- und Dienstfahrten zu zählen sind (siehe Kapitel 2.1). Es zeigt sich, dass 44 von 58 untersuchten Betrieben regelmäßig Besuch mit dem MIV von Handelsvertretern und/oder Unternehmensmitarbeitern anderer Betriebsstätten erhalten. Durchschnittlich verzeichnen die Betriebe sieben Besuche von Handelsvertretern in der Woche.

Während die bisher zitierten Studien mehrere Unternehmen und Betriebe zur gleichen Zeit untersuchten, ermöglicht die Betrachtung von Einzelfällen gleichermaßen die Verdeutlichung der Relevanz des Personenwirtschaftsverkehrs, nicht nur bezogen auf den Gesamtverkehr, sondern auch für das einzelne Unternehmen. Das global aktive, britisch-schwedische Pharmazieunternehmen AstraZeneca legte im Jahr 2005 im Rahmen beruflicher Fahrten mit dem MIV nach eigenen Angaben 653 Mio. km

---

[32] Mehr Wege können bei einer ungeplanten Route etwa durch einen unvorhergesehenen Bedarf an Ersatzmaterial entstehen, welches dann zu beschaffen ist und zusätzlich Fahrten erfordert.

zurück.[33] Mehr als 90 % davon entfielen auf Verkaufs- und Marketingaktivitäten (Anderson 2006, S. 56). Beide Aktivitäten können dem Personenwirtschaftsverkehr zugeschrieben werden. Noch höhere Werte erreicht das Pharmazieunternehmen GlaxoSmithKline (GSK) mit ca. 100.000 Mitarbeitern (GSK 2006a, S. 74). Im Jahr 2005 fuhren die Unternehmensfahrzeuge von GSK zu Verkaufszwecken weltweit über 850 Mio. km (Anderson 2006, S. 57).[34] Hinzu kamen im gleichen Jahr weitere 800 Mio. km zurückgelegte Strecke zum Zwecke des Personenwirtschaftsverkehrs mit dem Flugzeug (GSK 2006b, S. 96). Zum Vergleich: die Gesamtfahrleistung deutscher Pkw lag im Jahr 2005 bei 578 Mrd. km (DIW 2009, S.155).

Eine weitere Einzelfallbetrachtung eines Unternehmens, das in Ostanglien (England) für die Wartung von über 10.000 Büromaschinen zuständig ist, zeigt die Bedeutung des Personenwirtschaftsverkehrs auf Mitarbeiterebene. Ein Wartungsingenieur dieses Unternehmens besucht vier bis fünf Kunden pro Tag und legt im Durchschnitt über 43.000 km pro Jahr zurück (Allen et al. 2000a, S. 68). Ein weiteres Unternehmen, zuständig für Telefoninstallation und -betreuung, gibt an, dass ein Mitarbeiter bis zu zehn Aufträge am Tag bearbeitet (Installation und Wartung). Insgesamt werden so von diesem Unternehmen pro Monat ca. 6.000 Kunden in Zentrallondon aufgesucht. Entsprechend viele Personenwirtschaftsverkehrs-Fahrten mit dem MIV fallen in dieser Region an (Allen et al. 2000a, S. 69).

Es ist zu resümieren, dass die regionalen Studien und Einzelfallbetrachtungen ebenso wie die MiD 2008 belegen, dass der Personenwirtschaftsverkehr einen bedeutenden Bestandteil des Gesamtverkehrs darstellt. Die betrachteten Studien zeigen, dass sowohl private als auch gewerbliche Kunden mit einer hohen und geplanten Regelmäßigkeit Ziele von Personenwirtschaftsverkehren sind, da sie verschiedenste Dienstleistungen nachfragen. Als besonders dominant erweisen sich die Fahrten zum Zweck der Wartung von technischen Anlagen und Geräten.

---

[33] AstraZeneca beschäftigte zu diesem Zeitpunkt knapp 65.000 Mitarbeiter weltweit (AZ 2006, S. 11). Rein rechnerisch hat so jeder der Beschäftigten des Unternehmens über 10.000 km im Jahr zurückgelegt.

[34] Das entspricht mehr als 20.000 Erdumrundungen.

Nachdem Kapitel 2 den Begriff des Personenwirtschaftsverkehrs abgegrenzt, die Entstehung dieser Verkehre erklärt, Datenquellen erläutert und die Relevanz mit Zahlen belegt hat, widmet sich Kapitel 3 dem Verkehrsverhalten in empirischen Studien.

3 Verkehrsverhalten in empirischen Studien

Da die vorliegende Arbeit das Verkehrsverhalten im Personenwirtschaftsverkehr empirisch untersucht, ist es Zweck und Ziel dieses Kapitels, eine Übersicht zur Operationalisierung von Verkehrsverhalten aus den bestehenden Forschungserkenntnissen sowohl des Personen- als auch des Wirtschaftsverkehrs zu erstellen. Erst das Messbarmachen von Verhalten erlaubt eine statistisch-analytische Differenzierung und Erklärung verschiedener Verkehrsverhaltens-Muster.

Das Kapitel fährt fort, indem zunächst das Verständnis von Verkehrsverhalten im Personenwirtschaftsverkehr bestimmt wird (Kapitel 3.1). Dabei wird zunächst gezeigt, dass keine allgemeingültige Definition von Verkehrsverhalten in der Wissenschaft besteht, weshalb eine eigene Abgrenzung entwickelt und vorgestellt wird. Darauf aufbauend widmet sich Kapitel 3.2 den bestehenden Ansätzen zur Operationalisierung von Verkehrsverhalten.

3.1 Verständnis von Verkehrsverhalten im Personenwirtschaftsverkehr

Im Bereich des Personenverkehrs hat sich eine umfassende Diskussion aus sozial- und verkehrswissenschaftlicher Perspektive zum rationalen, zum habituellen und zum routinisierten Verkehrsverhalten entwickelt (u. a. Bühler 2008; Davidov et al. 2002; Diana & Mokhtarian 2009; Harms et al. 2007; Hertkorn 2004; Franken & Lenz 2005; Limtanakool et al. 2006; Schlich & Axhausen 2003; Spissu et al. 2009; Zumkeller et al. 2001). In der Literatur zum Wirtschaftsverkehr befassen sich nur wenige Studien mit dem Verkehrsverhalten (Figliozzi 2007; Menge 2011; Ruan et al. 2010; Steinmeyer 2004). Ein vergleichbar breiter Diskurs wie im Personenverkehr findet nicht statt. Dies ist auf die lang anhaltende Dominanz des Güterverkehrs in der Forschung zurückzuführen (Kutter 2002, S. 10; Wermuth 2007, S. 329; siehe Kapitel 2.1). Die einseitige Betrachtung des Wirtschaftsverkehrs als ausschließlichem Transport von Gütern verhinderte bisher eine Diskussion, wie sie im Personenverkehr entstanden ist. Das Verkehrsverhalten wurde im Wirtschaftsverkehr vor allem durch:

- die Menge der transportieren Güter (in Tonnen oder Volumenmaßen) in einer bestimmten Zeiteinheit (Verkehrsaufkommen) und

- in der zurückgelegten Entfernung einer spezifischen Menge an Gütern in einem gewissen Zeitraum (Verkehrsleistung)

wiedergegeben (Joubert & Axhausen 2011, S. 2; Nuhn & Hesse 2006, S. 18). Mit Hinblick auf den Personenwirtschaftsverkehr greift diese Auffassung jedoch zu kurz. Die speziellen Charakteristika des Personenwirtschaftsverkehrs (siehe Kapitel 2.1) erfordern bei der Beschreibung des Verkehrsverhaltens eine stärkere Fokussierung auf Elemente des Personenverkehrs (Nobis & Luley 2005, S. 4). Daher werden zum Verständnis von Verkehrsverhalten im Personenwirtschaftsverkehr nicht nur Erkenntnisse aus dem Wirtschafts-, sondern auch aus dem Personenverkehr herangezogen.

Trotz der vielfältigen Diskussion im Personenverkehr zur Natur des Verkehrsverhaltens fehlt eine abschließende Definition. Auf der einen Seite existieren zahlreiche Studien zum Verkehrsverhalten (zumindest im Personenverkehr) und dazu, welche Faktoren dieses Verhalten beeinflussen (u. a. Acker & Witlox 2010; Commins & Nolan 2011; Kitamura 2009; Lois & López-Sáez 2009; Mokhtarian & Meenakshisundaram 1999; Sasaki & Nishii 2010; Stauffacher et al. 2005). Auf der anderen Seite gibt es nur wenige Arbeiten, die versuchen, in ihren empirischen Untersuchungen Verkehrsverhalten systematisch zu beschreiben und dessen Operationalisierung transparent zu gestalten (etwa Bühler 2008; Diana & Mokhtarian 2009). Vielmehr bleibt das Verständnis von Verkehrsverhalten in zahlreichen Studien vage, eine genaue Definition bleibt aus und je nach Zielstellung und Datenverfügbarkeit wird das Verkehrsverhalten in unterschiedlicher Art und Weise operationalisiert.

Dieser Zustand bietet keine befriedigende Basis für die vorliegende Arbeit. Nur wenn Eindeutigkeit bezüglich der Begrifflichkeit und den Möglichkeiten zur Operationalisierung von Verkehrsverhalten besteht, kann die Rolle von Unternehmen empirisch exakt ermittelt werden. Erste Ansätze zur Strukturierung und zum Verständnis von Verkehrsverhalten bieten die beiden nachstehenden Autorenpaare.

Bühler & Kunert (2008) unterscheiden in ihrer Arbeit das Verkehrsverhalten von Aggregaten (Ländern, Städten) und Individuen (Personen). Für beide Bereiche spezifizieren sie Merkmale, die das Verhalten messbar machen. Genauere

Ausführungen zum Ansatz dieser Autoren finden sich im Kapitel zur Operationalisierung (Kapitel 3.2.1).

Diana & Mokhtarian (2009) untersuchen in ihrer Studie Einflüsse auf die Verkehrsmittelwahl von Personen. Dabei gliedern sie die Mobilität im weiteren und das Verkehrsverhalten im engeren Sinne in die objektive Mobilität (Objective Mobility, OM), die subjektive Mobilität (Subjective Mobility, SM) und die verhältnismäßig gewünschte Mobilität (Relative Desired Mobility, RDM; Diana & Mokhtarian 2009, S. 457). Die OM wird mittels Wegeprotokoll oder GPS-Erfassung gemessen. Die SM ist die Wahrnehmung der Personen von ihrem Verhalten, etwa dem Nutzungsanteil von verschiedenen Verkehrsmitteln. OM und SM sind eng miteinander verbunden, können jedoch bei Messungen bei derselben Person zu unterschiedlichen Ergebnissen führen. Die RDM gibt schließlich eine Präferenz einer Person wieder, wie sie sich im Verkehr gerne verhalten würde, etwa durch Bevorzugung des ÖPNV für Wege zur Arbeit.

An Bühler & Kunert (2008, S. 29ff.) anknüpfend, ist der Ausgangspunkt weiterer Überlegungen die von diesem Autor geschaffene Unterteilung des Verkehrsverhaltens im Personenwirtschaftsverkehr in drei Betrachtungsebenen. Abbildung 3-1 zeigt die drei Ebenen und deren Verknüpfung zum hier betrachteten Verkehrsverhalten.

Auf Ebene 1 stehen die Unternehmen. Sie sind Quelle des Personenwirtschaftsverkehrs und ihnen lässt sich als übergeordnete Betrachtungseinheit ein aggregiertes Verkehrsverhalten zuschreiben. Dies hängt maßgeblich mit der Verknüpfung der 1. Ebene mit den Ebenen 2 und 3 zusammen. Unternehmen besitzen und/oder nutzen Kfz, die sich auf Ebene 2 wiederfinden, für berufsbedingte Fahrten im Personenwirtschaftsverkehr. Die eingesetzten Fahrzeuge repräsentieren im Alltag das sich im Raum manifestierende Verkehrsverhalten. Erst deren Mobilität bzw. Immobilität, d. h. deren Einsatz im Straßenverkehr, ist Ausdruck des verkehrlichen Handelns von Personen. Die handelnden Personen, in der dritten Ebene dargestellt, werden von den Unternehmen beschäftigt. Die Personen fahren und/oder besitzen die Kfz, die sie für berufsbedingte Fahrten ihres Unternehmens nutzen. Damit besitzen die Personen das Verkehrsverhalten. Sie sind als handelnde Subjekte untrennbar mit dem Verkehrsverhalten verbunden (vgl. Steinmeyer 2004, S. 109). Alle drei Ebenen sind eng miteinander verknüpft und begründen zusammen das messbare Verkehrsverhalten (vgl.

IVT & DLR 2008, S. 36f.). Während das Verkehrsverhalten für Unternehmen nur auf aggregiertem Niveau, nämlich der Summe der Verhalten der genutzten Kfz bzw. beschäftigten Personen, beschrieben werden kann, lässt sich das Verhalten disaggregiert für ein Kfz oder eine Person darstellen.

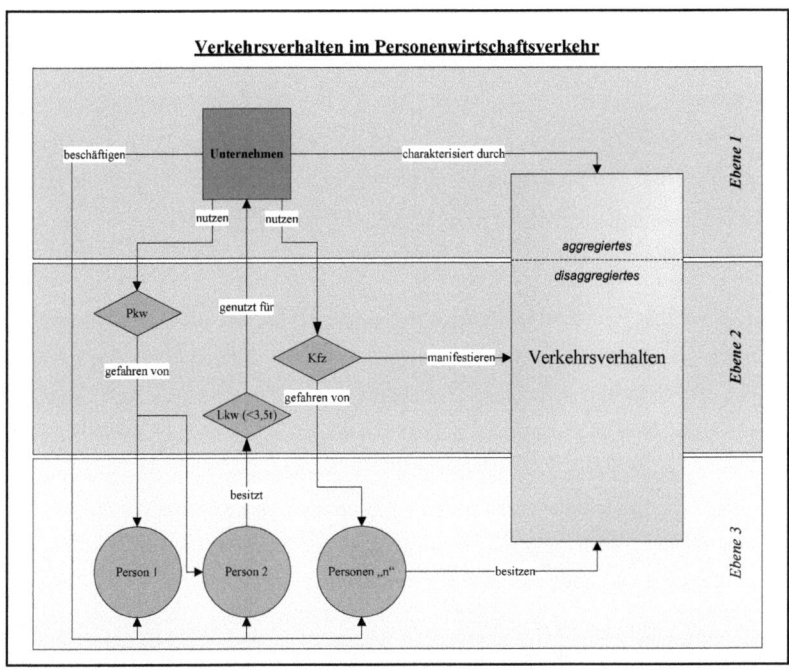

Abbildung 3-1: Ebenen des Verkehrsverhaltens.
Quelle: eigene Darstellung.

Der Fokus der vorliegenden Arbeit (siehe Kapitel 1.2) begrenzt die Betrachtung des Verkehrsverhaltens zunächst auf die Ebenen 1 und 2. Die 3. Ebene wird jedoch nicht vollständig ausgeblendet und erlangt im Kapitel 4 erneut Bedeutung.

Wird das Verhalten von Fahrzeugen im Raum (auf der Straße) betrachtet, können Merkmale wie Spurwechsel sowie Brems- und Beschleunigungsverhalten erfasst werden. Diese Verhalten werden als Fahrverhalten bzw. driving behaviour bezeichnet (Toledo et al. 2009) und sind vom hier betrachteten Verkehrsverhalten abzugrenzen. Ebenso wenig bezieht sich das hier vorgestellte Verständnis von Verkehrsverhalten auf die juristischen Verhaltensnormen (Vorfahrt gewähren, Nutzung von Fahrtrichtungsanzeigern etc.), die in der Straßenverkehrsordnung (StVO 2010) vorgegeben sind.

Gemäß Abbildung 3-1 wird im Sinne dieser Arbeit unter Verkehrsverhalten die Gesamtheit aller sich im Raum manifestierenden und messbaren Ortsveränderungen von Fahrzeugen, sowohl aufgrund privater als auch wirtschaftlicher Fahrtzwecke verstanden (vgl. BMVBW o. J., S. 14; Zumkeller 1999, S. 16). Das Verkehrsverhalten umfasst sowohl die messbare Ortsveränderung[35] nur eines Fahrzeuges (disaggregiert) als auch die Summe von Ortsveränderungen mehrerer Fahrzeuge, die zueinander in Bezug stehen (etwa durch Zugehörigkeit zu einem Unternehmen, aggregiert).

Das so definierte Verkehrsverhalten kann erst durch eine Operationalisierung greifbar gemacht werden. Das Messbarmachen von Verhalten bildet ein nötiges Fundament für empirische Analysen des Verkehrsverhaltens. Ähnlich wie bei der begrifflichen Abgrenzung des Verkehrsverhaltens besteht in der Wissenschaft kein Konsens hinsichtlich einer einheitlichen statistischen Beschreibung von Verkehrsverhalten. Das folgende Kapitel 3.2 stellt die verschiedenen in der Forschungspraxis genutzten Ansätze der Operationalisierung vor.

3.2 Operationalisierung von Verkehrsverhalten

Die Operationalisierung von Verkehrsverhalten stellt für die Forschung bis heute eine Herausforderung dar. „Verkehrsverhalten [kann] durch verschiedenste Kenngrößen und Indikatoren beschrieben werden, wobei allerdings auch heute noch kein Konsens hinsichtlich der Relevanz dieser Merkmale für die Planung und Modellierung des Wirtschaftsverkehrs besteht" (Deneke 2005, S. 64). Ziel dieses Kapitels ist daher, die

---

[35] Zwar wird die Verkehrsbeteiligung teilweise auch als Ausdruck des Verkehrsverhaltens verstanden (Madre et al. 2007, siehe Kapitel 3.2.1), wodurch auch immobile Fahrzeuge, die sich nicht am Verkehr beteiligen, ein Verkehrsverhalten besitzen. Da die vorliegende Arbeit aber zum Ziel hat, charakteristische Tourenmuster im Personenwirtschaftsverkehr zu beschreiben, können nur (am Stichtag der Erhebung) mobile Fahrzeuge berücksichtigt werden. Dies steht nicht im Widerspruch zum obigen Verständnis von Verkehrsverhalten. Jedes nicht stillgelegte Fahrzeug wird, zumindest theoretisch, in einem bestimmten Zeitraum einmal bewegt und erfährt dann die postulierte Ortsveränderung und beteiligt sich am Verkehr. Grundlage dieser Annahme ist, dass bei einem ausreichend langen Betrachtungszeitraum die Verkehrsbeteiligung aller zugelassenen Fahrzeuge bei 100 % liegt.

bestehenden Ansätze mit Hinblick auf Personenwirtschaftsverkehr zusammenzutragen, um eine Basis für eigene empirische Untersuchungen zu schaffen.

Ausgangsbasis vieler Operationalisierungen von Verkehrsverhalten stellen Wegeprotokolle (travel diaries) dar (u. a. Acker & Witlox 2010; INFAS & DLR 2010; Sasaki & Nishii 2010). Die zahleichen empirischen, auf Wegeprotokollen basierenden, zum Personenverkehr zählenden Studien, die sich mit dem Verkehrsverhalten beschäftigen, unterscheiden in der Regel zwischen endogen und exogenen Variablen (u. a. Lleras et al. 2003; Sasaki & Nishii 2010; Wang & Law 2007). Die endogenen, abhängigen Variablen sind die Kenngrößen, die herangezogen werden, um das Verhalten zu beschreiben. Die exogenen Variablen werden als erklärende Faktoren (unabhängige Variablen) herangezogen, um Unterschiede und Variationen im inter- und intrapersonellen Verkehrsverhalten zu bestimmen. Exogene Variablen sind Gegenstand des Kapitels 4, in dem die unternehmerische Rolle thematisiert wird. Die nachfolgenden Kapitel 3.2.1 bis 3.2.3 befassen sich mit den endogenen Variablen, das heißt den Größen, die das Verkehrsverhalten beschreiben. Es werden die in Abbildung 3-2 dargestellten Ansätze zur Operationalisierung des Verkehrsverhaltens vorgestellt.

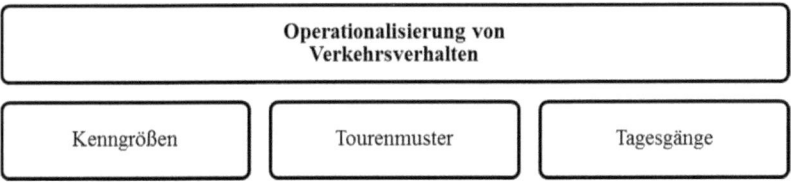

Abbildung 3-2: Drei Ansätze zur Operationalisierung von Verkehrsverhalten.
Quelle: eigene Darstellung.

3.2.1 Einzelne Kenngrößen des Verkehrsverhaltens

Dass der Begriff Verkehrsverhalten keine abschließende Definition erfahren hat, hängt in erster Linie mit dessen Latenz zusammen. Ähnlich der Begriffe Erreichbarkeit und Mobilität handelt es sich beim Verkehrsverhalten um eine latente Variable (Lleras et al. 2003, S. 4). Um Verkehrsverhalten zu messen, müssen beobachtbare (manifeste) Variablen als Indikatoren herangezogen werden. Dies geschieht vielfach durch die Nutzung von Kenngrößen.

Für den Personenwirtschaftsverkehr müssen endogene Variablen aus Personen- und Wirtschaftsverkehr herangezogen werden (siehe Kapitel 3.1). Zunächst werden die in der Literatur angegebenen Variablen des Personenverkehrs, daraufhin die des Wirtschaftsverkehrs präsentiert.

Kenngrößen im Personenverkehr

Zahlreiche Studien zum Verkehrsverhalten betrachten die Nutzung verschiedener Verkehrsmittel, zumeist des Pkw, als wichtigste Kenngröße des Verkehrsverhaltens und untersuchen, wie dieses Verhalten erklärt werden kann (u. a. Acker & Witlox 2010; Bühler 2009; Commins & Nolan 2011; Davidov et al. 2002; El Esawey & Ghareib 2009; Lenz & Nobis 2007; Limtanakool et al. 2006; Lois & López-Sáez 2009). Die Nutzung eines Verkehrsmittels (etwa Pkw) wird einerseits in Relation zum gesamten Modal Split dargestellt oder andererseits als Fahrleistung (in km/Meilen) angegeben. Während viele Studien den Modal Split als Stellvertreter für Verkehrsverhalten wählen, gilt die Verkehrsbeteiligung (innerhalb eines bestimmten Zeitraums) als vorgeschaltete Kenngröße. Ein Verkehrsverhalten, wie die Verkehrsmittelwahl, kann schließlich erst dann beobachtet werden, wenn ein Individuum am Verkehr teilnimmt (INFAS & DLR 2010, S. 11). Insbesondere nationale Mobilitätsstudien weisen diesen Parameter aus (Madre et al. 2007).

Basierend auf den in Mobilitätsstudien eingesetzten Wegeprotokollen benennen Mokhtarian & Meenakshisundaram (1999, S. 36) folgende Informationen einer Fahrt als Kenngrößen des Verkehrsverhaltens:

- Ausgangspunkt,
- Ziel,
- Start- und Endzeit,
- genutztes Verkehrsmittel,
- Zweck,
- Anzahl Begleitpersonen,
- zurückgelegte Entfernung (Wegelänge) und
- aufgewendete Kosten.

Diese Kenngrößen finden sich in Berichten zu Verkehrserhebungen (u. a. MiD, SrV) wieder, da diese ebenfalls auf Wegeprotokollen aufbauen (etwa: BFS 2007; INFAS & DLR 2010; Ahrens 2009).

Acker & Witlox (2010, S. 66) sowie Wang & Law (2007, S. 518) beschreiben Verkehrsverhalten mit der Wahl des Verkehrsmittels, dem Wegezweck, der zurückgelegten Entfernung eines Weges, der Anzahl Fahrten je Tag und mit der aufgewendeten Zeit für die Verkehrsteilnahme (Verkehrsbeteiligungsdauer). Die bis hierhin genannten Kenngrößen finden sich zum Großteil auch in den Empfehlungen zu den ‚Kernelemente[n] von Haushaltsbefragungen zum Verkehrsverhalten' des BMVBW (o. J.) und stellen damit weitestgehend einen (deutschen) Konsens zur Beschreibung des Verkehrsverhaltens dar.

Franken & Lenz (2005) interpretieren in ihrer Studie zum Einfluss von IKT das Verkehrsverhalten ebenfalls als die Nutzung eines Verkehrsmittels. Darüber hinaus verstehen die Autorinnen unter Verkehrsverhalten aber auch die Routenwahl von Personen, d. h. die Entscheidung für eine bestimmte Strecke, um von einem Punkt A zu einem Punkt B zu gelangen.

Zumkeller et al. (2001, S. 66f.) nutzen als eine beschreibende Kenngröße die Komplexität des täglichen Verkehrsverhaltens. In enger Anlehnung an die Tourenmuster (siehe Kapitel 3.2.2) verstehen die Autoren darunter die Anzahl der Wechsel von Aktivitäten (bzw. Wegezwecken) an einem Tag. Sie postulieren, dass, je mehr Wechsel erfolgen, desto komplexer ist das Verkehrsverhalten. Ohne explizit zu erklären, warum der Wechsel von Aktivitäten als Stellvertreter für die Komplexität von Verhalten gilt, lässt sich dem übrigen Text von Zumkeller et al. (2001) implizit entnehmen, dass die Autoren mit dem Aktivitätenwechsel eine vielschichtige Motivlage assoziieren, die bei permanenter Ausübung gleicher Aktivitäten weniger komplex ausfällt. Der Aktivitätenwechsel scheint außerdem in enger Relation zu unterschiedlichen räumlichen Zielen, variabler Verkehrsmittelwahl und der Verkehrsbeteiligungsdauer zu stehen (Zumkeller et al. 2001, S. 68f.).

Bühler & Kunert (2008) identifizieren im Rahmen einer Zusammenstellung von Studien zum Verkehrsverhalten[36] die gleichen Kenngrößen wie Acker & Witlox (2010) und Mokhtarian & Meenakshisundaram (1999). Bühler & Kunert (2008, S. 29ff.) gehen darüber aber noch hinaus und zeigen, dass weitere Faktoren existieren, die in Untersuchungen genutzt werden, um das Verkehrsverhalten zu charakterisieren. Dabei unterscheiden sie zwischen Kenngrößen, die auf Aggregatebene (etwa ein Unternehmen) bzw. auf Individual-/Mikroebene (etwas Fahrzeuge eines Unternehmens) anzuwenden sind.

Tabelle 3-1: Kenngrößen des Verkehrsverhaltens auf Aggregat- und auf Individualebene.
Quelle: nach Bühler & Kunert 2008, S. 29ff.

Betrachtungsebene	
Aggregatdaten	Individualdaten
Modal Split	Modal Split
Wegelänge je Tag	Wegelänge je Tag
Wegedauer	Wegedauer
Wegeanzahl je Tag	Wegeanzahl je Tag
Verkehrsleistung je Tag	Fahrleistung je Tag (Personenkilometer)
Fahrzeugbesitz	Fahrzeugbesitz
Motorisierungsrate	Fahrzeuge je Erwachsenen und Haushalt
Transportenergienutzung	
Transportemissionen	

Tabelle 3-1 zeigt eine Zusammenstellung der Kenngrößen für beide Ebenen. Während die Indikatoren der Aggregatebene Durchschnittswerte darstellen, handelt es sich bei den Kenngrößen der Individualebene um spezifische Verhaltensmerkmale einer Person oder eines Fahrzeugs, die die Variabilität des individuellen Verhaltens besser wiedergeben als aggregierte Größen (Bühler & Kunert 2008, S. 29). Zwar existieren einige Kenngrößen, die in bisherigen empirischen Studien nur auf der Aggregatebene Anwendung fanden (etwa Transportenergienutzung), die meisten der in Tabelle 3-1 genannten Indikatoren finden sich (teils leicht modifiziert) aber in beiden Betrachtungsebenen wieder. Der Modal Split etwa lässt sich sowohl auf ein Aggregat (wie den Betrieb) als auch auf das individuelle Subjekt oder Objekt (wie einen

---

[36] Die von Bühler & Kunert (2008) zusammengetragenen Studien untersuchen mittels multivariater Analyse Unterschiede im Verkehrsverhalten zwischen zwei oder mehr Staaten.

Mitarbeiter) beziehen. Das Gleiche gilt u. a. auch für die Wegedauer und die Wegeanzahl.

Kenngrößen im Wirtschaftsverkehr

Je kleinräumiger der Untersuchungsraum empirischer Studien im Wirtschaftsverkehr wird und je eher der Fokus auf Fahrzeuge ≤3,5 t Nutzlast fällt, desto weniger Bedeutung wird den Kenngrößen Güteraufkommen und Güterverkehrsleistung beigemessen.

In einer Studie zum Hamburger Verkehr nutzt Wagner (2008) Kenngrößen auf Aggregatebene im Sinne von Bühler & Kunert (2008), um das Verkehrsverhalten von Betrieben der Logistikbranche darzustellen. Einerseits gibt sie dabei an, wie viele Güter ein Betrieb umschlägt, welcher Art diese Güter sind und wie groß das generierte Lkw-Aufkommen je Betrieb ist. Andererseits misst sie, wie viele Stopps je Tour im Durchschnitt für einen Lkw der untersuchten Betriebe anfallen und wie viele km je Tour im Mittel zurückgelegt werden (Wagner 2008, S. 20ff).

Joubert & Axhausen (2011, S. 6ff.) untersuchen in einer Studie die Fahrzeugbewegungen von über 30.000 kommerziell genutzten Fahrzeugen in Südafrika.[37] Mittels GPS-Daten bestimmen sie die Kennzahlen:

- die Anzahl der Aktivitäten (Stopps) je Tour (Wegekette) eines Fahrzeugs,
- die Gesamtdauer der jeweiligen Wegekette,
- die Gesamtlänge der Wegekette,
- die Distanz zwischen den Stopps einer Wegekette und
- die Start- und Endzeiten von Touren.

Damit rückt im Wirtschaftsverkehr die Tour[38] und nicht die einzelne Fahrt in den Vordergrund (vgl. Binnenbruck 2006, S. 20f.).

---

[37] Joubert & Axhausen (2011) betrachten sowohl schwere als auch leichte Nutzfahrzeuge. Da ihr Fokus auf dem Güterverkehr liegt, wird die Erbringung von Dienstleistungen (service activities) zwar erwähnt. Die Untersuchung konzentriert sich aber auf den Verkehr mit Lkw >3,5 t.

Eine umfassende Zusammenstellung von Indikatoren zur Messung von Wirtschaftsverkehr liefern Binnenbruck (2006) und Browne & Allen (2006) im Rahmen des BESTUFS II Projekts. Die Übersicht der genutzten Kenngrößen wurde mit Bezug zum städtischen und damit kleinräumigen Güterverkehr erstellt. Auch hier zeigt sich eine Dominanz der Touren bezogenen Kenngrößen (trip indicators) wie Start- und Endzeiten, zurückgelegte Distanz und Routenwahl einer Tour (Browne & Allen 2006, S. 81).

Mit Hinblick auf den Personenwirtschaftsverkehr existieren Empfehlungen, welche Kenngrößen zur Beschreibung des Verkehrsverhaltens herangezogen werden sollten. Nobis & Luley (2005, S. 4) empfehlen, Personen- oder Fahrzeugkilometer als Kenngrößen zu verwenden. Steinmeyer (2004) bezeichnet die durchschnittliche Anzahl Touren pro Tag und die Wegezwecke als „zentrale Kennwerte für die Beschreibung des Personenwirtschaftsverkehrs" (Steinmeyer 2004, S. 162). Schütte (1997, S. 45) stellt den Fahrtzweck, die Ausübungsdauer der Tätigkeit am Zielort, das Fahrtziel selbst sowie die Touren- und Fahrtenlänge in den Vordergrund seiner Betrachtung zum Verkehrsverhalten im Personenwirtschaftsverkehr.

Abbildung 3-3 fasst die unterschiedlichen Kenngrößen aus Personen- und Wirtschaftsverkehr zusammen und zeigt diejenigen endogenen Variablen, die das Verkehrsverhalten im Personenwirtschaftsverkehr beschreiben. Die Kenngrößen beziehen sich einerseits auf die Fahrt und andererseits auf die Tour. Zwischen beiden Variablengruppen besteht eine Ähnlichkeit, da etwa die Länge oder Dauer sowohl für eine Fahrt als auch für eine Tour gemessen werden können. Alle Kenngrößen haben gemein, dass sie sich, entsprechend des Fokus' dieser Arbeit, auf den MIV beziehen.

---

[38] Eine klare Abgrenzung, was eine Tour ist, existiert in der Forschung bisher nicht (BMVBW 2003, S. 25; McGuckin & Murakami 1999, S. 82f.; Primerano et al. 2008, S. 56). Vielmehr wird in jeder Studie neu abgegrenzt, was unter einer Tour, einer Wegekette, einem Fahrtabschnitt usw. verstanden wird. Für eine kompakte Übersicht zu verschiedenen Abgrenzungsansätzen siehe Primerano et al. (2008, S. 56ff.). Im Kapitel 3.2.2 werden einige Ansätze zum Verständnis einer Tour präsentiert. Darauf aufbauend, wird die für diese Arbeit relevante Auffassung von einer Tour vorgestellt.

Verhaltenskenngrößen wie Modal Split bleiben in dieser Zusammenstellung daher unberücksichtigt.

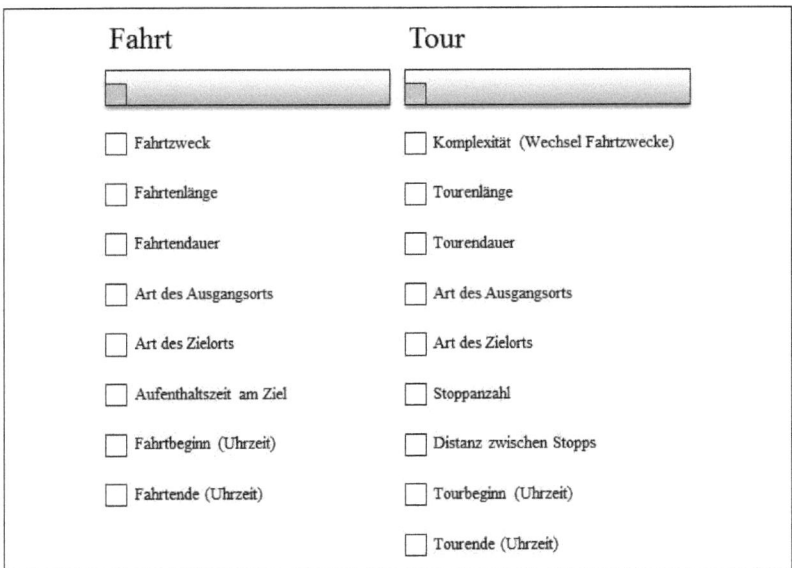

Abbildung 3-3: Relevante Kenngrößen für das Verkehrsverhalten im Personenwirtschaftsverkehr.
Quelle: eigene Darstellung.

Speziell im Personenwirtschaftsverkehr sind Fahrtenketten von hoher Bedeutung (Machledt-Michael 2000a, S. 43), weshalb die Kenngrößen der Touren eine wichtige Rolle spielen. Auf den Tourenkenngrößen basierend, stellen die Tourenmuster eine weitere Form der Operationalisierung von Verkehrsverhalten dar. Kapitel 3.2.2 fasst die Erkenntnisse derjenigen Untersuchungen zusammen, die das Verkehrsverhalten mittels Tourenmuster zu erfassen versuchen.

3.2.2 Tourenmuster

Mit zunehmender Fokussierung in der Forschungslandschaft auf aktivitätsbezogene Untersuchungsansätze (El Esawey & Ghareib 2009, S. 2; Harms et al. 2007, S. 742; Stauffacher et al. 2005, S. 5) kristallisiert sich die Bedeutung von Tourenmustern heraus. „Dies folgt aus der Tatsache, daß Verkehrsverhalten eine komplette, zusammengehörige Abfolge von Wegen und Aktivitäten darstellt und nicht eine willkürliche Aneinanderreihung einzelner Wege" (Zumkeller et al. 2001, S. 12; vgl.

Ahrens 2009, S. 11). Eine wachsende Anzahl von Autoren (u. a. Figliozzi 2007; Liedtke et al. 2011; Luley et al. 2004; Ruan et al. 2010) nutzt die Tourenmuster zur Darstellung und Analyse von Verkehrsverhalten.[39] Die daraus abgeleiteten räumlichen Aktionsprofile stehen in einer engen Verbindung zu verhaltenshomogenen Gruppen (Götz 2007, S. 762). Tourenmuster werden demnach nur selten für Einzelfallbetrachtungen herangezogen (etwa Buliung et al. 2008, S. 714; Zumkeller et al. 2001, S. 58), sondern dienen vor allem der Charakterisierung des Verkehrsverhaltens mehrerer, ähnlicher Individuen, die zu einer Gruppe zusammengefasst werden können. Damit stellen die Tourenmuster in erster Linie aggregiertes Verkehrsverhalten im Sinne von Bühler & Kunert (2008) dar (siehe Kapitel 3.2.1). Tourenmuster von Aggregaten dienen der schematischen Verdeutlichung der Verkettung von Fahrten zu Touren. Ein Beispiel bietet Figliozzi (2007, S. 1017, siehe Abbildung 3-4) mit der Darstellung eines fiktiven Traveling Salesman Tourenmusters. Dargestellt wird die Rundtour eines Fahrzeugs mit mehreren Stopps. Das so abgebildete Verkehrsverhalten vermag eine (räumliche) Verbindung zwischen den ansonsten solitär betrachteten Kenngrößen darzustellen.

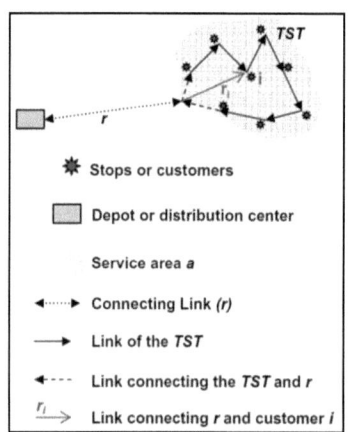

Abbildung 3-4: Fiktives Traveling Salesman Tourenmuster (TST).
Quelle: Figliozzi 2007, S. 1017.

---

[39] Der Ansatz zur Verwendung von Tourenmustern (travel patterns) zur Beschreibung des räumlichen Verkehrsverhaltens findet seine Ursprünge bereits Ende der 1960er, Anfang der 1970er Jahre (Buliung et al. 2008, S. 702f.).

Abbildung 3-5 zeigt schleifenförmige Tourenmuster (loop-like trip chaining pattern), wie sie von Ruan et al. (2010, S. 5) für Fahrzeuge, die im urbanen Raum Güter transportieren oder dem Dienstleistungsverkehr dienen, identifiziert werden (vgl. Allen et al. 2000b, S. 26f).

Demnach können Touren am Betrieb enden und beginnen, müssen dies aber nicht. Touren können auch an einem privaten Ausgangsort starten und an einem betriebsfremden Ort ihren Abschluss finden. Neben diesen schleifenförmigen Mustern, bei denen die Fahrzeuge an einem Tag nicht zwischenzeitlich zur Basis (zum Betrieb) zurückkehren, existieren für die urbanen Wirtschaftsverkehre auch die Sternenmuster (star trip chaining pattern). Diese Muster sind geprägt von mehreren schleifenförmigen Tourenmustern, wie sie in Abbildung 3-5 gezeigt werden. Das heißt, die vom Betrieb genutzten Fahrzeuge kehren im Laufe eines Tages mindestens einmal zum Betrieb zurück und brechen erneut zu einer weiteren Tour auf (Ruan et al. 2010, S. 6).

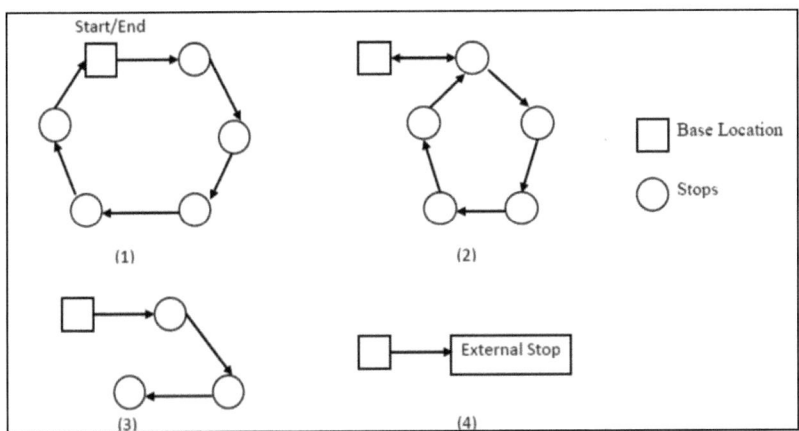

Abbildung 3-5: Beispiele für schleifenförmige Tourenmuster urbaner Wirtschaftsverkehre.
Quelle: Ruan et al. 2010, S. 5.

In Anlehnung an Zumkeller et al. (2001, S. 12) und Ruan et al. (2010) wird in der vorliegenden Arbeit unter einer Tour die Aneinanderreihung von Wegen bzw. Fahrten verstanden. Die Tour muss keinen spezifischen Start- oder Endpunkt aufweisen (etwa den Betrieb). Mit Hinblick auf die Charakteristika des Personenwirtschaftsverkehrs und der Studie KiD 2002 folgend, werden zwei grobe Nutzungsarten eines Fahrzeuges unterschieden, die private und die dienstliche/geschäftliche Nutzung (BMVBW 2003, S.

25). Ändert sich die Nutzungsart zweier aufeinanderfolgender Fahrten, endet eine Tour und beginnt eine neue (siehe Abbildung 3-6). Wird ein Fahrzeug beispielsweise an einem Tag zunächst für zwei Fahrten für Kundenbesuche genutzt (dienstliche/geschäftliche Nutzung) und dann für die Fahrt zum privaten Einkauf und zum Wohnort eingesetzt (private Nutzung), finden zwei Touren am Tag statt. Ändert sich die Nutzungsart nach nur einer Fahrt bzw. wird nur eine Fahrt am Tag durchgeführt, handelt es sich hierbei um eine Tour mit nur einer Fahrt.[40]

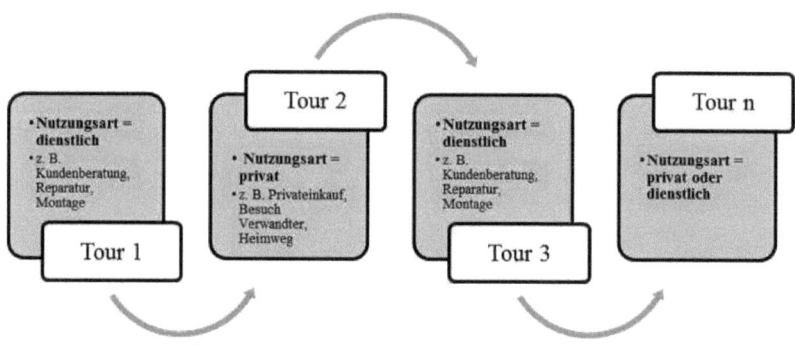

Abbildung 3-6: Verständnis von einer Tour entsprechend der Nutzungsart.
Quelle: eigene Darstellung.

Werden alle Touren eines Fahrzeuges an einem Tag betrachtet, ergibt sich dessen komplettes Tagesprogramm. Das vollständige Tagesprogramm eines Individuums (Fahrzeug oder Person) wird in der Wissenschaft mit Tagesgängen abgebildet und näher

---

[40] Im engeren Sinne der Definition einer Tour von Zumkeller et al. (2001, S. 12) muss eine Tour aus mindestens zwei Fahrten bestehen (Abfolge von Wegen). Die Intention der Abgrenzung einer Tour über die Nutzungsart stellt jedoch nicht die Anzahl von Fahrten in den Vordergrund. Vielmehr grenzen sich Touren durch deutlich voneinander getrennte Fahrtzwecke und Motivlagen voneinander ab. Daher wird die Einzelfahrt in der vorliegenden Arbeit unter gegebenen Umständen als Sonderfall der Tour betrachtet. In der KiD 2002 wird in diesem Zusammenhang von Fahrtenketten statt von Touren gesprochen (BMVBW 2003, S. 25f.). Dabei ist es Ziel, semantische Konflikte bezüglich der Tour zu vermeiden. Doch auch in der KiD 2002 wird eine Einzelfahrt als eine Kategorie von Fahrtenketten bezeichnet, sodass auch hier inhaltliche wie begriffliche Konflikte nicht gelöst werden können. Dieser Konflikt verdeutlicht einmal mehr den erwähnten Mangel einer einheitlichen Abgrenzung einer Tour in den Verkehrswissenschaften (vgl. Primerano et al. 2008, S. 56).

untersucht. Die Tagesgänge werden als weitere Form der Operationalisierung des Verkehrsverhaltens im folgenden Kapitel 3.2.3 vorgestellt.

3.2.3 Tagesgänge

Das Verkehrsverhalten und die in Kapitel 3.2.2 präsentierten Tourenmuster können um eine weitere Dimension, die Zeit, erweitert werden. Zwar werden von mehreren Autoren (u. a. Bühler & Kunert 2008; Joubert & Axhausen 2011; Schütte 1997) einzelne Kennzahlen mit zeitlichem Bezug zur Beschreibung des Verkehrsverhaltens herangezogen, etwa Wegedauern sowie Start- und Endzeiten von Touren. Diese haben aber nicht die Aussagekraft von Tagesgängen. Die Darstellung einzelner Parameter über einen längeren Zeitraum vermag das tatsächlich realisierte Verhalten eines Individuums (Person oder Kfz) oder eines Kollektivs (bspw. Summe aller Unternehmensfahrzeuge) exakter nachzubilden und überwindet die Nachteile solitärer Kenngrößen (vgl. Schlich & Axhausen 2003, S. 19). Bezogen auf den Personenwirtschaftsverkehr stellt Steinmeyer (2004, S. 162) fest, dass die Nutzung von Tagesgängen der Einzelbetrachtung von Verhaltenskenngrößen vorzuziehen ist.

Die betrachteten Zeiträume der Tagesgänge umfassen meist 24 Stunden (etwa Hertkorn 2004, S. 77; Sasaki & Nishii 2010, S. 40; Wagner 2008, S. 22; Zumkeller et al. 2001, S. 61), können aber auch auf Wochentage oder ein ganzes Jahr ausgedehnt werden (Zumkeller 1999, S 20). Für die einzelnen Betrachtungszeiträume werden etwa dargestellt:

- die Anteile an Aktivitäten, die außerhalb des eigenen Standorts verbracht werden (Sasaki & Nishii 2010, S. 40),
- die Anzahl der Wege kombiniert mit dem Wegezweck (Luley et al. 2004, S. 5),
- die Entfernung von einem Ausgangspunkt (etwa zu Hause oder Betriebsstätte, Recker et al. 1985, S. 282),
- die verschiedenen Anteile der Wegezwecke (Zumkeller et al. 2001, S. 60),
- die Verteilung des Fahrtbeginns (Machledt-Michael 2000a, S. 69ff.) sowie
- der Aufenthaltsort von Fahrzeugen (Machledt-Michael 2000b, S. 219).

Zumkeller et al. (2001) nutzen Ganglinien des Zeitverbrauchs, um darzustellen, zu welcher Tageszeit einzelne Verkehrsmittel im Durchschnitt an Werktagen besonders intensiv genutzt werden (siehe Abbildung 3-7). Die Prozentangaben der einzelnen Modi kumulieren im Tagesgang zu 100 %.

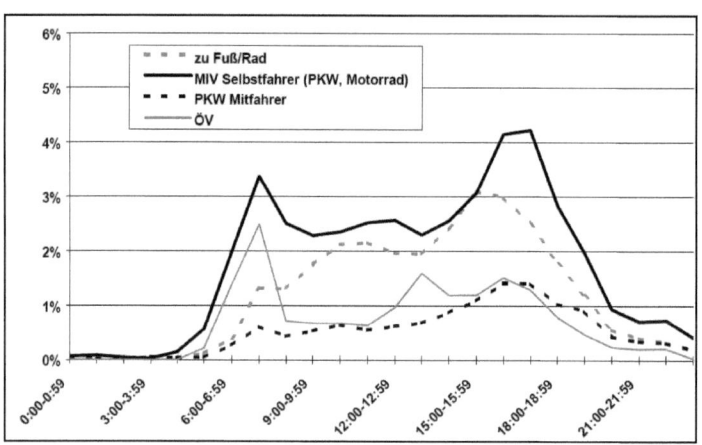

Abbildung 3-7: Zeitverbrauchsganglinien verschiedener Verkehrsmittel an Werktagen.
Quelle: Zumkeller et al. 2001, S. 62.

Werden verschiedene Kenngrößen des Verkehrsverhaltens miteinander verbunden, etwa Art des Ziels und Wegezweck und werden diese um die Komponente Zeit erweitert, entstehen die aussagekräftigsten Beobachtungen von Verkehrsverhalten (Schlich & Axhausen 2003, S. 19ff.). Diese Herangehensweise nutzt Deneke (2005) in seiner Arbeit zu Kategorisierung des Wirtschaftsverkehrs. Werden die Tagesgänge von Fahrzeugen bezüglich ihres Aufenthaltes und ihrer Fahrtzwecke betrachtet, ergibt sich ein umfassendes Bild zum Verkehrsverhalten (vgl. Machledt-Michael 2000a, S. 74). Abbildung 3-8 bildet das Verhalten der Fahrzeuge (überwiegend Lkw) des Baugewerbes ab.[41] Es dominieren die Fahrtzwecke Gütertransport, Personentransport sowie vor allem die Leistungserbringung (Personenwirtschaftsverkehr). Als dominanter Aufenthaltsort gilt für diese Fahrzeugkategorie die Baustelle. Die Tagesgänge zeigen

---

[41] Die Abszisse gibt die Tageszeit in Stundenintervallen wieder. Die Ordinate zeigt, wie viele Minuten (max. 60) im Durchschnitt je Stunde für einen Fahrtzweck bzw. Aufenthaltsort genutzt werden.

„eine sehr geringe Fahrtaktivität mit einer prägnanten Morgen- und Nachmittagsspitze" (Deneke 2005, S. 114).

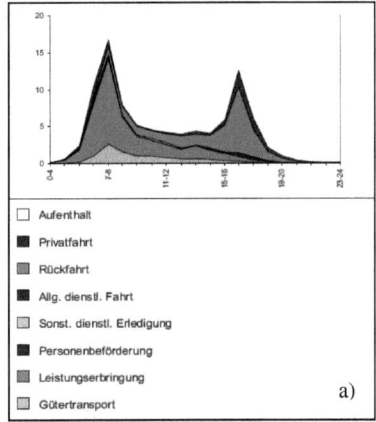 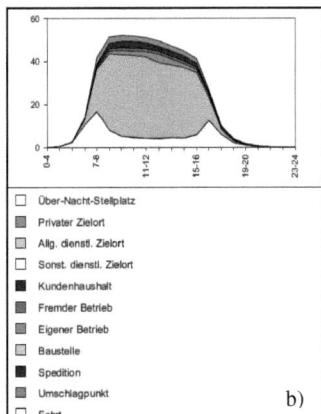

Abbildung 3-8: Nach Fahrtzweck (a) und Aufenthaltsort (b) differenzierte Zeitbudgets einer homogenen Fahrzeugkategorie.
Quelle: Deneke 2005, S. 115f.

Einen speziellen Fall der Tagesgänge stellt die kartographische Darstellung der einzelnen Wege und Aktivitäten dar. Während beim ‚herkömmlichen' Tagesgang ausschließlich eine Diagrammdarstellung genutzt wird, ermöglicht die Nutzung eines Geographischen Informationssystems (GIS) die Projektion des Tagesgangs über eine Karte. Dies stellt einen direkten Bezug zwischen Raum und Zeit her und visualisiert die Tourenmuster im geographischen Kontext (u. a. Buliung & Kanaroglou 2006). Im weiteren Sinne handelt es sich bei dieser Form der Darstellung um eine Kombination aus Tourenmuster und Tagesgang.

Eine abstrakte Abbildung findet sich bei Harms et al. (2007), die auf einer fiktiven Basis die zeitlich-räumliche Darstellung von Aktivitäten einer Familie auf einer hypothetischen Karte wiedergibt (siehe Abbildung 3-10). Ein reales Beispiel aus Oregon, USA, zeigen Buliung & Kanaroglou (2006; siehe Abbildung 3-9). Weniger reich an Informationen spiegelt diese Darstellung die Wege zweier männlicher Probanden im Tagesverlauf wieder. Die Informationen zu Start- und Ankunftszeiten sowie Ausgangs- und Zielort bilden die Basis dieser Tagesgänge. Weitere Informationen wie Wegedauer und Wegstrecke sind dieser Darstellung inhärent. Diese

Form der Tagesgänge stellt eine geeignete Form der Visualisierung dar, bietet aber mit Hinblick auf eine empirische Analyse keinen größeren Informationsgehalt als der ‚herkömmliche' Tagesgang.

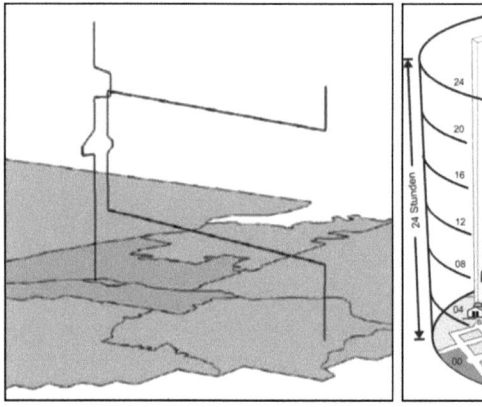 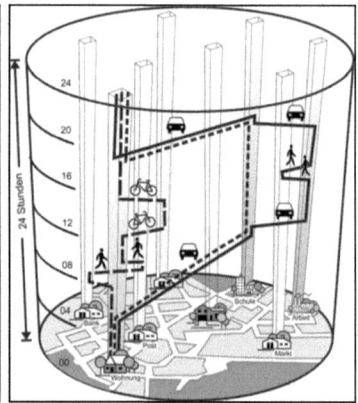

Abbildung 3-9: Raum-Zeit-Pfad männlicher Probanden in Oregon, USA

Quelle: Buliung & Kanaroglou (2006, S. 45)

Abbildung 3-10: Zeit-räumliche Darstellung der Aktivitäten einer Familie an einem Tag.

Quelle: Harms et al. (2007, S. 738)

Zusammenfassend kann festgestellt werden, dass trotz der fehlenden Definition von Verkehrsverhalten und einer konsistenten Operationalisierung viele Autoren und Studien vergleichbare Ansätze verfolgen, indem etwa die gleichen Indikatoren-Sets zur Charakterisierung herangezogen werden. Für den Personenwirtschaftsverkehr müssen Kenngrößen sowohl aus dem Personen- als auch dem Wirtschaftsverkehr herangezogen werden. Diese Kenngrößen sind vor allem, wenn auch nicht ausschließlich, auf Touren zu beziehen. Als besonders relevant kristallisieren sich der Fahrtzweck (Aktivität) und das Fahrtziel heraus. Werden diese Kenngrößen in einen zeitlichen Kontext gesetzt (Tagesgänge), kann das Verkehrsverhalten für den Personenwirtschaftsverkehr umfassend beschrieben werden.

4 Die Rolle des Unternehmens beim Verkehrsverhalten

Kapitel 4 befasst sich mit den Erkenntnissen der Forschung zur unternehmerischen Rolle im Personenwirtschaftsverkehr. Zunächst wird die Relevanz der Unternehmen im Personenwirtschaftsverkehr in Kapitel 4.1 beschrieben. Das darauffolgende Kapitel 4.2 betrachtet bisherige nationale und internationale Arbeiten, die Hinweise auf die betriebliche Rolle beim Verkehrsverhalten liefern können. In Synthese der Erkenntnisse aus Kapitel 4.2 werden in Kapitel 4.3 die arbeitsleitenden Hypothesen konkretisiert, indem die bis dahin gewonnenen Kenntnisse zur unternehmerischen Rolle beim Verkehrsverhalten zusammengeführt werden.

4.1 Relevanz der Unternehmen im Personenwirtschaftsverkehr

4.1.1 Unternehmen als zentraler Faktor beim Verkehrsverhalten

Die begriffliche Betrachtung des Wortes ‚Personenwirtschaftsverkehr' weist auf eine inhaltliche Überschneidung von Personen- und Wirtschaftsverkehr hin (siehe Kapitel 2.1). Dies impliziert jedoch weder, dass das beobachtete Verkehrsverhalten des Personenverkehrs auf den Personenwirtschaftsverkehr übertragen werden kann. Noch bedeutet dies, dass dieselben Faktoren wie im Personenverkehr den Personenwirtschaftsverkehr determinieren (Hunt & Stefan 2007, S. 982). Eine Anwendung personenverkehrsorientierter Determinanten wie Haushalts- oder Lebensstiltypen (Kitamura 2009; Verron et al. 2005, S. 36ff.; Wittwer 2008, S. 20) schließt sich somit aus. Da der Personenwirtschaftsverkehr per Definition ein selbständiger Teil des Wirtschaftsverkehrs ist, können auch Erkenntnisse des Güterverkehrs nicht eins zu eins angewandt werden (Schütte 1997, S. 11). Es ergibt sich daraus die Notwendigkeit, separate Betrachtungen für mögliche Einflussfaktoren auf das Verkehrsverhalten im Personenwirtschaftsverkehr anzustellen.

Einen Ansatz zur Erklärung des Verkehrsverhaltens im Personenwirtschaftsverkehr bietet Deneke (2005). Er untersucht die Tagesgänge einzelner Fahrzeuge anhand deren physischer Charakteristika (zulässiges Gesamtgewicht, Treibstoffart etc.). Er kommt jedoch zu dem Schluss, dass sich die Mobilitätsprofile der Fahrzeuge nicht ausschließlich auf ihre Eigenschaften wie Abmessung und Leistung zurückführen lassen (vgl. Deneke 2005, S. 162). Zwar spielen Karosserieform und Motorisierung eine wesentliche Rolle bei der Zuweisung der Nutzung eines Kfz. Deneke (2005), der in seiner Arbeit einen sehr hohen Anteil der Varianz unterschiedlicher Mobilitätsmuster mit Daten der KiD 2002 erklären kann, kommt jedoch zu dem Schluss, dass der durch ihn nicht erklärte Fehleranteil (Residuen) möglicherweise durch die Berücksichtigung von Unternehmenscharakteristika und betrieblicher Entscheidungen und Prozesse minimiert werden kann (Deneke 2005, S. 162). Dies bedeutet, dass Unternehmen ein erklärender Anteil beim Fahrzeugeinsatz unterstellt werden kann.

Auch im Hinblick auf die Modellierung des Wirtschaftsverkehrs gilt, dass „Unternehmen und Betriebe als Quellen und Senken den entscheidenden Ausgangspunkt für die Erzeugung einer Transportnachfrage" (Bochynek et al. 2009, S. 24) bilden. Dementsprechend sind es die Unternehmen, als Erzeuger und Ziel von Verkehren, die direkten Einfluss auf das Verkehrsverhalten nehmen. Auch Ruan et al. (2010), die städtischen Wirtschaftsverkehr modellieren, stellen fest, dass die Fahrtenmuster, die durch Betriebe erzeugt werden, hoch komplex und von mehreren Entscheidungsfaktoren geprägt sind (Ruan et al. 2010, S. 3).

„Im Gegensatz zum Privatreiseverkehr werden die fahrtauslösenden Entscheidungen einer Geschäftsreise in der beschäftigenden Institution oder Unternehmen getroffen" (Rangosch-du Moulin 1997, S. 80; vgl. Merckens 1984, S. 2). Es sind eher die Entscheidungsträger in den Unternehmen als die beschäftigten Individuen, die das Verkehrsverhalten von Geschäfts- und Dienstreisen beeinflussen (Limtanakool et al. 2006, S. 338; Lu & Peeta 2009, S. 710). Doch auch die individuellen Einflüsse innerhalb eines Betriebes dürfen nicht völlig ausgeblendet werden (Kesselring & Vogl 2010, S. 103; Lassen 2009, S. 237; Schütte 1997, S. 12f.). Auch Steinmeyer (2004, S. 109) stellt fest, dass sowohl die Betriebe als auch deren Beschäftigte Personenwirtschaftsverkehr verursachen und beeinflussen (siehe Abbildung 3-1 in Kapitel 3.1).

Diese Überlegungen zeigen, dass offenbar den Unternehmen eine zentrale Rolle beim Verkehrsverhalten im Personenwirtschaftsverkehr zugesprochen werden muss. Lassen (2009), Schütte (1997) und Steinmeyer (2004) folgend, werden daher sowohl die Rolle des Unternehmens als auch die Rolle der beschäftigten Individuen innerhalb der Unternehmen in der nachfolgenden Literaturanalyse berücksichtigt.

4.1.2 Von Unternehmen beeinflusste Verkehre

Unternehmen und deren wirtschaftliche Aktivitäten werden zwar seit langem als Verursacher und Determinanten des täglichen Verkehrs betrachtet. Der Fokus der (verkehrs-)wissenschaftlichen Forschung liegt jedoch hauptsächlich auf dem Güter- und Berufsverkehr (Aguilera 2008, S. 1109). Der Geschäfts- bzw. Dienstverkehr und der Kundenverkehr werden in der Fachwelt in deutlich geringerem Maße untersucht (Beckmann et al. 2004; Bruns et al. 2007; Enoch & Potter 2003; Hornberg et al. 2006; ILS et al. 2007; ISB & IVV 2003; Müller 2001). Kaum beforscht wird bis heute der Personenwirtschaftsverkehr (Hebes et al. 2010).

In Anlehnung an die Definition und Abgrenzung des Personenwirtschaftsverkehrs (siehe Kapitel 2.1) lassen sich Unternehmen bzw. einzelnen Betriebsstandorten die in Abbildung 4-1 dargestellten Verkehre zuordnen, die diese erzeugen und beeinflussen (Bruns et al. 2007, S. 8; ISB & IVV 2003, S. 52). Ein Betrieb kann demnach sowohl Quelle als auch Ziel von Personenwirtschafts-, Personen- und Güterverkehr sein.

Die vorliegende Arbeit befasst sich mit dem Personenwirtschaftsverkehr (siehe Kapitel 1), weshalb in der folgenden Literaturanalyse die Dienst- und Geschäfts- sowie die Dienstleistungsverkehre berücksichtigt werden.

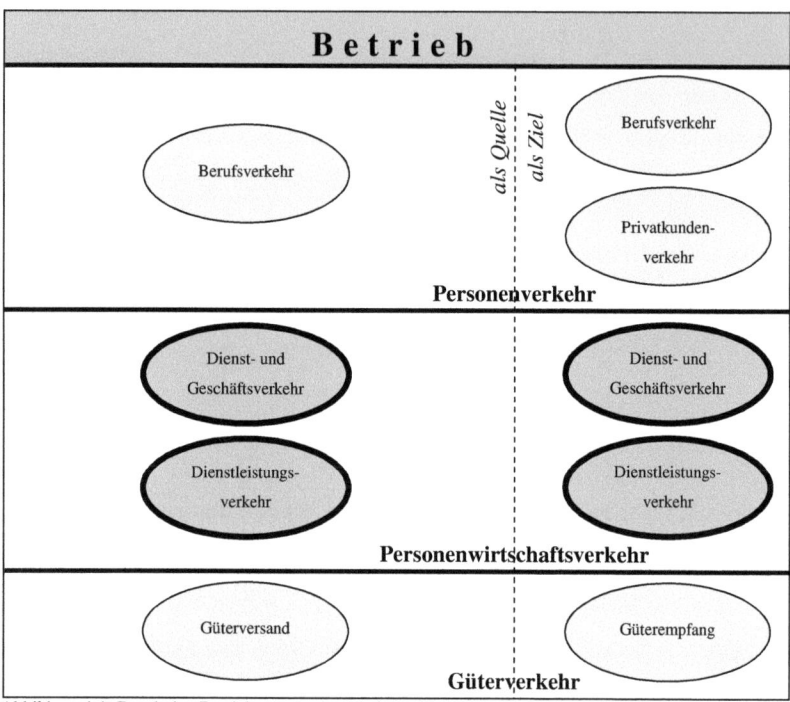

Abbildung 4-1: Durch den Betrieb verursachte Verkehrsformen.
Quelle: eigene Darstellung.

4.2 Vorhandene Erkenntnisse zur Rolle der Unternehmen beim Verkehrsverhalten im Personenwirtschaftsverkehr

Während ein Großteil der Erkenntnisse zur betrieblichen Rolle im Personenwirtschaftsverkehr im Kontext des betrieblichen Mobilitätsmanagements vorliegt, gibt es einige wenige Arbeiten, die außerhalb dieses Forschungsfeldes explizit und peripher auf die Unternehmen eingehen. In Kapitel 4.2.1 werden nationale und internationale Erkenntnisse aus Forschungsarbeiten und Studien vorgestellt. Kapitel 4.2.2 befasst sich dann gesondert mit der forschungsübergreifenden Rolle der IKT beim Verkehrsverhalten im Personenwirtschaftsverkehr. Schließlich widmet sich Kapitel 4.2.3 dem Mobilitätsmanagement als dem Zweig der Forschung, der am konsistentesten über die unternehmerischen Einflüsse Auskunft gibt.

4.2.1 Nationale und internationale Erkenntnisse zur Rolle der Unternehmen

In einer frühen Arbeit zum Personenwirtschaftsverkehr stellt Schütte (1997) fest, dass der Betrieb als „Aggregation von Individualentscheidungen" (Schütte 1997, S. 12) die maßgebliche Größe ist, die die Entstehung des Personenwirtschaftsverkehrs beeinflusst. Er identifiziert „die Betriebsgröße, die wegeauslösende Tätigkeit sowie die innerbetriebliche Fahrten- bzw. Wegeplanung" (Schütte 1997, S. 12) sowie die Regelung zur Nutzung von Firmenwagen und Kundenwünsche als die für ihn entscheidenden Rahmenbedingungen, die die Entstehung des Personenwirtschaftsverkehrs determinieren. Das von Schütte (1997) verwendete Datenmaterial ist sehr beschränkt und basiert auf der Befragung von 18 Handwerksbetrieben. Seine Schlussfolgerungen können daher nur als erste Hinweise für die vorliegende Arbeit verstanden werden. Schütte (1997) zeigt etwa, dass der Fuhrpark eines Betriebs von Bedeutung für das Mobilitätsprofil im Personenwirtschaftsverkehr ist. Während Pkw für Touren mit vielen Zielen eingesetzt werden, kommen LNFZ eher dann zum Einsatz, wenn weniger Ziele angefahren werden. Ob dies einen direkten Zusammenhang darstellt oder ob es sich hierbei um einen Scheinzusammenhang handelt, bleibt unbeantwortet. Schütte (1997) betrachtet zwar auch die mitgeführten Arbeitsmittel und die Tätigkeit am Zielort, bringt diese Größen aber nicht in unmittelbaren Zusammenhang mit dem Einsatz von Pkw bzw. LNFZ. Im Übrigen beschränkt sich Schütte (1997), aufgrund der Datenlage, in seiner Arbeit vorwiegend auf eine deskriptive Betrachtung des Personenwirtschaftsverkehrs innerhalb der Handwerksbranche. Deshalb kann er auch die oben genannten Rahmenbedingungen nicht im Detail auf deren Wirkung hin überprüfen. Bezüglich der Tourenplanung deutet er aber an, dass diese vor allem dann zur Anwendung kommt, wenn es sich bei den geplanten Fahrten um mehrzielige Touren handelt (Schütte 1997, S. 63). Demnach spricht eine Nutzung von Tourenplanungsinstrumenten (digital und analog) für ein komplexeres Mobilitätsprofil mit mehreren Zielen.

Wie Schütte (1997, S. 12f., 30) selbst richtig feststellt, kann jedoch die letztliche Entscheidung über das Verkehrsverhalten nicht auf die aggregierte Ebene ‚Betrieb' beschränkt werden. Der Betrieb wird letztlich durch Individuen repräsentiert – sowohl in der Führungs- als auch in der Mitarbeiterebene. Diese Individuen handeln nicht als betriebliches Kollektiv und nach dem ihnen lange unterstellten Prinzip des *homo oeconomicus*, sondern agieren im Sinne des „methodologischen Individualismus" (Kulke 2008, S. 50; vgl. Harms et al. 2007). Mangelnde Marktkenntnis und -intransparenz sowie eine fehlende Verarbeitungsfähigkeit von Informationen führen dazu, dass statt dem maximalen nur der angemessene Nutzen angestrebt wird (Kulke 2008, S. 33). Aus diesem Grunde müssen in die Liste derjenigen betrieblichen Faktoren, die das Verkehrsverhalten beeinflussen, die persönlichen Faktoren wie Erfahrung und Vorlieben mit aufgenommen werden. Diese sind Teil der Mitarbeiter und somit inhärenter Bestandteil des betrieblichen Handelns.

Nichtsdestotrotz untersuchen die Mehrzahl der wenigen, existierenden Studien diejenigen Charakteristika, die sich durch die aggregierte Ebene ‚Betrieb' ergeben, etwa Wirtschaftszweig, Kundenstruktur und Mitarbeiteranzahl (Aguilera 2008; Bochynek et al. 2009; Schütte 1997). Im Rahmen der Entwicklung einer synthetischen Wirtschaftsstruktur als Ausgangspunkt räumlich disaggregierter Wirtschaftsverkehrs-Modellierung durch das DLR-IVF setzen die Autoren zunächst auf wenige Deskriptoren.[42] Der entstehende Verkehr eines Betriebs, und somit im weiteren Kontext auch das resultierende Verkehrsverhalten, ist Resultat von: der Zugehörigkeit zu einem Wirtschaftszweig, der Mitarbeiteranzahl, der korrespondierenden Versandmenge und der Kundenverflechtung. Ohne die jeweilige Auswirkung der beeinflussenden Faktoren näher zu spezifizieren, gehen die Autoren davon aus, mit den von ihnen betrachteten Deskriptoren wesentliche Größen für die Modellierung zu berücksichtigen (Bochynek et al. 2009).

In einer auf Dienst- und Geschäftsreisen bezogenen Veröffentlichung stellt Aguilera (2008) fest, dass unterschiedliche Studien zu den Einflüssen von Wirtschaftszweig und Betriebsgröße auf das Verkehrsverhalten zu verschiedenen Ergebnissen führen. Demnach ist es auf der einen Seite der Industrie- und auf der anderen Seite der Dienstleistungssektor, der am meisten Geschäfts- und Dienstreiseverkehr erzeugt. Außerdem wird bemerkt, dass die Frequenz der durchgeführten Reisen mit der Größe

---

[42] Die synthetische Wirtschaftsstruktur hat zum Ziel, jeden Betrieb in Deutschland möglichst real abzubilden. Die dafür verwendeten Parameter ergeben sich vor allem aus der (statistischen) Datenverfügbarkeit. Die Einarbeitung weiterer Deskriptoren zur Charakterisierung eines Betriebes ist geplant.

des Betriebs steigt. Aus den teils widersprüchlichen Ergebnissen schließt Aguilera (2008), dass zwar Größe und Branche des Unternehmens einen Einfluss auf das Verkehrsverhalten haben, diese beiden Parameter aber nicht die entscheidenden Größen sein können, die das Verkehrsverhalten determinieren und es weitere Deskriptoren geben muss (Aguilera 2008, S. 1112).

Im Allgemeinen identifiziert Aguilera (2008, S. 1112f.) daher zunächst die internen und externen unternehmerischen Aspekte. Im Speziellen beschreibt sie dann die Kundenanzahl, deren räumliche Position und die Kooperations- und Kommunikationsweise mit den Kunden als entscheidende externe Merkmale. Sie gibt an, dass Untersuchungen gezeigt haben, je mehr Kooperationen ein Unternehmen hat und in je mehr Projekten ein Unternehmen tätig ist, desto weniger kommt es zu face-to-face Kontakten. Demnach verursacht eine höhere Kundenanzahl proportional weniger physischen Verkehr, was Aguilera (2008) vor allem auf die zu erwartenden höheren Kosten zurückführt. Im selben Kontext bezeichnet sie die Entfernung zum Kunden als ausschlaggebend für den persönlichen Kontakt. Je weiter der Kunde vom Betrieb weg ist, desto seltener kommt es zu einer Geschäfts- bzw. Dienstreise.

Die von ihr identifizierten internen Faktoren lehnen sich an die externen Parameter an. Von Bedeutung sind hier laut Aguilera (2008, S. 1112) die Existenz und Anzahl an Unternehmenseinheiten, deren räumliche Verteilung sowie die Produktions- und Kommunikationsorganisation zwischen diesen Einheiten. Demnach kann die Produktionsweise eines Unternehmens deutliche Auswirkungen auf das Verkehrsverhalten im Personenwirtschaftsverkehr haben. Kommt es zu einer Zentralisierung von bestimmten Leistungen, etwa dem Einkauf, ergeben sich gegenüber dezentralen Strukturen andere Mobilitätsprofile für die Beschäftigten. In der Regel sind nun weitere Wege zu Geschäftspartnern, etwa potentiellen Zulieferern, zurückzulegen. Die Wege werden somit länger. Unter Umständen können in einer bestimmten Zeit auch nur weniger Ziele aufgesucht werden, da die höheren Distanzen zu längeren Wegezeiten führen. Ebenso stellt Aguilera fest, dass je nach Tätigkeit, die ein Unternehmen noch selbst erbringt, das Mobilitätsprofil variiert. Sind bspw. technische Dienste[43] im Unternehmen integriert, erzeugt das Unternehmen mehr Verkehr als ohne entsprechende Abteilung (Aguilera 2008, S. 1112f.). Demnach haben Firmen, die mehrere Aufgaben externalisieren, also benötigte Leistungen fremd beziehen bzw. erbringen lassen, weniger Wege zu absolvieren. Andersherum ist dann anzunehmen, dass Unternehmen, die Leistungen für Dritte erbringen, mehr Verkehr erzeugen, also mehr Wege zurücklegen und mehr Ziele ansteuern.

Zudem bemerkt Aguilera (2008, S. 1113), dass auch die Mitarbeiterstruktur eines Betriebes eine Rolle im Verkehrsverhalten spielt. Studien belegen, dass vor allem Gutverdienende, hierarchisch Höhergestellte und zumeist Männer im Rahmen der beruflichen Tätigkeit mobil sind (Aguilera 2008, S. 1113; vgl. BFS 2005, S. 31f.; Lian & Denstadli 2004, S. 112; Merckens 1984, S. 12; Roy & Filiatrault 1998). Im Folgeschluss bedeutet dies, dass je mehr Männer im Betrieb arbeiten, je stärker ausgeprägt hierarchische Strukturen existieren und je mehr die Mitarbeiter verdienen, desto häufiger ist dieser Betrieb Quelle von Personenwirtschaftsverkehr.

Iddink (2010) untersucht in ihrer Dissertation die Einflüsse, die auf die Verkehrsnachfrage von produzierenden Unternehmen in der Automobilindustrie wirken. Einen Fokus setzt sie dabei auf die logistischen Konzepte, die in den untersuchten Unternehmen zum Einsatz kommen. Damit rückt sie die Rolle der Unternehmen in den Vordergrund, untersucht jedoch das Güter-Verkehrsaufkommen und befasst sich nicht explizit mit dem Personenwirtschaftsverkehr. Sie stellt etwa fest, dass die Nutzung fertigungssynchroner Beschaffung und bestimmter Transportkonzepte mit dem Fahrzeugaufkommen im Zusammenhang stehen (Iddink 2010, S. 115f.). Abseits der logistischen und auf Gütertransport bezogenen Erkenntnisse lässt sich aus Iddinks (2010) Arbeit eine Feststellung auf die vorliegende Fragestellung übertragen. Mittels empirischer Analyse belegt sie, dass ein positiv gerichteter Zusammenhang zwischen der Unternehmensgröße (gemessen durch die Anzahl Mitarbeiter) und dem

---

[43] Unter technischen Diensten bzw. der Erbringung technischer Dienstleistungen sind die Planung und Gestaltung technischer Erzeugnisse, technische Zuarbeiten und Hilfen sowie die Erbringung von Informationen, Beratung und Schulung auf technischem und wissenschaftlichem Gebiet zu verstehen (Bundesbank 2008, S. 22).

Fahrzeugaufkommen besteht (Iddink 2010, S. 109f.). Dies lässt zwar zunächst keine Schlüsse zum Verkehrsverhalten eines einzelnen Fahrzeugs zu, vermag aber Auskunft über das Verkehrsverhalten des gesamten Betriebes zu geben. Inwieweit ein erhöhtes Fahrzeugaufkommen eines Betriebes Wirkung auf das Verhalten eines einzelnen Fahrzeugs hat, ist zu prüfen.

In einer umfangreichen Arbeit zum Personenwirtschaftsverkehr argumentiert Steinmeyer (2004), dass das Mobilitätsverhalten von folgenden Faktoren beeinflusst wird:

- „vom Wirtschaftszweig bzw. der angebotenen Leistung,
- von der Organisationsstruktur des Betriebs/Unternehmens,
- von der Gesamtzahl der Beschäftigten,
- von der Zusammensetzung der Beschäftigten, d. h. den Anteilen der verschiedenen Berufsgruppen an den Gesamtbeschäftigten,
- vom Fahrzeugbestand und
- vom Standort" (Steinmeyer 2004, S. 111).

Trotz umfänglicher Daten aus den Regionen Dresden und Hamburg belegt Steinmeyer (2004) in ihrer Arbeit lediglich einen statistisch gesicherten Zusammenhang zwischen der Branche eines Betriebes und den Verhaltenskenngrößen Touren je Tag und Wegezwecke je Branche (Steinmeyer 2004, S. 177). Demnach weist das Baugewerbe in Hamburg im Durchschnitt nur 1,3 Touren am Tag auf, während etwa das Kredit- und Versicherungsgewerbe in Hamburg 1,7 Touren pro Tag generiert. Darüber hinaus zeigt Steinmeyer (2004), dass sich die Anteile der einzelnen Wegezwecke des Personenwirtschaftsverkehrs (etwa Besprechung, Kundendienst und soziale Dienstleistungen) an allen Wegezwecken innerhalb der Branchen signifikant unterscheiden. Nimmt der Zweck ‚Verhandlung, Besprechung u. Ä.' in der Branche ‚Dienstleistungen überwiegend für Unternehmen' einen Stellenwert von 67,8 % an allen Personenwirtschaftsverkehrs-Wegen ein, sind es im Baugewerbe nur 42,0 % (Steinmeyer 2004, S. 172).

Auf die übrigen oben beschriebenen, von Steinmeyer (2004) benannten Faktoren und eine Wechselwirkung mit dem Verkehrsverhalten wird in ihrer Arbeit nicht näher eingegangen.[44]

Ebenfalls mit Daten aus Dresden[45] beschäftigen sich Rümenapp & Overberg (2003). Bei ihren Betrachtungen berücksichtigen sie peripher die Rolle von Unternehmen im Personenwirtschaftsverkehr. Sie stellen fest, dass vor allem Fahrzeuge, die der Branche ‚Dienstleistungen überwiegend für Unternehmen' zugehören, Fahrten im Personenwirtschaftsverkehr verursachen, wohingegen Betriebe aus der Branche ‚Verkehr und Nachrichtenübermittlung' überwiegend Güterverkehr erzeugen. Demnach ist es abermals die Zugehörigkeit eines Betriebes zu einem Wirtschaftszweig, der die Anzahl Fahrten zum Zwecke des Personenwirtschaftsverkehrs bestimmt. Die durchgeführte Analyse der Autoren zeigt auch, dass entsprechend der Branchen die räumliche Verteilung der Kunden und entsprechend die Fahrtweite der einzelnen Wege und Touren variiert. Speziell das Verarbeitende Gewerbe (46 %) und der Handel (33 %) weisen überregionale Kundenverflechtungen auf und nehmen lange Wege in Kauf, um zu ihren Kunden zu gelangen.[46] Hingegen befinden sich die Kunden des Baugewerbes und der Branche ‚Dienstleistungen überwiegend für Unternehmen' hauptsächlich innerhalb der Region des Betriebsstandortes (Rümenapp & Overberg 2003, S. 28ff.). Da es sich bei der Untersuchung um eine regionale Studie zu Dresden handelt, agieren die Autoren mit politischen Gemeindegrenzen (etwa Dresden, Pirna etc.). Ob sich die Erkenntnisse zur Kundenverteilung generalisieren und auf abstrakte Grenzen (etwa 50 und 200 km) anwenden lassen, ist zu prüfen. Es muss jedoch angenommen werden, dass mit der unterschiedlichen räumlichen Verteilung der Kunden je nach Wirtschaftsabschnitt verschiedene Fahrtenmuster entstehen. Weitere Unterschiede im Verkehrsverhalten, bedingt durch die Branchenzugehörigkeit, entstehen durch eine

---

[44] Ursächlich hierfür ist, dass in Steinmeyers (2004) Arbeit kein expliziter Fokus auf der Rolle der Unternehmen lag.

[45] Die verwendeten Daten sind wie bei Steinmeyer (2004) innerhalb des Projektes ‚intermobil Region Dresden' entstanden, sind aber verschieden von denen, die Steinmeyer (2004) nutzte.

[46] Erfasst wurden bei der Befragung der Fahrzeugführer (durch Polizei am Straßenrand gestoppt), aus welcher Region die Fahrzeuge kamen, um innerhalb Dresdens einen oder mehrere Kunden aufzusuchen.

unterschiedliche Anzahl von Kundenbesuchen. Rümenapp & Overberg (2003, S. 31f.) bemerken, dass sowohl zwischen den betrachteten, aber auch innerhalb der Branchen wesentliche Unterschiede bestehen.[47] Das Baugewerbe weist durchschnittlich nur 3,4 Kundenbesuche pro Tag aus, im Handel sind es im Durchschnitt 5,7. Im Verarbeitenden Gewerbe wiederum geben 40 % der Fahrer an, nur einen Kunden am Tag aufzusuchen. Gleichzeitig aber teilen 19 % der Befragten des Verarbeitenden Gewerbes mit, dass sie am Stichtag 11-20 Kunden besuchen. Dies kann einerseits als Hinweis gewertet werden, dass eine Betrachtung auf Abschnittsebene zu kurz greift, um Unterschiede auf die wirtschaftliche Tätigkeit der Betriebe zurückzuführen. Eine Differenzierung der Branchen auf der Ebene der Unterabschnitte und idealerweise auf der Ebene der Abteilungen (WZ 3-Steller) ist dann von Vorteil. Andererseits kann die Inkonsistenz innerhalb eines Wirtschaftsabschnittes auch darauf hinweisen, dass es nicht allein die Branche der Betriebe ist, die die Kundenbesuche und so die Fahrtenmuster beeinflusst.

Menge und Hebes (2008) verfolgen in ihrer Arbeit einen ähnlich differenzierten Ansatz und versuchen am Beispiel der Nutzungshäufigkeit des ÖPNV zu erklären, welche betrieblichen Prozesse und Strukturen von Relevanz für das Verkehrsverhalten sind (Menge & Hebes 2008, S. 66f.). Dabei schließen die Autoren neben den Charakteristika der betrieblichen Ebene (siehe oben) nun auch individuelle Merkmale wie die Bereitschaft zur Nutzung des ÖPNV mit ein. Sie zeigen, dass individuelle Einstellungen und Vorlieben signifikant zum Verkehrsverhalten beitragen. Abgesehen von den individuellen Einflussgrößen betrachtet die Untersuchung auch die Erfordernisse, die hinter den erbrachten Dienstleistungen im Rahmen des Personenwirtschaftsverkehrs stehen. Berücksichtigung finden etwa die erforderlichen Hilfsmittel, die für die Dienstleistung beim Kunden benötigt werden (z. B. Werkzeug und/oder EDV-Geräte) sowie die Entscheidungsbefugnisse innerhalb eines Betriebs für berufsbedingte Fahrten (Menge & Hebes 2008, S. 64f.). Es wird gezeigt, dass je nach Wirtschaftszweig und der

---

[47] Bei dieser Erkenntnis beziehen sich die Autoren sowohl auf den Güter- als auch den Personenwirtschaftsverkehr, weshalb die Zahlen nur als Hinweis betrachtet werden können. Die Autoren bemerken selbst, dass die Anzahl der Kundenbesuche an einem Tag eng im Zusammenhang steht mit dem konkreten Wegezweck bzw. der ausgeübten Tätigkeit am Zielort (etwa Besprechung oder Kundenbesuch/Reparatur). Eine Darstellung der Anzahl Kundenbesuche nach konkretem Wegezweck je Branche lässt sich der Veröffentlichung von Rümenapp & Overberg (2003) jedoch nicht entnehmen.

erbrachten Dienstleistung die mitzuführenden Hilfsmittel verschieden sind. Werden für Wartung und Reparaturen größere Werkzeuge und Ersatzteile benötigt, nutzen die Unternehmen überwiegend LNFZ. Menge & Hebes (2008) weisen außerdem darauf hin, dass zumeist der Vorgesetzte und erst an zweiter Stelle der Beschäftigte selbst über das genutzte Verkehrsmittel entscheiden.

Roy & Filiatrault (1998, S. 81) gehen darüber hinaus und erklären, dass der Vorgesetzte nicht nur über das Verkehrsmittel, sondern auch über die Zusammenlegung von Wegen zu einer Tour entscheidet. So sollen Kosten gespart und eine möglichst effiziente Arbeit der Mitarbeiter ermöglicht werden. Daher spielen neben der reinen Entscheidungsbefugnis auch die Kriterien für die Entscheidungsfindung, etwa Kosten, Zeit und Richtlinien, eine Rolle für das Verkehrsverhalten (vgl. Kesselring & Vogl 2010, S. 101f.).

Hinweise zu möglichen Einflüssen von betrieblichen Reise-Regulierungen auf den Personenwirtschaftsverkehr liefert Merckens (1984) mit seiner Untersuchung zur Verkehrsmittelwahl im Geschäftsreiseverkehr. Im Fokus der Arbeit liegen die betrieblichen Richtlinien. Außerdem betrachtet Merckens (1984) die Kriterien Zeit und Kosten einer Reise, die Teil der Richtlinien sein können, nicht aber zwangsweise sein müssen. Er stellt fest, dass je größer der Betrieb ist, desto eher Richtlinien existieren, die die Verkehrsmittelwahl beeinflussen. Merckens (1984) trifft jedoch keine exakten Aussagen, welche verkehrlichen Verhaltensmuster die Richtlinien bewirken, da die von ihm verfolgte Fragestellung dazu keine Antwort liefert. Er stellt aber fest, dass beim Vorhandensein von Richtlinien der Entscheidungsspielraum des Einzelnen schrumpft und andere Einflussgrößen, etwa Vorlieben und Bequemlichkeit, entsprechend an Bedeutung verlieren (Merckens 1984, S. 5ff.). Dies zumindest ist der Fall für Mitarbeiter ohne Führungsaufgaben. Je höher ein Mitarbeiter hierarchisch gestellt ist im Betrieb, desto mehr Freiheiten genießt dieser trotz der Richtlinien. Es hat sich zusätzlich gezeigt, dass eine hierarchische Höherstellung innerhalb des Betriebes zu kürzeren Reisezeiten führt, da die Aufenthaltszeiten am Zielort sinken, was zumeist mit betrieblichen Zwängen (Vielfalt der Aufgaben in hohen Positionen) zusammenhängt (Merckens 1984, S. 45).

Ungeachtet der Position im Unternehmen spielen Kosten- und Zeitmotive bei der Verkehrsmittelwahl jedoch die vorrangige Rolle (Merckens 1984, S. 12). Daher wird in der vorliegenden Arbeit zu prüfen sein, ob bei der Existenz von betrieblichen Reglements, speziell zu Kosten- und Zeitfragen, der Einfluss anderer betrieblicher Faktoren abnimmt bzw. wie Richtlinien mit anderen Determinanten korrelieren.

Die britischen Verkehrsforscher Allen et al. (2000a, 2000b) befassen sich in ihrer Studie zu nachhaltigen urbanen Verkehren neben dem Güterverkehr auch mit ‚Service Trips'. Dabei betrachten sie, anders als in der vorliegenden Arbeit, Unternehmen und Haushalte als Ziele von Güter- und Personenwirtschaftsverkehr und befassen sich nicht mit Betrieben als Quelle dieser Verkehre. Allen et al. (2000a, 2000b) kommen durch ihre Untersuchungen zu dem Schluss, dass es mehrere Faktoren gibt, die die Anzahl der Personenwirtschaftsverkehrs-Fahrten beeinflussen. Da der Untersuchungsgegenstand von Allen et al. (2000a, 200b) das Ziel von Fahrten des Personenwirtschaftsverkehrs ist, beschreiben sie Einflussgrößen, die sich vor allem auf die Kunden der in der vorliegenden Arbeit untersuchten Unternehmen beziehen. Es werden die folgenden Faktoren identifiziert:

- Flächennutzung am Kundenstandort,
- Unternehmensgröße des Kunden,
- Art und Menge der genutzten Hilfsmittel zur Erbringung der Dienstleistung,
- Relation aus persönlich erbrachten und IKT basierten Dienstleistungen sowie
- Grad des (vertraglich) zugesicherten ‚Service Levels' (Allen et al. 2000b, S. 58f.).

Allen et al. (2000b) geben keine konkreten Hinweise, wie sich diese Faktoren auf das Verkehrsverhalten auswirken. Ihre auf Interviews gestützte Untersuchung ist vor allem als qualitative Studie zu verstehen, die sich zunächst der bis dahin kaum erforschten Materie des Personenwirtschaftsverkehrs nähert. Dennoch hat sich gezeigt, dass die oben genannten Faktoren zu unterschiedlichen Ausprägungen von Verkehrsverhalten führen. Sie werden daher im weiteren Verlauf dieser Arbeit Verwendung finden.

Während Allen et al. (2000a, 2000b) einen qualitativ geprägten Untersuchungsansatz verfolgen, stellen Ruan et al. (2010) einen quantitativen Ansatz vor, um verschiedene Verkehrsverhalten bzw. Fahrtenmuster im städtischen Güter- und

Dienstleistungsverkehr zu erklären. Über das mitgeführte (Ladungs-)Gewicht der dort untersuchten Fahrzeuge zeigt sich, dass eine Abhängigkeit der Fahrtenmuster von den benötigten Hilfsmitteln bzw. mitzuführenden Gütern besteht (vgl. Menge & Hebes 2008). Je mehr Gewicht geladen ist, desto unwahrscheinlicher wird die Nutzung eines Pkw. Außerdem lässt sich aus den Ergebnissen ableiten, dass für Dienstleistungserbringungen für entfernte Kunden Rundfahrten ohne zwischenzeitige Rückkehr zum Betrieb gehäuft auftreten (Ruan et al. 2010, S. 10 ff.). Somit spielt die Entfernung der Kunden vom Betrieb eine Rolle beim Verkehrsverhalten und bei den entsprechenden Mobilitätsprofilen.

Tabelle 4-1 gibt einen zusammenfassenden Überblick über die in den bisherigen Arbeiten identifizierten Faktoren, die Auskunft über die Rolle von Unternehmen beim Verkehrsverhalten im Personenwirtschaftsverkehr geben.

In der Forschung wird mit besonderem Interesse die Wirkung von Informations- und Kommunikationstechnologien (IKT) untersucht. Daher widmet sich ein gesondertes Kapitel (4.2.2) den Wirkungen von in Unternehmen eingesetzten IKT auf den Personenwirtschaftsverkehr.

Tabelle 4-1: Übersicht der identifizierten Faktoren zur Beschreibung der unternehmerischen Rolle
Quelle: eigene Zusammenstellung.

Autor(en)	identifizierte Faktoren	Analyseansatz
Aguilera (2008)	<ul><li>Größe des Unternehmens</li><li>Branche des Unternehmens</li><li>Kundenanzahl</li><li>räumliche Position der Kunden</li><li>Kommunikations- und Kooperationsformen mit den Kunden</li><li>Anzahl weiterer Unternehmenseinheiten</li><li>räumliche Position der Unternehmenseinheiten</li><li>Kommunikations- und Kooperationsformen mit den Unternehmenseinheiten</li><li>Mitarbeiterstruktur eines Betriebes</li></ul>	synthetisch
Allen et al. (2000a, 2000b)	<ul><li>Flächennutzung am Kundenstandort</li><li>Unternehmensgröße des Kunden</li><li>Art und Menge der genutzten Hilfsmittel zur Dienstleistungserstellung</li><li>Kommunikations- und Kooperationsformen mit Kunden (Relation: persönlich erbrachte/IKT basierte Dienstleistungen)</li><li>Vertragsniveau (Grad des zugesicherten ‚Service Levels')</li></ul>	empirisch qualitativ
Bochynek et al. (2009)	<ul><li>Zugehörigkeit zu einem Wirtschaftszweig</li><li>Kundenverflechtung</li><li>Mitarbeiteranzahl</li></ul>	empirisch quantitativ
Iddink (2010)	<ul><li>Mitarbeiteranzahl</li></ul>	empirisch quantitativ
Menge & Hebes (2008)	<ul><li>individuelle Einstellungen und Vorlieben (ÖPNV-Nutzung)</li><li>erforderliche Hilfsmittel für Dienstleistungserstellung</li><li>Entscheidungsbefugnisse</li></ul>	empirisch quantitativ
Merckens (1984)	<ul><li>betriebliche Richtlinien</li><li>Kosten- und Zeitmotive (Kriterien)</li><li>individuelle Einstellungen und Vorlieben (Bequemlichkeit)</li><li>Hierarchische Strukturen</li></ul>	empirisch quantitativ
Roy & Filiatrault (1998)	<ul><li>Entscheidungsbefugnisse</li><li>Entscheidungskriterien</li></ul>	empirisch qualitativ und quantitativ
Ruan et al. (2010)	<ul><li>benötigte Hilfsmittel/geladene Güter(-menge)</li><li>räumlich Position der Kunden</li></ul>	empirisch quantitativ
Rümenapp & Overberg (2003)	<ul><li>Zugehörigkeit eines Betriebes zu einem Wirtschaftszweig</li><li>räumliche Verteilung der Kunden</li><li>Anzahl von Kundenbesuchen</li></ul>	empirisch quantitativ
Schütte (1997)	<ul><li>Betriebsgröße</li><li>wegeauslösende Tätigkeit</li><li>innerbetriebliche Fahrten- bzw. Wegeplanung</li><li>Regelung zur Nutzung von Firmenwagen</li><li>Kundenwünsche</li></ul>	empirisch qualitativ (und quantitativ)
Steinmeyer (2004)	<ul><li>Wirtschaftszweig bzw. angebotene Leistung</li><li>Organisationsstruktur des Betriebs/Unternehmens,</li><li>Gesamtzahl der Beschäftigten,</li><li>Zusammensetzung der Beschäftigten (Berufsgruppen)</li><li>Fahrzeugbestand</li><li>Betriebsstandort</li></ul>	empirisch quantitativ

4.2.2 Die Rolle von IKT beim Personenwirtschaftsverkehr

Der Einsatz von Informations- und Kommunikationstechnologien[48] zur Substituierung physischen Verkehrs erlangte mit zunehmender Geschwindigkeit von technologischen Innovationen Ende der 1990er Jahre große Aufmerksamkeit in der Verkehrsforschung. Speziell im Bereich des Personenverkehrs dauert die Debatte an, ob die IKT-Nutzung zu weniger Verkehr führt, ihn komplementiert, verstärkt, verändert oder nicht beeinflusst (Alexander et al. 2010; Lenz & Nobis 2007, S. 190; Mokhtarian & Meenakshisundaram 1999, S. 34; Sasaki & Nishii 2010, S. 37; Wang & Law 2007, S. 521). Generell durchgesetzt hat sich die Erkenntnis, dass die Nutzung von IKT zu verändertem Verkehrsverhalten von Individuen führt (Kwan et al. 2007, S. 121).

Im Bereich des Wirtschaftsverkehrs und speziell in Bezug auf Unternehmen gibt es hingegen nur einen eingeschränkten Kenntnisstand zum Einfluss von IKT auf das Verkehrsverhalten. Einerseits ist bekannt, dass Unternehmen im Rahmen des Mobilitätsmanagements Travel Management Systeme und Internetangebote für Reiseplanungen und -buchungen nutzen (ILS et al. 2007, S. 118). Andererseits liegt ein Fokus der Forschung auf dem Einsatz von Videokonferenzen im Zusammenhang mit Geschäfts- und Dienstreisen (Denstadli 2004; Lian & Denstadli 2004; Lu & Peeta 2009; Mokhtarian 1988; Roy & Filiatrault 1998). Es wird davon ausgegangen, dass durch den Einsatz von Viedeokommunikation, je nach Wirtschaftszweig, Wegestrecke und -zweck, Wege substituiert werden (Lu & Peeta 2009). Über die Anzahl der ersetzten Wege liegen unterschiedliche Ansichten vor. Einigkeit besteht jedoch meist darin, dass ein relativ geringer Prozentsatz der Wege durch IKT substituiert werden kann (Denstadli 2004, S. 375; Roy & Filiatrault 1998, S. 85). Dies liegt vor allem daran, dass den Unternehmen trotz der IKT-Nutzung nach wie vor ein Bedarf an face-to-face Kommunikation mit Partnern, Kunden und Zulieferern bescheinigt wird (Aguilera 2008; Beaverstock et al. 2009, S. 195; Lian & Denstadli 2004; siehe Kapitel 2.2). Dies

---

[48] Unter IKT wird in der vorliegenden Arbeit die Gesamtheit aller elektronischen, sowohl analogen als auch digitalen Möglichkeiten verstanden, mit denen Informationen raumüberwindend kommuniziert werden (vgl. Nuhn & Hesse 2006, S. 160ff.). Von besonderer Relevanz sind heutzutage mobile Endgeräte (etwa Mobiltelefon und PDA) sowie das Internet.

trifft vor allem auf Akteure in informellen Netzwerken zu, die den physischen Kontakt dem virtuellen vorziehen (Lassen 2009, S. 235f.).

Wird den obigen Erkenntnissen aus dem Bereich des Wirtschaftsverkehrs gefolgt, lässt sich verallgemeinernd resümieren, dass der Einsatz von IKT in Unternehmen zu weniger physischem Verkehr führt. Konkreter bedeutet dies, dass Unternehmen, die IKT nutzen, Fahrtenmuster aufweisen, die kürzere Wegstrecken und weniger Wege beinhalten, da (lange) Wege durch IKT-Nutzung ersetzt werden. Tatsächlich belegen erste Praxisbeispiele, dass etwa die Nutzung von Online-Berichtswesen im Anlagenbau zu einer verbesserten Kommunikation von Projektleitern und Servicetechnikern führt und so zuvor notwendige Fahrten im Personenwirtschaftsverkehr reduziert werden (Monse et al. 2007, S. 31f.). Ebenfalls tragen die Implementierungen von Customer Relationship Management (CRM) Systemen und Customer Communication Portalen (CCP) im technischen Kundendienst dazu bei, dass über Fernwartung (technische) Probleme gelöst werden können, was wiederum zu einer Reduktion von Fahrten führt (Hildebrand & Klostermann 2007, S. 227f.).

Weiterhin ist anzunehmen, dass Unternehmen, die IKT für die Planung von berufsbedingten Fahrten nutzen, Verkehrsmuster besitzen, die sich durch eine stärkere Kopplung von Wegen und kürzeren Wegestrecken auszeichnen, da Touren und Routen optimiert werden können. Dieser Aspekt verstärkt sich im Personenwirtschaftsverkehr noch, da davon auszugehen ist, dass die Durchdringung von IKT bei den Fahrern, die die Dienstleistungen erbringen, hoch ist (Monse et al. 2007, S. 49). So kann etwa Monteuren, die zur Reparatur Kunden aufsuchen, unterstellt werden, dass diese permanent über IKT-Zugang verfügen.[49] Sie können so kurzfristig auf *ad hoc* Aufträge reagieren, die von Unternehmensverantwortlichen erteilt werden, und ihre Tour entsprechend anpassen.

Wird Teilaspekten der Diskussion aus dem Personenverkehr gefolgt, ist zu vermuten, dass eine IKT-Nutzung zu mehr physischem Verkehr führen kann. Mokhtarian & Meenakshisundaram (1999, S. 34) weisen darauf hin, dass je mehr ‚Personen von

---

[49] Die Form des Zugangs kann sehr unterschiedlich ausfallen und vom ‚einfachen' Mobiltelefon bis zum interaktiven PDA reichen, auf den Aufträge gesandt und auch bestätigt werden müssen.

Interesse' der Nutzer über IKT kennenlernen kann, desto eher will der Nutzer diese Personen persönlich treffen. Werden diese Erkenntnisse auf den Personenwirtschaftsverkehr übertragen, lässt sich annehmen, dass die Nutzung von IKT (speziell Online-Netzwerken) in einem ersten Schritt eine schnellere Kontaktaufnahme zu neuen Geschäftspartnern ermöglicht. In einem zweiten Schritt werden diese dann im Rahmen einer Geschäfts- oder Dienstreise besucht (vgl. Kesselring & Vogl 2010, S. 92f.). Durch die größere Kontaktanzahl entsteht so ein höheres Verkehrsaufkommen je Unternehmen.

Unter Berücksichtigung der teils gegenläufigen Auswirkungen der IKT-Nutzung ist festzustellen, dass IKT eine Wirkung auf das Verkehrsverhalten hat. Wie diese Wirkung gerichtet ist, scheint je nach Dienstleistungsart zu differieren. Während offenbar die Nutzung von IKT bei der Erbringung technischer Dienstleistungen zu weniger physischem Verkehr führt, spielt der Einsatz von IKT bei nicht-technischen Dienstleistungen für den Verkehr eine gegensätzliche Rolle. Im Rahmen einer Untersuchung eines Forschungs- und Entwicklungsunternehmens wird etwa konstatiert: „Physischer Verkehr tritt nur im Rahmen des unternehmerischen Geschäftsverkehrs der Geschäftsführung vor dem Hintergrund von Kundenanbahnungsgesprächen und Akquisetätigkeiten auf. Dieser lässt sich auch weiterhin nicht vermeiden" (Monse et al. 2007, S. 37). Eine Reduktion des Personenwirtschaftsverkehrs ist hier nicht nachzuweisen. Eher im Gegenteil ist durch neue Formen der Kommunikation (IKT) ein Anstieg an Fahrten zu erwarten. Der empirische Teil der Arbeit nimmt sich dieser Problemlage an und wird die Rolle der IKT in Unternehmen untersuchen.

Zusammenfassend ist festzuhalten, dass sowohl in nationalen als auch internationalen Arbeiten und Studien der Personenwirtschaftsverkehr zwar thematisiert wird, die Rolle von Unternehmen beim Verkehrsverhalten jedoch nur peripher eine Rolle spielt. Keine der Studien widmet sich direkt den möglichen betrieblichen Deskriptoren und deren gerichteter Wirkung. Nichtsdestotrotz zeigt die Zusammenschau der relevanten Literatur, dass diverse Faktoren identifiziert werden können, die Einfluss auf das Mobilitätsmuster der Betriebe haben. Diese Erkenntnisse liegen sehr gestreut vor und sind zumeist nicht mit dem Ziel entstanden, den Betrieb in den Fokus der Forschung zu rücken. Stärker auf das Unternehmen fokussiert, zeigen sich Arbeiten rund um das betriebliche Mobilitätsmanagement. Jüngst sind Tendenzen zu verzeichnen, dass

Unternehmen Maßnahmen des betrieblichen Mobilitätsmanagements dazu nutzen, Verkehre des Personenwirtschaftsverkehrs zu steuern (Roby 2010, S. 5; vgl. DfT 2002a, S. 86). Daher werden im nachstehenden Kapitel 4.2.3 Hinweise zur Rolle der Unternehmen im Personenwirtschaftsverkehr zusammengetragen, die im Zusammenhang mit dem Mobilitätsmanagement stehen.

4.2.3 Erkenntnisse aus dem betrieblichen Mobilitätsmanagement

Kapitel 4.2.3 befasst sich mit dem betrieblichen Mobilitätsmanagement und untersucht die relevante Literatur auf Anhaltspunkte, die Aufschluss über die Rolle von Unternehmen beim Verkehrsverhalten im Personenwirtschaftsverkehr geben. Dafür werden zunächst, ausgehend vom handlungsfeld-übergreifenden Mobilitätsmanagement, die grundlegenden Charakteristika des betrieblichen Mobilitätsmanagements erläutert. Daraufhin werden sowohl die Rahmenbedingungen als auch die angewandten Maßnahmen des betrieblichen Mobilitätsmanagements geschildert. Schließlich befasst sich dieses Kapitel mit den bisher erfassten Wirkungen der Maßnahmen und leitet so Hinweise zur Rolle der Unternehmen ab.

Charakteristika des betrieblichen Mobilitätsmanagements

Das "Mobilitätsmanagement ist ein nachfrageorientierter Ansatz im Bereich des Personen- und Güterverkehrs, der neue Kooperationen initiiert und ein Maßnahmenpaket bereitstellt, um eine effiziente, umwelt- und sozialverträgliche (nachhaltige) Mobilität anzuregen, und zu fördern" (ILS 2000, S. 15; vgl. MOST 2003, S. 2). Die Maßnahmen des Mobilitätsmanagements umfassen vor allem eine verbesserte Information und Kommunikation zwischen Betrieb und Mitarbeitern, eine intensivere Koordination aller Akteure (Betrieb, Kommune, Mitarbeiter, Verkehrsbetriebe etc.) sowie die Organisation und Nutzung neuer (Verkehrs-)Dienstleistungen (ILS et al. 2007, S. 31; Müller 2001, S. 4). Primäres Anliegen der Maßnahmen ist die Stärkung des Umweltverbundes (Nutzung von ÖV, Fahrrad und Fuß) bei gleichzeitiger Reduktion des Motorisierten Individualverkehrs (ILS 2000, S. 18; ISB & IVV 2003, S. 17). Der Ansatz des Transportation Demand Management (Mobilitätsmanagement) wurde Mitte der der 1980er Jahre in den USA entwickelt und hielt zu Beginn der 1990er in Europa (zuvorderst in den Niederlanden) Einzug (ILS et al. 2007, S. 31; Müller 2001, S. 5).[50] Das betriebliche Mobilitätsmanagement, als wesentliches Handlungsfeld[51] des Mobilitäts-managements, richtet sich an den Personen- und Wirtschaftsverkehr und soll gezielt die Wegeorganisation für Arbeitnehmer sowie deren Motivation für eine nachhaltige Mobilität steuern (Cairns et al. 2010, S. 473; Ils et al. 2007, S. 30f.). Die übergeordneten Ziele des betrieblichen Mobilitätsmanagements sind denen des handlungsfeldübergreifenden Mobilitätsmanagements gleich. „Betriebliches Mobilitätsmanagement ist eine strategische Planungsmethode zur Gestaltung des von einem Betrieb erzeugten Verkehrs" (ILS et al. 2007, S. 32). Das betriebliche Mobilitätsmanagement zielt nicht nur auf eine stärkere Nutzung des Umweltverbundes, sondern will durch Optimierung auch überflüssige Fahrten erkennen und vermeiden (Hösl & Müller 2009, S. 5). Abseits vom Personenwirtschaftsverkehr rückt auch beim betrieblichen Mobilitätsmanagement der Berufsverkehr in den Vordergrund (Cairns et al. 2010, S. 473). So wird argumentiert, dass speziell der Weg zur Arbeit, also zum Betrieb, einen großen Teil des täglichen, insbesondere motorisierten, Wegeaufkommens ausmacht (Beckmann et al. 2004, S. 63). Daher besäßen die Betriebe eine besondere Verantwortung, die Verkehrsströme des Berufsverkehrs zu beeinflussen. Die unterschiedlichen Akteure „können die Verkehrsmittelwahl, die Besetzungsgrade von Fahrzeugen etc. zielgenau durch koordinierende Maßnahmen, Mobilitätsdienste oder Mobilitätsberatung" (Beckmann et al. 2004, S. 63) beeinflussen. Dadurch kann nicht nur der Verkehr *per se* verringert werden. Auch hat das (betriebliche) Mobilitätsmanagement zum Ziel, die Luftqualität zu verbessern, Lärm zu reduzieren

---

[50] Wenngleich Müller (2001, S. 13) feststellt, dass lediglich der Begriff des Mobilitätsmanagements neu ist, Elemente wie Fabrikbusse und betriebsnahe Wohnungen jedoch schon in den 1950/60er existierten.

[51] Neben dem betrieblichen Mobilitätsmanagement gibt es drei weitere Handlungsfelder im Mobilitätsmanagement, das kommunale-, das Zielgruppen- und standortbezogene Mobilitätsmanagement sowie die Einrichtung von Mobilitätsberatungen und -zentralen (ISB & IVV 2003, S. 46). Mit diesen Handlungsfeldern beschäftigte sich intensiv das EU-Projekt ‚**M**obility Management **S**trategies for the next Decades' (MOST 2003). Das kommunale Mobilitätsmanagement und dessen zielgerichtetes Marketing behandeln Hamann et al. (2007).

und so zum Wohl von Mensch und Umwelt beizutragen (Cooper 2003, S. 1f.; Hornberg et al. 2006, S. 6).

Die Wirkungen, die sich ein Betrieb durch Maßnahmen des Mobilitätsmanagements erhofft, sind mannigfaltig. Zu den betriebswirtschaftlichen Erwartungen zählen insbesondere die Kostenersparnisse, die durch das Wegfallen von bereitzustellendem Parkraum, durch eine höhere Produktivität der Mitarbeiter[52] und durch geringere Verkehrsmittelkosten erreicht werden können (Müller 2001, S. 6). Weitere positive Effekte des Mobilitätsmanagements sind die Verbesserung der Erreichbarkeit des Betriebs und damit einhergehend eine höhere Mitarbeitermotivation und ein allgemeiner Imagegewinn (Bruns et al. 2007, S. 8; Hösl & Müller 2009, S. 7; Roby 2010, S. 5).

Während Studien und Praxisprojekte das Pendeln der Angestellten vom Wohn- zum Arbeitsort als Teil des Personenverkehrs umfangreich erforschen und Vorschläge entwickeln, wie ein Betrieb gezielt in das Verkehrsverhalten seiner Mitarbeiter eingreifen kann (etwa Bruns et al. 2007; Cooper 2003; ILS 2000; ISB & IVV 2003), wird das tägliche Verkehrsaufkommen, das ein Betrieb durch die Tätigkeit seiner Mitarbeiter während der Arbeitszeit erzeugt, außer Betracht gelassen. Unternehmen wurden lange Zeit nicht als Verkehrsnachfrager im Sinn des Personenwirtschaftsverkehrs verstanden, sondern galten als Ziel und Ausgangspunkt bzw. Quelle und Senke von Personen- und Güterverkehren. Dass Unternehmen neben der Erzeugung von Personen- und Güterverkehren auch für das Entstehen von Personenwirtschaftsverkehren verantwortlich sind (vgl. Abbildung 4-1), wurde höchstens in Randbemerkungen erwähnt und beschränkt sich überwiegend auf den Aspekt der Dienst- und Geschäftsverkehre (vgl. Beckmann et al. 2004, S. 64f.; ILS 2000, S. 40; ILS et al. 2007, S. 37; Müller 2001, S. 4f.). Dass der Personenwirtschaftsverkehr in früheren Studien nicht explizit erwähnt wird, muss aber nicht heißen, dass sich das beschriebene betriebliche Mobilitätsmanagement nicht auch auf diese vom Betrieb erzeugten Verkehre übertragen lässt. Vielmehr ist zu vermuten,

---

[52] Müller (2001, S. 6) bezieht sich auf eine Studie des Deutschen Verkehrssicherheitsrates, die empirisch belegt, dass „Pendler, die den eigenen Pkw nutzen, häufiger unter Konzentrationsmängeln und Nervosität leiden" (Müller 2001, S. 6), was die Arbeitsmotivation zu Arbeitsbeginn ebenso wie die Konzentration mindert (vgl. Bruns et al. 2007, S. 7).

dass das Nichtbenennen darauf zurückzuführen ist, dass es sich beim Personenwirtschaftsverkehr um ein junges Forschungsfeld handelt und sich der Begriff bis heute in der Phase der Festigung befindet (siehe Kapitel 2.1). Einen Hinweis darauf, dass auch der Dienstleistungsverkehr als Teil des Dienst- und Geschäftsverkehrs implizit in den Studien berücksichtigt wird, gibt die Studie ‚Weiterentwicklung von Produkten, Prozessen und Rahmenbedingungen des betrieblichen Mobilitätsmanagements' (ILS et al. 2007). Sie bezeichnet den Dienst- und Geschäftsreiseverkehr als „betrieblich[e] Mobilität im engeren Sinne" (ILS et al. 2007, S. 38). Als betriebliche Mobilität im engeren Sinne ist aber auch der Dienstleistungsverkehr zu verstehen. Dieser Argumentation folgend, können die Ziele und Maßnahmen des betrieblichen Mobilitätsmanagements auf den gesamten Personenwirtschaftsverkehr übertragen werden (vgl. Roby 2010, S. 5).

Maßnahmen und Rahmenbedingungen des betrieblichen Mobilitätsmanagements

Die Maßnahmen, die ein Unternehmen zur Umsetzung des betrieblichen Mobilitätsmanagements ergreift, können auf eine Beeinflussung des Berufs- aber auch des Personenwirtschaftsverkehrs abzielen. Daher sind die Handlungen im Rahmen des betrieblichen Mobilitätsmanagements von besonderem Interesse für die vorliegende Arbeit. Gleiches gilt für die Rahmenbedingungen, die die Auswahl bzw. den Einsatz der Maßnahmen des Mobilitätsmanagements bestimmen. Demnach kann eine Maßnahme wie die Bereitstellung eines Jobtickets, das Mobilitätsprofil eines Betriebes und damit das Verkehrsverhalten der Mitarbeiter beeinflussen. Zu erwarten ist eine intensivere Nutzung des ÖPNV zu Lasten des MIV. Die Maßnahme wird jedoch nur dann Sinn machen, wenn die Rahmenbedingung ‚gute Anbindung an ein ÖPNV-Netz' hinzutritt. Nachfolgend werden aus der Literaturzusammenschau Rahmenbedingungen und Maßnahmen identifiziert, die für eine Analyse der unternehmerischen Rolle beim Verkehrsverhalten im Personenwirtschaftsverkehr relevant sind.

Das BBR (2004) betont im Rahmen einer Studie zum betrieblichen Mobilitätsmanagement, dass die räumliche Lage, insbesondere die städtebauliche Einbettung in weitere (Verkehrs-)Infrastruktur, ausschlaggebend ist für die entstehenden Verkehre (Beckmann et al. 2004, S. 65). Die städtebauliche Einbettung steht eng in

Verbindung mit dem Mikrostandort eines Betriebes.[53] Der Mikrostandort gibt präzisierend Auskunft über die Lage innerhalb des Makrostandortes, der sich wiederum in Kernstadt und Umland unterteilen lässt (ILS et al. 2007, S. 102). Je nach der Lage von Betrieben in der Mikroebene erwarten die Autoren einer FOPS-Studie (ILS et al. 2007, S. 102), dass unterschiedliche Verkehre generiert werden. Des Weiteren werden in der Literatur die:

- Betriebsgröße, -art und -struktur,
- Arbeitszeiten,
- betriebliche Reglements inklusive Entscheidungszuständigkeiten und
- Einstellung gegenüber bestimmten Verkehrsmitteln

als grundsätzliche Rahmenbedingungen für die Verkehrsentstehung und anzuwendenden Maßnahmen des Mobilitätsmanagements genannt (Beckmann et al. 2004, S. 65ff.; Bruns et al. 2007, S. 14; ILS et al. 2007, S. 39; Müller 2001, S. 10). Die genannten Rahmenbedingungen werden hinsichtlich ihrer Geeignetheit zur Implementierung bzw. Sinnhaftigkeit des betrieblichen Mobilitätsmanagements untersucht. Die Studien lassen daher keine Schlüsse zu, in welche Richtung diese unternehmerischen Charakteristika das Verkehrsverhalten ändern. Sie geben jedoch Hinweise, welche Determinanten das Mobilitätsprofil beeinflussen können.

Die Betriebsgröße, so wird in der Literatur teilweise eingeschränkt, ist erst ab einer bestimmten Größe relevant. Betriebe ab einer Beschäftigtenzahl von 100 Mitarbeitern können ein wirksames Mobilitätsmanagement umsetzen (Beckmann et al. 2004, S. 71; ILS et al. 2007, S. 39). Das hieße, dass kleinere Betriebe keinen Einfluss auf das Verkehrsverhalten ihrer Beschäftigten hätten. Die Autoren der Studie ‚Stadtentwicklung und Stadtverkehr' (Beckmann et al. 2004) argumentieren mit Hinblick auf den Berufsverkehr, weshalb nicht automatisch kleineren Betrieben unterstellt werden kann, sie hätten keinen Einfluss auf das Nutzungsmuster ihrer Fahrzeuge bzw. das Mobilitätsverhalten ihrer Mitarbeiter im Rahmen des Personenwirtschaftsverkehrs (vgl.

---

[53] Der Mikrostandort wird unterteilt in die Klassen: Innenbereich, Stadtrand, Außenbereich (ILS et al. 2007, S. 102). Von Bedeutung kann außerdem noch die Topographie sein (u. a. bergig, eben), die die Verkehrsmittelwahl beeinflusst (ILS et al. 2007., S. 123).

ILS et al. 2007, S. 39). Auch die Branche der Betriebe ist gemäß BBR (2004) für die Umsetzung eines Mobilitätsmanagements nicht von Bedeutung (Beckmann et al. 2004, S. 71), wenngleich die Autoren der Studie von ‚Kfz-affinen Branchen' (Beckmann et al. 2004, S. 72) sprechen,[54] bei denen die Umsetzung eines Mobilitätsmanagements gehemmt sein kann und der MIV ‚von Natur aus' die wichtigste Rolle spielt. Hingegen argumentieren das ILS et al. (2007 S. 39f.), dass es sektorenbedingte Unterschiede in der Anwendung von Mobilitätsmanagement und somit der Einflussnahme auf das Verkehrsverhalten gibt. Demnach setzen sich vor allem Betriebe aus dem produzierenden Gewerbe für eine Regulierung des von ihnen generierten Verkehrs ein, während sich öffentliche Einrichtungen erst jüngst des Mobilitätsmanagements annehmen (ILS et al. 2007, S. 39). Die Lage der Betriebe betreffend besteht bisher nur Konsens darüber, dass es insbesondere Betriebe in Mittel- und Großstädten sind, die Maßnahmen des Mobilitätsmanagements eingeführt haben. Über die kleinräumige Lage dieser Betriebe, etwa die Einbettung in Nachbarschaftszentren oder in Industrie- und Gewerbeparks, ist bisher aufgrund mangelnder Daten wenig bekannt (ILS et al. 2007, S. 40).

Kommt ein Unternehmen zu dem Schluss, dass eine oder mehrere Rahmenbedingungen zur Implementierung von Maßnahmen des betrieblichen Mobilitätsmanagements erfüllt sind, stehen entsprechende Handlungsoptionen zur Verfügung. Mögliche verkehrliche Maßnahmen, die ein Betrieb ergreifen kann, um den Personenwirtschaftsverkehr im Sinne des Mobilitätsmanagements zu steuern, sind u. a.:

- Buchung von Bahntickets,
- Jobtickets anfordern und bewerben,
- Diensträder bereitstellen,
- CarPooling und Fahrzeugtagebücher[55] organisieren/Reduktion des Fuhrparks,
- Travel Management Software einsetzen,

---

[54] Speditionen, Kfz-Zulieferer, IT-Unternehmen (Kfz als Statussymbol)

[55] Diese dienen der Erfassung geplanter Fahrten mit dem Kfz und einer entsprechenden Abstimmung bei gleichen Zielen (DfT 2002b, S. 71).

- Einsatz von Telefon- und Videokonferenzen (siehe Kapitel 4.2.2),
- Implementierung flexibler Arbeitszeitmodelle,
- auf einen effizienten Dienstwageneinsatz achten,
- umweltschonende Dienstwagen einsetzen,
- Eco-Fahrtraining anbieten und anderes mehr (Beckmann et al. 2004, S. 78ff.; Bruns et al. 2007, S. 28; DfT 2002a, S. 86; DfT 2002b, S. 71; ILS et al. 2007, S. 35; ISB & IVV 2003, S. 46; Müller 2001, S. 8f.; Roby 2010, S. 5).

Die aufgelisteten Maßnahmen zeigen einige Optionen, wie Betriebe Einfluss auf das Verkehrsverhalten ausüben können. Während das ‚Eco-Fahrtraining' (ISB & IVV 2003, S. 56) darauf abzielt, die Bedienung eines Kfz zu beeinflussen, sind andere Maßnahmen wie die Bereitstellung von Dienstfahrrädern, die Reduktion des Fuhrparks oder die Förderung der BahnCard dazu geeignet, das Mobilitätsprofil eines Betriebes unmittelbar und mittelbar zu ändern. Auf der einen Seite steuert der Betrieb durch den Einsatz dieser Maßnahmen die Verkehrsmittelwahl und folglich den Personenwirtschaftsverkehr unmittelbar. Der MIV-Anteil an allen genutzten Verkehrsmitteln sinkt. Ein vermehrter Verzicht auf den MIV bedeutet auf der anderen Seite aber u. U. einen mittelbaren Eingriff in die Nutzungsprofile der vom Betrieb eingesetzten Kfz. Kommt es zum vermehrten Einsatz des Umweltverbundes zur Realisierung von Wegen des Personenwirtschaftsverkehrs, ist anzunehmen, dass vor allem kürzere Wege mit dem ÖPNV oder zu Fuß und per Fahrrad überbrückt würden. Folglich bedeutet dies, dass die Tourenmuster der entsprechenden Unternehmensfahrzeuge längere Wege aufweisen. Kfz, die zu Unternehmen gehören, die keine Maßnahmen des Mobilitätsmanagements realisieren und einen höheren MIV-Anteil besitzen, ist somit ein abweichendes Nutzungsmuster, mit mehr kurzen Wegen, zu unterstellen. Ebenso ist der Einsatz von Travel Management Software sowie Video- und Telefonkonferenzen dazu geeignet, das Nutzungsprofil von Fahrzeugen zu beeinflussen (siehe Kapitel 4.2.2). Schließlich können flexible Arbeitsmodelle, die das Arbeiten losgelöst vom angestammten Arbeitsplatz erlauben, ebenso zu veränderten Tourenmustern führen (vgl. Alexander et al. 2010). Insbesondere ist zu erwarten, dass die eigene Wohnung bzw. ein privater Ort Ausgang und Ziel von Touren darstellt.

In welchem Umfang die zur Verfügung stehenden Maßnahmen umgesetzt werden und welchen Einfluss sie bisher auf den Personenwirtschaftsverkehr haben, wird nachstehend präsentiert.

Realisierung und Resultate des Mobilitätsmanagements

Der Zustand des Mobilitätsmanagements in Deutschland muss als widersprüchlich beschrieben werden. „Alle Betriebe in Deutschland managen ihre Mobilitätsbedürfnisse – jedoch in ganz unterschiedlicher Ausprägung und mit unterschiedlichen Zielen" (ILS et al. 2007, S. 38). Einerseits gibt es zahlreiche Betriebe, die sich mit einzelnen Elementen des Mobilitätsmanagements befassen, etwa der Reglementierung von Reisen oder der Bereitstellung eines Jobtickets. Andererseits befassen sich nur wenige Betriebe mit einem integrierten und systematischen Mobilitätsmanagement, welches die oben genannten Ziele verfolgt (Hamann et al. 2007, S. 42; ILS et al. 2007, S. 38; ISB & IVV 2003, S. 137; Müller 2001, S. 13). Dies liegt unter anderem daran, dass in Deutschland, anders als in anderen europäischen Staaten, eine ‚Bottom-up-Kultur' herrscht, bei der einzelne Unternehmen aus ihrer Problemlage heraus aktiv werden,[56] das Mobilitätsmanagement aber nicht von kommunaler Seite gefördert wird (ILS et al. 2007, S. 41; ISB & IVV 2003, S. 92). Selbst an Forschungs- und Einführungsprojekten beteiligte Betriebe konnten mittelfristig keine erkennbaren Veränderungen im Mobilitätsverhalten ihrer Mitarbeiter bewirken (Müller 2001, S. 15ff.).

Dies weist darauf hin, dass Betriebe zwar nicht umfassend den von ihnen verursachten Verkehr gestalten wollen, jedoch bewusst auf einzelne Elemente des Verkehrs Einfluss genommen wird. Eine Untersuchung im Rahmen des Projekts ‚Weiterentwicklung von Produkten, Prozessen und Rahmenbedingungen des betrieblichen Mobilitätsmanagements' zeigte, dass nur knapp 3 % der befragten Unternehmen[57] keine Maßnahme ergriffen haben, die als Teil des betrieblichen Mobilitätsmanagements beschrieben werden könnte (ILS et al. 2007, S. 118). Die eingesetzten Maßnahmen sind

---

[56] Der Problemdruck der Betriebe ist u. a. auf Parkraumdefizite und Unzufriedenheit bei den Beschäftigten aufgrund schlechter Verkehrsanbindung zurückzuführen (ILS et al. 2007, S. 40).

[57] Im Rahmen der Untersuchung durch das ILS et al. (2007) wurden insgesamt 2.000 Unternehmen in fünf deutschen Regionen befragt (Bruttostichprobe), wobei 431 Unternehmen an der Befragung teilnahmen (Nettostichprobe).

vielfältig und reichen im Dienst- und Geschäftsreiseverkehr von einer gezielten Reisesteuerung, über die Bereitstellung von Diensträdern bis zur Nutzung eines Travel Management Systems. Die Implementierung dieser Maßnahmen ist jedoch unterschiedlich stark ausgeprägt (vgl. Abbildung 4-2).

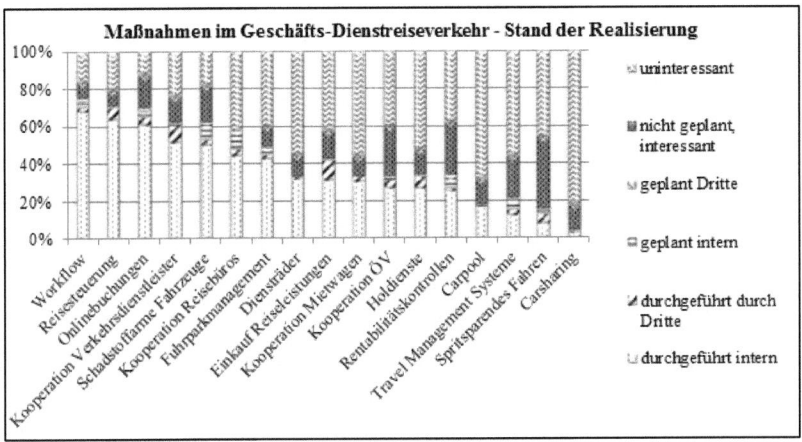

Abbildung 4-2: Maßnahmen deutscher und internationaler Betriebe zur Regelung des Dienst- und Geschäftsreiseverkehrs und deren Relevanz.
Quelle: ILS et. al 2007, S. 119, angepasst.

Während etwa 60 % der befragten Betriebe die Kooperation mit Verkehrsdienstleistern etabliert haben, können nur knapp über 15 % der Betriebe einen Carpool aufweisen. Für die Dienst- und Geschäftsreisen sind die administrativen Maßnahmen von größter Bedeutung. Über 50 % der Betriebe setzen sie ein. Sie umfassen in erster Linie „Workflow, Reisesteuerung, Onlinebuchungen [sowie] Kooperationen mit bundesweiten Verkehrsdienstleistern und Reisebüros" (ILS et al. 2007, S. 118; Kesselring & Vogl 2010, S. 105f.).[58]

Mit der bisher geringen Einführungsrate des Mobilitätsmanagements in Deutschland und der entsprechenden Maßnahmen ist auch der unzureichende Erkenntnisstand zu den (verkehrlichen) Wirkungen von einzelnen Maßnahmen zu erklären. Bisher können lediglich exemplarisch Daten aus Projekten gewonnen werden, die auf

---

[58] Der Workflow umfasst vor allem den Reiseantrag und die -genehmigung.

Maßnahmenbündel setzen (ILS et al. 2007, S. 45; vgl. Enoch & Potter 2003, S. 52). Die verkehrliche Wirkung, die bisher in fast allen Modellversuchen beobachtet werden konnte, ist der vermehrte Einsatz öffentlicher Verkehrsmittel zu Lasten des MIV, wobei sich diese Erkenntnis in aller Regel auf den Berufs-, jedoch nicht auf den Personenwirtschaftsverkehr bezieht (ILS et al. 2007, S. 45). Doch auch in den wenigen Versuchen und Projekten, bei denen die Betriebe sich dazu entschlossen haben, mit dem Mobilitätsmanagement den Dienst- und Geschäftsreiseverkehr zu steuern (vgl. Tabelle 4-2), zeigt sich eine Tendenz zur Substitution des MIV durch den ÖV. Allerdings sind belastbare Ergebnisse besonders im Personenwirtschaftsverkehr kaum erzielt worden. Zwar wurden Jobtickets erworben, Dienstfahrräder angeschafft und Car-Sharing eingeführt, jedoch kann nur punktuell eine reale Veränderung des Mobilitätsverhaltens nachgewiesen werden. Zahlen, wie etwa die Reduzierung von Fahrzeugkilometern pro Jahr pro Unternehmen, liegen für Deutschland bisher nicht vor. In den Niederlanden, Großbritannien und den USA hingegen gibt es Studien, die belegen, dass mittels Mobilitätsmanagement eine Reduktion der Fahrzeugkilometer pro Jahr und Unternehmen im MIV von 6 - 20 % erreicht werden kann (DfT 2002a, S. 16ff.; Cairns et al. 2010, S. 47). Diese Ergebnisse stützen sich überwiegend auf Resultate im Berufsverkehr, zeigen aber, dass Betriebe messbar Einfluss auf das Verkehrsverhalten nehmen können.

Während dem Mobilitätsmanagement in Deutschland von Seiten der Betriebe bisher nur eine untergeordnete Rolle zugeordnet wird, befassen sich Betriebe anderer Nationen intensiver mit der Lenkung des Verkehrs (ILS et al. 2007, S. 47). Dies liegt nicht zuletzt daran, dass, anders als in Deutschland, in Nationen wie Frankreich und Italien Regelungen zum Mobilitätsmanagement gesetzlich verankert sind bzw. fiskalische Anreize bestehen (etwa Großbritannien und Schweiz; Enoch & Potter 2003, S. 53; ILS et al. 2007). Neben den USA und den Niederlanden ist es vor allem Großbritannien, das sich im Mobilitätsmanagement engagiert. 1998 wurde von der britischen Regierung das ‚White Paper on transport policy' verabschiedet (Rye 2002, S. 290). Explizites Ziel ist die Reduktion der Pkw-Nutzung. Als eine von mehreren wesentlichen Strategien werden dafür die Travel Plans angesehen (Enoch & Potter 2003, S. 51).

Tabelle 4-2: Ausgewählte Projekte des Mobilitätsmanagements mit Wirkung auf den Personenwirtschaftsverkehr.
Quelle: eigene Zusammenstellung.

Projekt (Jahr)	Region	Teilnehmende Betriebe	Maßnahme	Resultat	Quelle
LIFE-Projekt Mobil (ab 1998)	Berlin-Moabit	u. a. Siemens/ KWU	Car-Sharing für Dienstreisen, Einführung Jobticket (in Planung)	Abschaffung zweier Dienstwagen	Müller 2001, S. 16
"Sanfte Mobilitätspartnerschaft" (ab 1997)	Österreich	AVL List GmbH; Landeskrankenhaus Tulln, u. a.	Ersatz privater Pkw durch Dienstwagen für Dienstreisen	Optimierung des Fuhrparks	ISB & IVV 2003, S. 194f.
Fallstudie Diakonie- und Sozialstation Hamburg St. Pauli (ab Ende 1990er)	Hamburg	Diakonie- und Sozialstation Innenstadt St. Pauli	Organisation der Dienstwege mit Fahrrad, zu Fuß und ÖPNV; Anschaffung von Dienstfahrrädern	bisher kein Nachweis, dass MIV-Anteil sank; jedoch Zufriedenheit bei Leitung und Mitarbeitern	ILS et al. 2007, S. A-41ff.
Fallstudie Stadtverwaltung Bielefeld (ab 1993)	Bielefeld	Stadtverwaltung Bielefeld (mehrere Standorte: u. a. Rathaus, Ordnungs- und Gesundheitsamt	Kooperation mit Reisebüro (vergünstigte Zugtickets), Jobticket, Anschaffung Dienstfahrräder zur Reduzierung von Dienstreisekosten und Sicherung dienstlicher Mobilität	steigende Anzahl Jobticketbesitzer; bisher keine konkrete Evaluierung der Wirkungen. Vermutet wird jedoch insgesamt verringerter Stellplatzbedarf	ILS et al. 2007, S. A-15ff.
MOBINET & EMAS (1999-2003; in Eigeninitiative bis heute fortgeführt)	München	Landeshauptstadt München, Referat für Gesundheit und Umwelt	Anschaffung neuer Dienstfahrräder, Einführung übertragbarer ÖPNV-Tickets für Außendienstler, Umstieg auf Erdgasfahrzeuge, geplant: Fuhrparkmanagement	Steigender Anteil des Umweltverbundes mit insg. 0,6 t CO_2-Einsparungen, angestrebt: Ersatz privater Pkw durch Dienstwagen für Dienstfahrten	Hösl & Müller 2009, S. 14f.
Nachfolge-Initiative zu MOBINET durch die Stadt München (2008/2009)	München	Schreiner-Group	Erarbeitung neuer Reiserichtlinien (Nutzung ÖPNV statt Pkw und Bahn statt Flugzeug), Analyse des Pkw-Fahrverhaltens bei Dienstreisen hinsichtlich Treibstoffverbrauch, Installation weiterer Videokonferenz-Systeme	Spritsparende Fahrweise sowie Videokonferenzen führen zu Kosteneinsparungen bei Dienstreisen und Senkung des CO_2-Ausstoßes	Hösl & Müller 2009, S. 18f.
Evaluierung Travel Plan durch Department of Transport (1998-2001)	Middlesex (GB)	BP Oil Company	Alternative Arbeitszeiten/Arbeitszeitmodelle, Videokonferenzen, Steigerung der Fahrradattraktivität durch Umkleide- und Duschräume	Änderung des Modal Split. Vormals waren 84,4 % der Belegschaft Pkw-Fahrer. Nun nur noch 71,7 % (beinhaltet auch Berufsverkehr)	DfT 2002b, S. 41ff.

Genau wie das deutsche Mobilitätsmanagement sollen öffentliche und private Unternehmen durch gezielten Einfluss auf die Angestellten das Pkw-Aufkommen verringern. Waren anfangs kaum Ergebnisse zu verzeichnen (Enoch & Potter 2003, S. 52f.), forcierte die Regierung die Bemühungen und bot Unternehmen u. a. kostenlose Beratungen an (Rye 2002, S. 290). Auch in England steht der Berufsverkehr im Vordergrund (DfT 2002a; Rye 2002). Zwar werden Geschäftsreisen und Kundenverkehre (vgl. Abbildung 4-1) als Bestandteil der Travel Plans betrachtet. Die Betriebe konzentrieren sich in der Mehrzahl in ihren Bemühungen jedoch auf den Berufsverkehr (DfT 2002a, S. 34). Ergebnisse einer Langzeitstudie des britischen ‚Department for Transport' zeigen, ähnlich wie in den Niederlanden und USA, dass durch betriebliches Mobilitätsmanagement durchschnittlich 18 % weniger Pkw je 100 Vollzeitmitarbeiter für den Berufsverkehr in Anspruch genommen werden (DfT 2002a, S. 41).

Zusammenfassend ist festzustellen, dass bisher nur wenige Erkenntnisse zum Einfluss von Betrieben auf das Verkehrsverhalten existieren. Zwar gibt es in Deutschland und insbesondere im europäischen Ausland sowie in den USA im Rahmen der Mobilitätsmanagement-Forschung Befunde zum Einfluss auf das Verkehrsverhalten der Mitarbeiter im Kontext des Berufsverkehrs. Konkrete Erfahrungen zur betrieblichen Rolle beim Verkehrsverhalten der Mitarbeiter im Zusammenhang mit dem Personenwirtschaftsverkehrs existieren hingegen kaum. Die Resultate einiger Studien zeigen aber, dass durch verschiedene Maßnahmen das Verkehrsverhalten der Mitarbeiter, vor allem bei Dienst- und Geschäftsreisen, gesteuert werden kann. Demnach spielen Betriebe eine relevante Rolle in der Verkehrserzeugung. Wie groß der Einfluss einzelner unternehmerischer Faktoren ist und welche Wirkungen sie entfalten, ist nahezu unerforscht.

4.3 Konkretisierung der arbeitsleitenden Hypothesen

Kapitel 4.2 hat gezeigt, dass es zahlreiche unternehmensbezogene Faktoren gibt, die den Personenwirtschaftsverkehr beeinflussen können. Aber selbst im Rahmen des betrieblichen Mobilitätsmanagements existiert kein schlüssiger Ansatz, um die betriebliche Rolle beim Verkehrsverhalten zu systematisieren. Kapitel 4.3 widmet sich deshalb zunächst der Kategorisierung und somit Strukturierung der zuvor beschriebenen

Einflüsse zu kohärenten Faktorengruppen (Kapitel 4.3.1).[59] Dies ermöglicht ein geordnetes, empirisches Vorgehen zur Analyse der Rolle von Unternehmen beim Verkehrsverhalten und die Generierung einer Ausgangsbasis zur Bildung der arbeitsleitenden Hypothesen (Kapitel 4.3.2). Darauf aufbauend und unter Einbezug der Erkenntnisse aus Kapitel 4.2 werden die arbeitsleitenden Hypothesen hergeleitet (Kapitel 4.3.3 bis 4.3.6).

4.3.1 Kategorisierung der unternehmensrelevanten Faktoren

Die Fülle identifizierter, externer Faktoren, die dazu geeignet sind, die Rolle der Unternehmen beim Verkehrsverhalten zu beschreiben (siehe Tabelle 4-1), weist keine offensichtlich homogene Struktur auf. Eine Kategorisierung der Faktoren ist jedoch erstrebenswert. Eine Eingruppierung der einzelnen exogenen Faktoren in homogene Gruppen ermöglicht eine konsistentere Analyse des Datenmaterials und eine zielführende Bewertung der Ergebnisse. Vor dem Hintergrund, dass diese Arbeit nicht nur der Grundlagenforschung, sondern auch als Basis politischer und planerischer Entscheidungen dienen kann, ist die Kategorisierung der unternehmensrelevanten Faktoren gleichzeitig als Hilfestellung zu verstehen. Sie ermöglicht eine schnellere Identifikation von Faktoren, an die sich Maßnahmen richten können, um das Verkehrsverhalten zu lenken.

Die Zusammenschau der Literatur offenbart, dass eine Einordnung der Faktoren in externe und interne Größen eine schlüssige Kategorisierung darstellt (vgl. Aguilera 2008, S. 1112; siehe Kapitel 4.2.1). Als intern wird in der vorliegenden Arbeit dabei alles betrachtet, was unmittelbar mit dem Unternehmen bzw. dem Betriebsstandort, nicht aber mit den Geschäftsbeziehungen verknüpft ist (siehe Abbildung 4-3). Beispiele hierfür sind die Mitarbeiteranzahl, der Fuhrpark und die Umsetzung des Mobilitätsmanagements.

---

[59] Anhand empirischer Daten ist eine Kategorisierung der Faktoren auch mittels Faktorenanalyse bzw. Hauptkomponentenanalyse denkbar. Abseits eines empirisch-methodischen Ansatzes ist an dieser Stelle der Arbeit jedoch eine inhaltlich logische Zusammenfassung zu bevorzugen, da so zunächst ein theoretisches Gerüst für weitere empirische Arbeiten geschaffen wird.

Als externe Faktoren werden all diejenigen angesehen, die unmittelbar mit den Geschäftsbeziehungen und Kontakten des Unternehmens bzw. Betriebes assoziiert sind. Es handelt sich hierbei um Faktoren, die im direkten Zusammenhang mit anderen, betriebsfremden Akteuren stehen.[60] Beispielhaft sind die Kundenanzahl und die räumliche Verteilung der Kunden zu nennen. Mittelbare externe Faktoren wie globales Wirtschaftsklima oder regionale Politik zählen nicht zu den in dieser Arbeit berücksichtigten Faktoren.

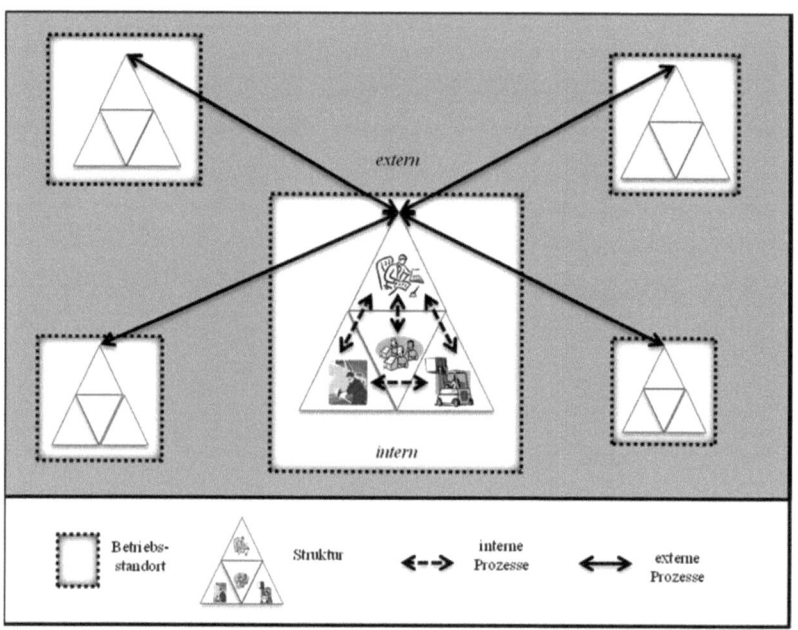

Abbildung 4-3: Logik der Faktorenzuordnung.
Quelle: eigene Darstellung.

Die große Anzahl möglicher Einflussfaktoren macht die Kategorisierung in nur zwei Faktorengruppen (intern und extern) inhaltlich unzureichend. Über die Klassifizierung von Aguilera (2008) hinausgehend werden die Faktoren daher auch in Struktur- und Prozessfaktoren untergliedert. Dies begründet sich durch die Erkenntnisse des betrieblichen Mobilitätsmanagements. Die dort getroffene Unterscheidung von

---

[60] Für eine Übersicht betriebsfremder Akteure siehe Abbildung 2-6 in Kapitel 2.2.

Rahmenbedingungen (Struktur) und Maßnahmen (Prozess) lässt sich sinnvoll auf die Rolle der Unternehmen übertragen. Strukturfaktoren geben Auskunft über die statische und dynamische Beschaffenheit eines Unternehmens bzw. Betriebes und den Betriebsstandort. Dies sind etwa die aktuelle Mitarbeiteranzahl, die Entwicklung der Kundenanzahl in den vergangenen 10 Jahren als auch die räumliche Lage des Betriebes bzw. des Kunden.

Prozessfaktoren beschreiben das aktive Handeln des Unternehmens, etwa die Einrichtung und Anwendung von Kriterien zur Verkehrsmittelwahl, aber auch das Mitführen von Hilfsmitteln zur Erbringung von angebotenen Dienstleistungen im Rahmen des Personenwirtschaftsverkehrs. Die Prozessfaktoren ließen sich weiter unterteilen. Einerseits lassen sich normenbezogene Prozesse, etwa die Berücksichtigung und Anwendung von Reiserichtlinien identifizieren. Andererseits existieren dienstleistungsbezogene Faktoren wie der Bedarf zur Mitführung von Hilfsmitteln (Werkzeug etc.) bei der Dienstleistungserbringung. Im Rahmen dieser Arbeit, die erstmals exogene Faktoren mit Hinblick auf die unternehmerische Rolle kategorisiert, wird jedoch auf eine weitere Unterteilung der Prozessfaktoren verzichtet. Für eine derartige Gliederung bestehen bisher unzureichende und als wenig stabil zu bezeichnende Kenntnisse. Darüber hinaus wären die resultierenden Faktorengruppen nur gering besetzt und inhaltlich nicht schlüssig interpretierbar. Als Anknüpfungspunkt an diese Arbeit ist eine feinere Kategorisierung aber denkbar.

Als Ergebnis der Kategorisierung entstehen vier Faktorengruppen, die in Abbildung 4-4 dargestellt sind. Sie dienen als Grundlage für die Hypothesenbildung der nachstehenden Kapitel.

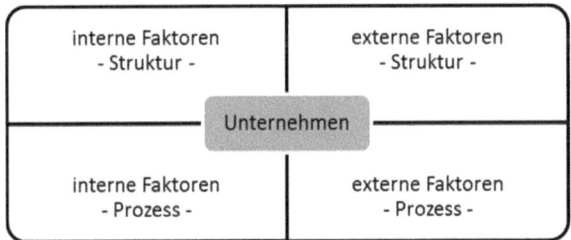

Abbildung 4-4: Unternehmerische Faktorenmatrix.
Quelle: eigene Darstellung

4.3.2 Ausgangsbasis der arbeitsleitenden Hypothesen

Für die empirisch statistische Analyse von Zusammenhängen, hier der Rolle von Unternehmen beim Verkehrsverhalten, ist die Bildung von Hypothesen unabdingbar (vgl. Schütte 1997, S. 35; Wittwer 2008, S. 36). Daher werden, aufbauend auf den theoretischen Erkenntnissen aus dem Kapitel 4.2, aus den arbeitsleitenden Fragestellungen (siehe Kapitel 1.2) sowie der Faktorenmatrix (vgl. Abbildung 4-4) die arbeitsleitenden Hypothesen hergeleitet.

„Bei einem empirisch-induktiven Untersuchungsansatz ist die Hypothesenbildung eng verknüpft mit dem auszuwertenden Datenmaterial" (Merckens 1984, S. 2; vgl. Bühler 2008, S. 234; Wessel 1996, S. 87). Dieser Erkenntnis folgend, werden in der vorliegenden Arbeit die arbeitsleitenden Hypothesen mit Hinblick auf die zur Verfügung stehenden Daten (siehe Kapitel 5.2) und die entwickelte Methode (siehe Kapitel 5.1) formuliert. Zwar sind aus der Literatur weit mehr Hypothesen abzuleiten, als in diesem Kapitel entwickelt werden. Zum Falsifizieren bzw. Validieren einer größeren Anzahl von Hypothesen müsste jedoch neues Datenmaterial erhoben werden, was beträchtliche Forschungsmittel erfordert. Zielführender und praktikabler zugleich ist es daher, bestehende Daten zu untersuchen und unter neuen Gesichtspunkten – hier der Rolle der Unternehmen beim Verkehrsverhalten im Bereich des Personenwirtschaftsverkehrs – zu analysieren (vgl. Merckens 1984, S. 2).

Tabelle 4-3 dient als Übersicht für die nachfolgenden Hypothesen und zeigt die Zuordnung der durch die Literatur beschriebenen exogenen Faktoren zu den vier Faktorengruppen, die in Kapitel 4.3.1 bestimmt wurden. Die in den Kapiteln 4.3.3 bis 4.3.6 formulierten Hypothesen gehen davon aus, dass jeder dieser Faktoren geeignet ist, das Verkehrsverhalten im Personenwirtschaftsverkehr zu determinieren. Tabelle 4-3 stellt entsprechend der Erkenntnisse der bestehenden Studien dar, auf welche Verhaltenskenngrößen die exogenen Faktoren wirken.[61]

---

[61] Dies dient der Analyse des empirischen Datenmaterials, bedeutet jedoch nicht, dass die genannten Verhaltenskenngrößen gleichzeitig die endogenen Variablen für die Regressionsmodelle darstellen (siehe ‚Methodisches Vorgehen' in Kapitel 5). Eine Operationalisierung der endogenen Variablen erfolgt in Kapitel 5.5.2.

Tabelle 4-3: Faktorenübersicht der arbeitsleitenden Hypothesen.
Quelle: eigene Zusammenstellung.

Faktorengruppe		Hypothese Hx	Faktor	Wirkung auf:
interne Faktoren	Struktur	H1	Wirtschaftsabschnitt	Anzahl Fahrten/Tag Fahrtzwecke Fahrleistung
		H2	Größe des Unternehmens	Anzahl Fahrten/Tag
		H3	Betriebsstandort	[ergebnisoffen]
		H4	Anzahl Unternehmenseinheiten	Fahrleistung
	Prozess	H5	Entscheidungsbefugnisse Verkehrsmittelwahl	Fahrleistung
		H6	Entscheidungskriterien Verkehrsmittelwahl	Fahrleistung
		H7	Regelung zur Nutzung von Firmenwagen	Fahrleistung
		H8	Einsatz von betrieblichem Mobilitätsmanagement	Fahrleistung
		H9	innerbetriebliche Touren- bzw. Fahrten- und Wegeplanung (inkl. Nutzung von IKT)	Fahrleistung
externe Faktoren	Struktur	H10	Kundenanzahl	Fahrleistung
		H11	Standort der Kunden	Fahrleistung
	Prozess	H12	erbrachte Dienstleistungen	Fahrleistung
		H13	Kommunikations- und Kooperationsformen mit den Kunden (inkl. Nutzung von IKT)	Fahrleistung

Die Zuordnung der Faktoren zu den Faktorengruppen offenbart ein Übergewicht der internen Faktoren, wobei die Prozessfaktoren die Strukturfaktoren leicht dominieren. Die externen Faktoren sind schwächer besetzt als die internen Faktoren. Dass die internen Faktoren überwiegen, liegt zum einen an der Sichtweise der vorliegenden Arbeit: der Betrieb als Quelle von Personenwirtschaftsverkehr. Zum anderen ist das Ungleichgewicht auf die Datenverfügbarkeit zurückzuführen.

Basierend auf der in Tabelle 4-3 präsentierten Faktorenzuordnung werden nachfolgend die Hypothesen entsprechend der vier Faktorengruppen dargelegt und in Anlehnung an die Erkenntnisse aus der Literatur kurz hergeleitet (Kapitel 4.3.3 bis 4.3.6). Können die Hypothesen nicht einzig aus den bisherigen theoretischen Erkenntnissen gewonnen werden, werden sie durch logische Annahmen ergänzt (vgl. Bühler 2008, S. 234). Es werden sowohl die für statistische Analysen notwendigen Alternativhypothesen (Hx_1) als auch die für die Signifikanztests notwendigen Nullhypothesen (Hx_0) präsentiert (Wittwer 2008, S. 36f.). Um die Exaktheit der Hypothesen zu erhöhen, wird, wo möglich, die Art der Zusammenhänge (Wirkungsrichtung) zwischen Faktoren und Verkehrsverhalten in den Alternativhypothesen angegeben (vgl. Wessel 1996, S. 86).

Kann aus der Literatur die Wirkungsrichtung nicht abgeleitet werden, wird die Hypothese ungerichtet formuliert. Das Operationalisieren der einzelnen externen Faktoren, wie Betriebsgröße oder -standort, zu messbaren Indikatoren (vgl. Wessel 1996, S. 157ff.) erfolgt zu einem späteren Zeitpunkt in Kapitel 5.5.2.[62]

4.3.3 Interne Strukturfaktoren

Steinmeyer (2004) hat in ihrer regional eingegrenzten Arbeit gezeigt, dass zwischen der Branche (Wirtschaftszweig) eines Betriebes und den Verhaltenskenngrößen Touren je Tag sowie dem Fahrtzweck ein Zusammenhang besteht. Demnach ergibt sich je nach Branche und entsprechender Tätigkeit eine divergierende Verkehrsnachfrage. Entsprechend dem Wirtschaftsabschnitt weicht außerdem die räumliche Verteilung der Kunden und dementsprechend die Tagesfahrleistung ab (Rümenapp & Overberg 2003). Hinzu kommt, dass die mit der Branche verknüpften Leistungen eine unterschiedliche Anzahl von aufgesuchten Kunden (Zielen) je Tag verursachen (Rümenapp & Overberg 2003). Die Anzahl der Touren und der Ziele pro Tag lassen sich allgemeiner als Anzahl Fahrten pro Tag verstehen (Verkehrsaufkommen). Da das Merkmal Wirtschaftsabschnitt eine nominale Kenngröße darstellt, kann eine Annahme nur ungerichtet formuliert werden. Daher ergibt sich die folgende Hypothese für die vorliegende Arbeit:

H1$_1$: Je nach Wirtschaftsabschnitt des Betriebs entstehen unterschiedliche Fahrtenanzahlen an einem Tag und variieren die Fahrtzwecke sowie die Tagesfahrleistung.

H1$_0$: Der Wirtschaftsabschnitt eines Betriebs hat keinen Einfluss auf die Fahrtenanzahl, den Fahrtzweck und die Tagesfahrleistung.

---

[62] Teilweise handelt es sich bei den aus der Literatur abgeleiteten Faktoren bereits um manifeste Variablen (Wessel 1996, S. 157), für die ein Operationalisieren nicht notwendig ist. Diese Variablen werden im Folgenden als Indikatoren beibehalten. Außerdem kann es bei der Formulierung von Alternativhypothesen Hx$_1$ zu einer teilweisen Vorwegnahme der Operationalisierung exogener Faktoren kommen, da so eine Angabe der Wirkungsrichtung möglich wird. Dessen ungeachtet erfolgt eine detaillierte Darstellung der Operationalisierung in Kapitel 5.5.2.

Die Größe des Unternehmens (etwa messbar durch Mitarbeiteranzahl und Umsatz) ist von Bedeutung für das Verkehrsverhalten im Personenwirtschaftsverkehr (Aguilera 2008; Beckmann et al. 2004; Steinmeyer 2004). Die Forschung erkennt diesen Zusammenhang, bleibt aber vage in der Konkretisierung des Verhältnisses. Aguilera (2008) bemerkt schließlich, dass die Frequenz der durchgeführten Reisen mit der Größe des Betriebs steigt. Werden diese Erkenntnisse auf die tägliche Mobilität eines Betriebes übertragen, folgt:

H2$_1$: Je größer der Betrieb ist, desto mehr Fahrten werden pro Tag durchgeführt.

H2$_0$ Die Größe eines Betriebs hat keinen Einfluss auf die Anzahl der Fahrten pro Tag.

Die räumliche Lage eines Betriebes, insbesondere die städtebauliche Einbettung in weitere
(Verkehrs-)Infrastruktur, ist ausschlaggebend für die entstehenden Verkehre (Beckmann et al. 2004, S. 65; ILS et al. 2007, S. 102). Dies scheint plausibel, ist für den Personenwirtschaftsverkehr aber bislang ungeklärt und nicht quantitativ belegt. Insbesondere für die Wegedauern und Wegelängen sind Abweichungen zwischen Agglomerationen, städtischen und ruralen Gebieten (entsprechende Raumkategorien des BBR) vorstellbar, da die Dichte potentieller Kunden in urbanen Räumen höher ist als in ländlichen und Kunden somit näher zum Betrieb liegen. Da nach Kenntnis des Autors aber noch keine empirischen Befunde zu dieser Problematik existieren, kann eine Hypothese nur ergebnisoffen und ungerichtet formuliert werden:

H3$_1$: Betriebe in unterschiedlichen räumlichen Lagen weisen divergierende Verkehrsverhalten auf.

H3$_0$: Der Betriebsstandort hat keinen Einfluss auf das Verkehrsverhalten im Personenwirtschaftsverkehr.

Die Produktionsweise eines Unternehmens kann deutliche Auswirkungen auf das Verkehrsverhalten im Personenwirtschaftsverkehr haben. Bei Betrieben mit nur einem Standort ist von einer Zentralisierung ausgewählter Leistungen auszugehen. Der Einkauf etwa wird anders organisiert als bei Mehrbetriebsunternehmen, die dezentrale Strukturen aufweisen können. Daraus folgen andere Mobilitätsprofile für die Beschäftigten und die eingesetzten Fahrzeuge. In der Regel sind bei Einbetriebsunternehmen längere Wege zu Geschäftspartnern, etwa potentiellen Zulieferern, zurückzulegen (Aguilera 2008). Entsprechend wird angenommen:

H4$_1$: Je weniger Unternehmenseinheiten bestehen, desto höher ist die Fahrleistung pro Fahrzeug.

H4$_0$: Die Anzahl weiterer Unternehmenseinheiten hat keinen Einfluss auf die Fahrleistung pro Fahrzeug.

4.3.4 Interne Prozessfaktoren

Die Entscheidungsbefugnisse innerhalb eines Betriebs über die berufsbedingten Fahrten variieren (Menge & Hebes 2008, S. 64f.). Zumeist entscheidet der Vorgesetzte und erst an zweiter Stelle der Beschäftigte selbst über das genutzte Verkehrsmittel. Roy & Filiatrault (1998, S. 81) spezifizieren und erklären, dass der Vorgesetzte nicht nur über das Verkehrsmittel, sondern auch über die Zusammenlegung von Wegen zu einer Tour entscheidet. Werden Wege gekoppelt, entfallen zusätzliche Fahrten von und zum Betrieb, wodurch Wegstrecke eingespart werden kann. Mit der Entscheidungsbefugnis zur Verkehrsmittelwahl verbindet sich demnach nicht nur die Modalwahl selbst, sondern u. U. auch die jeweilige Nutzungsart und -intensität des ausgewählten bzw. zugeteilten Verkehrsmittels. Daraus folgt allgemein:

H5$_1$: Die Entscheidungsbefugnis zur Verkehrsmittelwahl spielt eine Rolle bei der Fahrleistung.

H5$_0$: Die Entscheidungsbefugnisse zur Verkehrsmittelwahl in einem Betrieb haben keinen Einfluss auf die Fahrleistung.

Neben den Entscheidungsbefugnissen sind für das Verkehrsverhalten im Personenwirtschaftsverkehr die Entscheidungskriterien (etwa für die Verkehrsmittelwahl) von Relevanz (Beckmann et al. 2004; Bruns et al. 2007). Merckens (1984) stellt fest, dass beim Vorhandensein von (Reise-)Richtlinien der Entscheidungsspielraum des Einzelnen schrumpft und andere Einflussgrößen, etwa individuelle Vorlieben und Bequemlichkeit, entsprechend an Bedeutung verlieren. Kosten- und Zeitmotive spielen bei der Verkehrsmittelwahl jedoch die vorrangige Rolle (Merckens 1984, S. 12). Welche Wirkungen betriebliche Regelungen zur Verkehrsmittelwahl auf Tourenmuster haben, ist unerforscht. Werden Kosten und Zeit einer Fahrt berücksichtigt, ist aber anzunehmen, dass die durchgeführte Fahrt optimiert ist. Das heißt, es kommt vermehrt zu Kopplungen einzelner Ziele, wodurch ebenfalls Wegstrecke eingespart wird (vgl. H5$_1$). Verallgemeinernd ist daraus zu schließen:

H6₁: Die Entscheidungskriterien der Verkehrsmittelwahl spielen eine Rolle bei der Fahrleistung.

H6₀: Die Entscheidungskriterien der Verkehrsmittelwahl in einem Betrieb haben keinen Einfluss auf die Fahrleistung.

Wie die Betriebsfahrzeuge eingesetzt werden und welche Verkehre sie verursachen, kann maßgeblich von innerbetrieblichen Nutzungsregeln abhängen (Schütte 1997).[63] Das Aufstellen und Einhalten dieser Regeln kann zu einer klaren Abtrennung von Tourenprofilen zwischen einzelnen Kfz führen. Nutzungsregeln steuern etwa den Gebrauch von Firmenwagen für private Zwecke. Es ist anzunehmen, dass Fahrzeuge von Unternehmen, die private Nutzungen von Kfz zulassen, andere Tourenmuster aufweisen als Fahrzeuge, die ausschließlich geschäftlich genutzt werden dürfen. Insbesondere ist davon auszugehen, dass sich Fahrtzweck und die Art des Ziels voneinander unterscheiden. Bei privat genutzten Firmenwagen (sogenannten Dienstwagen) ist von einer stärkeren Dominanz von privaten Fahrtzwecken und -zielen auszugehen, wohingegen geschäftliche Wege und Destinationen verhältnismäßig in den Hintergrund treten. Darüber hinaus ist zu vermuten, dass die privaten Wege zusätzlich zu den dienstlichen Wegen zurückgelegt werden, weshalb die mit dem Kfz zurückgelegte Distanz in einem bestimmten Zeitraum (Fahrleistung) steigt. Daraus ergibt sich die folgende Hypothese:

H7₁: Erlauben die Regeln der Fahrzeugnutzung einen privaten Einsatz der Kfz, resultieren höhere Fahrleistungen als von Fahrzeugen, die ausschließlich geschäftlich genutzt werden dürfen.

H7₀: Die Regelung zur Nutzung von Firmenwagen hat keinen Einfluss auf die Fahrleistung eines Fahrzeugs.

Studien zeigen, dass zunehmend mehr Betriebe das betriebliche Mobilitätsmanagement nutzen (u. a. Hösl & Müller 2009; Roby 2010, S. 5). Dabei werden die eingesetzten Maßnahmen auch für den Personenwirtschaftsverkehr angewandt (Roby 2010, S. 5; vgl.

---

[63] Die Nutzungsregeln von Fahrzeugen sind nicht mit den oben beschriebenen Regeln zur Verkehrsmittelwahl gleichzusetzen. Bei erstgenannten beziehen sich die Regeln explizit auf die Fahrzeuge. Die betrieblichen Regeln zur Verkehrsmittelwahl wirken darüber hinaus und bestimmen, ob eine Fahrt angetreten wird, mit welchem Verkehrsmittel und wie u. U. die Ziele miteinander verknüpft werden.

DfT 2002a, S. 86). Pilotstudien belegen, dass vor allem ein Umstieg auf den Umweltverbund im städtischen Nahverkehr mittels Mobilitätsmanagement erreicht wird (DfT 2002b, S. 41ff.; Hösl & Müller 2009, S. 14f.). Entsprechend geringer fällt die Nutzung der Kfz für städtische Wege aus. Daher folgt:

H8$_1$: Werden Maßnahmen des betrieblichen Mobilitätsmanagements eingesetzt, sinkt die Fahrleistung pro Fahrzeug.

H8$_0$: Der Einsatz von Mobilitätsmanagement in einem Betrieb hat keinen Einfluss auf die Fahrleistung pro Fahrzeug.

Die Tourenplanung kommt vor allem dann zur Anwendung, wenn es sich bei den geplanten Fahrten um mehrzielige Touren handelt (Schütte 1997, S. 63). Demnach spricht eine Nutzung von Tourenplanungsinstrumenten (digital und analog) für ein komplexeres Mobilitätsprofil, bei dem pro Tag mehrere Ziele angesteuert werden. Weiterhin ist anzunehmen, dass Unternehmen, die IKT für die Planung von berufsbedingten Fahrten nutzen, Verkehrsmuster besitzen, die sich durch eine stärkere Kopplung von Wegen und kürzeren Wegestrecken auszeichnen, da Touren und Routen optimiert und somit zurückgelegte Distanzen minimiert werden können (Monse et al. 2007). Demzufolge ergibt sich:

H9$_1$: Kommen Tourenplanungsinstrumente zum Einsatz, fällt die Fahrleistung eines Fahrzeugs geringer als bei Unternehmen ohne IKT-Einsatz aus.

H9$_0$: Die Planung von Touren hat keinen Einfluss auf die Fahrleistung eines Fahrzeugs.

4.3.5 Externe Strukturfaktoren

Aguilera (2008) gibt an, dass Untersuchungen gezeigt haben, dass je mehr Kooperationen ein Unternehmen aufweist und in je mehr Projekten ein Unternehmen tätig ist, desto weniger kommt es zu face-to-face Kontakten. Demnach verursacht eine höhere Kundenanzahl proportional weniger physischen Verkehr. Die Wegeanzahl bzw. die Anzahl täglich angefahrener Ziele fallen entsprechend niedriger aus, weshalb auch die Fahrleistung der im Unternehmen eingesetzten Fahrzeuge relativ gesehen sinkt.

H10$_1$: Je höher die Kundenanzahl ist, desto geringer ist die durchschnittliche Fahrleistung pro Fahrzeug.

H10$_0$: Die Kundenanzahl hat keinen Einfluss auf die Fahrleistung pro Fahrzeug.

Neben der Kundenanzahl wird die Entfernung zum Kunden als ausschlaggebend für den persönlichen Kontakt angesehen. Je weiter der Kunde vom Betrieb entfernt liegt, desto seltener kommt es zu einer Geschäfts- bzw. Dienstreise (Aguilera 2008). Daraus lässt sich schließen:

H11$_1$: Je größer die Entfernung vom Betrieb zum Kunden ist, desto weniger Fahrleistung erbringt ein Fahrzeug.

H11$_0$: Der Kundenstandort hat keinen Einfluss auf die Fahrleistung.

4.3.6 Externe Prozessfaktoren

Je nach Dienstleistungsangebot, das ein Unternehmen Dritten offeriert, variieren die Tourenmuster der eingesetzten Fahrzeuge. Sind bspw. technische Dienste in einem Unternehmen integriert, erzeugt das Unternehmen mehr Verkehr, als ohne entsprechende Abteilung (Aguilera 2008, S. 1112f.). Demnach haben Unternehmen, die mehrere Dienstleistungen externalisieren, also benötigte Leistungen fremd beziehen bzw. von Dritten im Auftrag erbringen lassen, weniger Wege zu absolvieren. Andersherum ist dann anzunehmen, dass Unternehmen, die Leistungen für Dritte selbst erbringen, mehr Verkehr erzeugen, also mehr Wege zurücklegen und mehr Ziele ansteuern. Es folgt daraus:

H12$_1$: Je mehr Dienstleistungen von einem Betrieb selbst erbracht werden, desto größer ist die durchschnittliche Fahrleistung.

H12$_0$: Das Dienstleistungsangebot in einem Betrieb hat keinen Einfluss auf die Fahrleistung.

Betriebe, in denen IKT für die Kommunikation mit Kunden genutzt wird, weisen sowohl Fahrtenmuster auf, die weniger Ziele an einem Tag beinhalten, da Wege durch IKT-Nutzung ersetzt werden, als auch Fahrtenmuster mit mehr Wegen, da IKT schneller Zugang zu neuen Kunden gewährleistet (Hildebrand & Klostermann 2007; Mokhtarian & Meenakshisundaram 1999). Praxisbeispiele belegen, dass etwa die Nutzung von Online-Berichtswesen im Anlagenbau sowie die Implementierungen von Customer Relationship Management (CRM) Systemen und Customer Communication Portalen (CCP) im technischen Kundendienst dazu beitragen, dass das Fahrtenaufkommen im Personenwirtschaftsverkehr reduziert werden kann (Hildebrand & Klostermann 2007, S. 227f.; Monse et al. 2007, S. 31f.). Gegenbeispiele belegen, dass die Nutzung von IKT (speziell Online-Netzwerken) in einem ersten Schritt eine schnellere Kontaktaufnahme zu neuen Geschäftspartnern ermöglicht. In einem zweiten Schritt werden diese dann im Rahmen einer Geschäfts- oder Dienstreise besucht, weshalb eine höhere Verkehrsnachfrage generiert wird (Mokhtarian & Meenakshisundaram 1999). Die gegensätzlichen Aussagen führen zu der ungerichteten Hypothese:

H13$_1$: Wird IKT in Betrieben genutzt, ändert sich die durchschnittliche Fahrleistung der genutzten Fahrzeuge.

H13$_0$: Die Nutzung von IKT zur Kommunikation und Kooperation mit dem Kunden hat keinen Einfluss auf die Fahrleistung.

Die 13 formulierten Hypothesen zeigen, dass viele unternehmerische Faktoren die gleichen Verhaltenskenngrößen, vor allem die Fahrleistung, betreffen. Die Hypothesen offenbaren aber auch, dass ein Unternehmen sehr viele Verhaltenskenngrößen eines Tourenmusters gleichzeitig mitbestimmen kann, etwa den Fahrtzweck, das Fahrtziel sowie die Fahrtenanzahl pro Tag.

Bis zu diesem Zeitpunkt gilt, dass für viele der unternehmerischen Faktoren die bisherige Forschung kaum Aufschluss über die Wirkung und Wirkungsrichtung geben kann. Die vorliegende Arbeit kann deshalb einen großen Beitrag leisten, indem die formulierten Hypothesen im folgenden Schritt einer empirischen Überprüfung unterzogen werden. Das nachstehende Kapitel 5 stellt die dafür verwendete Methode vor.

5 Methodisches Vorgehen

Dieses Kapitel beschreibt zunächst die grundsätzliche Vorgehensweise dieser Arbeit und stellt die drei verwendeten methodischen Ebenen vor (Kapitel 5.1). Daraufhin werden die beiden verwendeten Datensätze vorgestellt und beschrieben (Kapitel 5.2). In einem Folgeschritt werden in Kapitel 5.3 notwendige Bereinigungen und Plausibilisierungen der verwendeten Studien beschrieben. Im Anschluss daran werden die einzelnen statistischen Vorgehensweisen näher erläutert und deren Auswahl begründet. Die Kapitel folgen dabei der Reihenfolge, in der die jeweiligen statistischen Prozeduren zur Anwendung kommen. Kapitel 5.4 präsentiert zunächst das Vorgehen der Clusteranalyse, bevor im Kapitel 5.5 die logistische und lineare Regression dargestellt werden. Da die Regressionen die statistische Basis der Hypothesenprüfung darstellen, erfolgt in diesem Zusammenhang die Operationalisierung der in Kapitel 4.3 (Tabelle 4-3) dargestellten Faktoren. Schließlich wird die Fusion der beiden verwendeten Datensätze in Kapitel 5.6 beschrieben.

5.1 Drei-Ebenen-Ansatz dieser Arbeit

Der Einfluss einzelner unternehmerischer Faktoren auf das Verkehrsverhalten im Personenwirtschaftsverkehr würde im Idealfall mit einem intra-unternehmerischen Ansatz bestimmt. Das heißt, mehrere Unternehmen würden mittels wiederholten Befragungen (Panelanalyse) oder durch stated preference Erhebungen erforscht. Auf diese Weise könnte eine Änderung des unternehmerischen Verkehrsverhaltens durch exogene Faktoren, deren Ausprägung sich mit der Zeit verändert hat, erklärt werden (Zumkeller 1999, S. 23f.).[64] Da dieser Idealfall aus Kostengründen[65] kaum realisierbar

---

[64] Denkbar wäre etwa, ein Unternehmen vor einer anstehenden Maßnahme (etwa Unternehmensfusion, Outsourcing von Leistungen etc.) zu befragen und das Verkehrsverhalten zu erfassen und eine erneute Befragung und Erfassung nach der Maßnahme durchzuführen. So können Änderungen des Verkehrsverhaltens auf sich tatsächlich ändernde unternehmerische Faktoren zurückgeführt werden. Zumkeller (1999) bezieht seine Überlegungen auf den privaten Personenverkehr. Zur Relevanz von intra-personellen Verhaltensanalysen siehe etwa Stauffacher et al. (2005); Schlich & Axhausen (2003); Spissu et al. (2009) sowie Zumkeller et al. (2001).

[65] Es müsste eine ausreichend große Stichprobe an Unternehmen gezogen werden, die einerseits repräsentativ für den Untersuchungsraum (hier Deutschland) ist und es andererseits ermöglicht, trotz Ausfalls von Teilnehmern, eine ausreichend große Fallzahl über einen längeren Zeitraum

ist, muss häufig auf inter-unternehmerische Analysen zurückgegriffen werden. In diesem Fall wird „aus dem analogen Verhalten anderer [Unternehmen] auf Verhaltensänderungen geschlossen" (Zumkeller 1999, S. 23). Mittels multivariater Analysemethoden können so Übergangswahrscheinlichkeiten von Verhaltensänderungen dargestellt und verhaltensbestimmende Faktoren identifiziert werden.

Auch Nobis & Luley (2005, S. 10) bemerken, dass die Erhebung eigener Daten aus finanziellen Gründen oft nicht möglich und zeitlich zu aufwendig ist. Sie stellen fest, dass das Potenzial bestehender Datensätze viel zu wenig erkannt und ausgenutzt wird. Die vorliegende Arbeit folgt dieser Erkenntnis und nutzt zur Beantwortung der arbeitsleitenden Fragestellung und Prüfung der in Kapitel 4.3 formulierten Hypothesen zwei bestehende Datensätze:

- die Studie ‚Kraftfahrzeuge in Deutschland 2002' (KiD 2002) und
- die Dienstleistungsverkehrsstudie (DLVS).

Diese beiden sekundärstatistischen Datensätze ermöglichen eine inter-unternehmerische Analyse der Rolle beim Verkehrsverhalten und bilden die Grundlage des für diese Arbeit entwickelten Drei-Ebenen-Ansatzes. Abbildung 5-1 zeigt die drei voneinander unabhängigen Ebenen und beschreibt das jeweilige Ziel und das damit verbundene (statistische) Vorgehen. Die methodischen Schritte aller drei Ebenen greifen analytisch-statistische Ansätze der Verkehrsforschung auf, wenden diese auf die vorliegende Problemstellung (neu) an und tragen somit zur Beantwortung der arbeitsleitenden Fragestellungen bei. Überblicksweise werden die jeweiligen Ziele und Vorgehen der drei Ebenen nachfolgend zusammengefasst.

Ebene 1 beinhaltet die Identifizierung charakteristischer Tourenmuster im Personenwirtschaftsverkehr. Mittels Clusteranalyse werden zuerst die aus der KiD 2002 gewonnenen Tagesgänge (siehe Kapitel 3.2.3) zu homogenen Verhaltensgruppen gebündelt und analysiert. In einem zweiten Schritt der Ebene 1 erfolgt die Bestimmung der Rolle von Unternehmen beim Verkehrsverhalten. Durch die Anwendung

---

zu gewähren. Beide Kriterien führen zu hohen Sach- und Personalkosten und einer folglich geringeren Praktikabilität.

multinomialer logistischer Regressionsmodelle (MNL) wird das zuvor identifizierte Verkehrsverhalten erklärt. Ein vergleichbares Vorgehen existiert sowohl im Personen- als auch im Wirtschaftsverkehr und hat sich dort als zielführend erwiesen. Einzelne Wegeketten oder Tourenmuster von Individuen (Personen oder Fahrzeugen) werden zunächst zu übergeordneten homogenen Verhaltensgruppen zusammengefasst. Daraufhin werden exogene Variablen herangezogen, um das Verhalten der Individuen zu erklären (Luley et al. 2004; McGuckin & Murakami 1999; Primerano et al. 2008; Ruan et al. 2010).

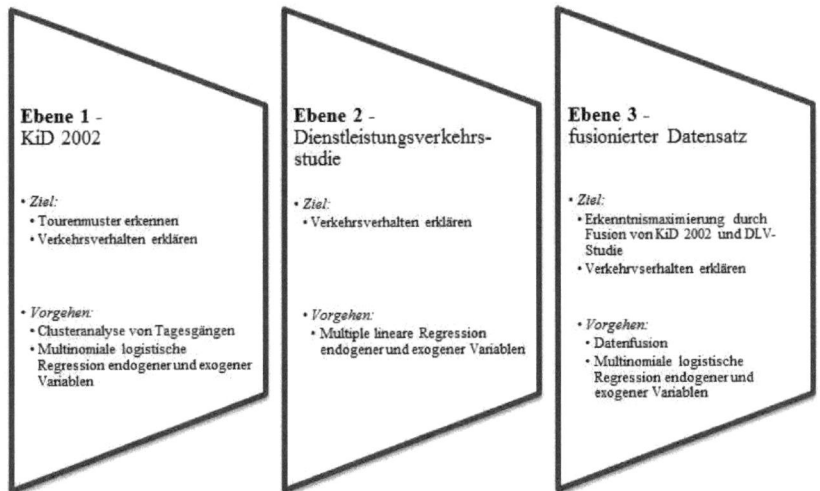

Abbildung 5-1: Methodische Ebenen dieser Arbeit.
Quelle: eigene Darstellung

Ebene 2 verwendet die Daten der DLVS, um ebenfalls die Rolle der Unternehmen beim Verkehrsverhalten zu erklären. Zu diesem Zweck kommt eine multiple lineare Regression zum Einsatz. Dass die zweite methodische Ebene ein Ziel, die Erklärung des Verkehrsverhaltens, mit Ebene 1 gemein hat, basiert auf den Dateneigenschaften der KiD 2002 und der DLVS. Während die KiD 2002 zahlreiche endogene Variablen zur Beschreibung des Verkehrsverhaltens, aber nur eine begrenzte Anzahl an exogenen Variablen zur Erklärung der betrieblichen Rolle beim Verkehrsverhalten beinhaltet, verhält es sich in der DLVS genau andersherum.[66] Der Mangel an endogenen Variablen zur Beschreibung des Verkehrsverhaltens in der DLVS bedingt, dass keine umfassende Differenzierung von Tourenmustern wie in Ebene 1 vorgenommen werden kann. Als abhängige endogene Variable der multiplen linearen Regression dient eine solitäre Kenngröße (siehe Kapitel 5.5). Da jedoch mehr exogene Variablen zur Verfügung stehen, kann eine größere Anzahl der in Kapitel 4.3 hergeleiteten Hypothesen überprüft werden. Die Rückschlüsse zur Wirkung der exogenen Faktoren auf das Verkehrsverhalten sind jedoch begrenzt, da sich das Verhalten nur auf einem stark aggregierten Niveau abbilden lässt.

Die konträre Verteilung endogener und exogener Variablen zwischen beiden Datensätzen ist ursächlich für die Existenz der dritten methodischen Ebene. Durch die Fusion von KiD 2002 und DLVS werden die endogenen und exogenen Variablen in einem synthetischen Datensatz vereint. Die Verbindung der beiden Datensätze verknüpft die Vorteile beider Studien und ermöglicht so eine Erkenntnismaximierung zum Verkehrsverhalten und zur unternehmerischen Rolle. Das Verkehrsverhalten in dieser Ebene ist identisch mit dem der Ebene 1 und ergibt sich aus der Clusterung der Tagesgänge, die zuvor in der ersten Ebene durchgeführt wurde. Zwar können die arbeitsleitenden Fragestellungen und Hypothesen bereits mit Ebene 1 und Ebene 2 beantwortet und überprüft werden. Die Ebene 3 erlaubt aber eine inhaltlich weitergehende Analyse, wie exogene Faktoren auf einzelne Komponenten des Verkehrsverhaltens wirken. Außerdem ermöglicht sie die Überprüfung der Ergebnisse aus der ersten und zweiten Ebene.

5.2 Verwendete Arbeitsdatensätze
5.2.1 Die KiD 2002

Nachstehend werden die für diese Arbeit relevanten Erhebungsmerkmale und die Datensatzstruktur der KiD 2002 sowie die darin enthaltenen Unternehmensmerkmale beschrieben. Eine ausführliche Übersicht zu Details wie Studiendesign, einzelnen Schichtungsmerkmalen, Rücklaufquoten, Non-Response-Verhalten und Berechnungen

---

[66] Die Charakteristika beider Studien werden im Kapitel 5.2 präzisiert.

von Hochrechnungsfaktoren sind in BMVBW (2003) nachzulesen. Auf Eigen- und Besonderheiten der Erhebung wird außerdem im Rahmen der Daten-Plausibilisierung in Kapitel 5.3 eingegangen.

Erhebungsmerkmale

Die Fahrzeug bezogene Studie ‚Kraftfahrzeugverkehr in Deutschland 2002' (KiD 2002) wurde durchgeführt, um eine Datenlücke für die Verkehrsplanung zu schließen. Bis zur Fertigstellung der KiD 2002 fehlten mit Blick auf den Wirtschaftsverkehr Daten zum Verkehrsverhalten von gewerblichen Kraftfahrzeugen innerhalb Deutschlands, wobei insbesondere zu Pkw und leichten Nutzfahrzeugen (Lkw $\leq$3,5 t Nutzlast) kaum Erkenntnisse bestanden (BMVBW 2003, S. 11). Die KiD 2002 hatte zum Ziel, Verkehrskenngrößen (siehe Kapitel 3.2.1) für diese, aber auch andere Fahrzeugklassen zu generieren und eine empirische Basis für Verkehrsforschung und -planung bereitzustellen.

Durch den Einsatz von Fragebögen in Form von Wegetagebüchern wurden die Fahrzeugbewegungen eines Stichtages (Fahrzeugtag) erfasst. Für jede Fahrt an diesem Tag wurden, neben anderen Merkmalen,

- die Start- und Zieladresse,
- die Abfahrts- und Ankunftszeit,
- die Tachostände bzw. Fahrtweite sowie
- der Fahrtzweck und
- die Art des Ziels bzw. für die erste Fahrt des Tages die Art der Quelle

aufgezeichnet. Damit können für jede Fahrt räumliche (Fahrtweite), zeitliche (Fahrtdauer) und inhaltliche (Fahrtzweck) Aussagen getroffen werden. Die durch das Tagebuch gewonnenen, endogenen Variablen dienen für die methodischen Ebenen 1 und 3 als Grundlage zur Beschreibung des Verkehrsverhaltens.

Durch die zwölfmonatige Erhebung (November 2001 bis Oktober 2002) mit acht Befragungswellen wurde das Verkehrsverhalten zu unterschiedlichen Jahreszeiten abgedeckt.[67] Die mehrschichtige Stichprobenauswahl gewährleistet eine hohe Repräsentativität des Datensatzes nach mehreren unternehmensrelevanten Merkmalen. Zu den Schichtungsmerkmalen zählen u. a.:

- die Fahrzeugart,
- die Haltergruppe,
- der Gebietstyp der Halteradresse und
- der Wirtschaftszweig des Halters (BMVBW 2003, S. 50).

Als Grundgesamtheit, auf die die Schichtungsmerkmale angewandt wurden, dienten alle Fahrzeuge, die im Zentralen Fahrzeugregister (ZFZR) des Kraftfahrtbundesamtes (KBA) während der Erhebungsphasen der KiD 2002 geführt wurden. Auf Basis der Schichtung wurde eine Netto-Stichprobe mit insgesamt 76.797 Fahrzeugen erzielt. Die Fallzahl ergibt sich aus den Fragebogen-Rückläufen einer Grunderhebung sowie dreier Zusatzerhebungen. Die Grunderhebung wiederum basiert auf einer Bundesstichprobe und ‚Aufstockern', das heißt Fällen, die von Kommunen und Bundesländern zusätzlich angefordert wurden. Tabelle 5-1 zeigt, wie sich die Netto-Stichprobe auf einzelne Fahrzeugarten und Haltergruppen aufteilt.

Tabelle 5-1: Verteilung der Netto-Stichprobenfälle der KiD 2002 nach Fahrzeugart und Halter.
Quelle: KiD 2002, eigene Zusammenstellung.

Halter	Anzahl Fahrzeuge je Fahrzeugart				Summe
	Pkw	Lkw ≤3,5 t zGG	Lkw >3,5 t zGG	sonstige Fahrzeugarten	
gewerblich	25.438	25.740	9.628	3.923	64.729
privat	3.641	6.269	1.117	1.041	12.068
Summe	29.079	32.009	10.745	4.964	76.797

Der Fokus der KiD 2002 spiegelt sich in der Netto-Stichprobe wider. Schwerpunktmäßig repräsentieren die Fälle Pkw und Lkw ≤3,5 t zGG.[68] Die sonstigen

---

[67] Ziel hierbei war die Korrektur möglicher saisonaler Schwankungen, insbesondere während Ferienzeiten.

[68] Die in der KiD 2002 erhobenen Lkw sind originär differenziert nach ihrer Nutzlast (Variable K01, ≤3,5 t Nutzlast und >3,5 t Nutzlast). Durch die in der ZFZR erfassten Daten steht für alle

Fahrzeugarten (Sattelzugmaschinen, Reisebusse etc.[69]) spielen im Verhältnis eine untergeordnete Rolle. Die gewerblich gemeldeten Fahrzeuge dominieren die privaten Kfz, was dem Fokus des Wirtschaftsverkehrs geschuldet ist. Die über 12.000 enthaltenen privat gemeldeten Fahrzeuge bilden darüber hinaus eine ausreichend große Grundlage, um deren Verhalten hinsichtlich des Wirtschaftsverkehrs zu untersuchen.

Datensatzsstruktur

Die KiD 2002 unterteilt sich in drei Datensätze, die alle miteinander verbunden sind (vgl. Abbildung 5-2). Die ‚Fahrzeug-Datei' beinhaltet alle Informationen zum Fahrzeug selbst (Hubraum, Antriebsart, Sitzplätze etc.), zum Halter des Fahrzeugs (Wirtschaftsabschnitt, Fuhrparkgröße und Mitarbeiteranzahl des haltenden Betriebs) und zum aggregierten Verkehrsverhalten (gefahrene Tageskilometer, gesamte Verkehrsbeteiligungsdauer etc.). Damit stellt dieser Datensatz einerseits endogene Variablen zum Verkehrsverhalten bereit. Andererseits ist die ‚Fahrzeug-Datei' innerhalb der KiD 2002 die Quelle der exogenen Variablen, die das Verkehrsverhalten erklären können. Eine genauere Beschreibung dieser Variablen erfolgt zu einem späteren Zeitpunkt in diesem Kapitel.

Die ‚(Einzel-)Fahrten-Datei' enthält detaillierte Angaben zum Fahrzeugtag und gibt Auskunft zu den durchgeführten Fahrten. Damit beinhaltet sie die endogenen, verhaltensbeschreibenden Variablen, wozu insbesondere die Start- und Zieladresse, die Abfahrts- und Ankunftszeit, die Tachostände sowie der Fahrtzweck und die Art des Ziels zählen. Ab der 12. Fahrt wurden diese Verhaltenskenngrößen nicht mehr detailliert erhoben, sondern nur nach Start- und Ankunftszeit, aggregiertem Fahrtzweck (dienstliche/geschäftliche oder private Erledigung) sowie der Fahrtweite gefragt. Wurden am Stichtag mehr als 18 Fahrten durchgeführt, wurde lediglich die Anzahl sowie die Gesamt-Fahrtweite der weiteren Fahrten erfasst.

Lkw auch das zGG als Information zur Verfügung. Da in der DLVS die Differenzierung nach zGG erfolgt, wird die Kategorisierung der KiD 2002 entsprechend angepasst. Dadurch wird eine höhere Vergleichbarkeit zwischen beiden Datensätzen erzielt.

[69] Zu den ‚sonstigen Fahrzeugarten' zählen die in der KiD 2002 berücksichtigten Busse, Krafträder, Anhänger und ‚sonstige Fahrzeuge mit amtlichen Kennzeichen'. Das Aggregieren zu ‚sonstigen Fahrzeugarten' erfolgt mit Hinblick auf den Einsatz im Personenwirtschaftsverkehr (siehe Kapitel 5.3.1).

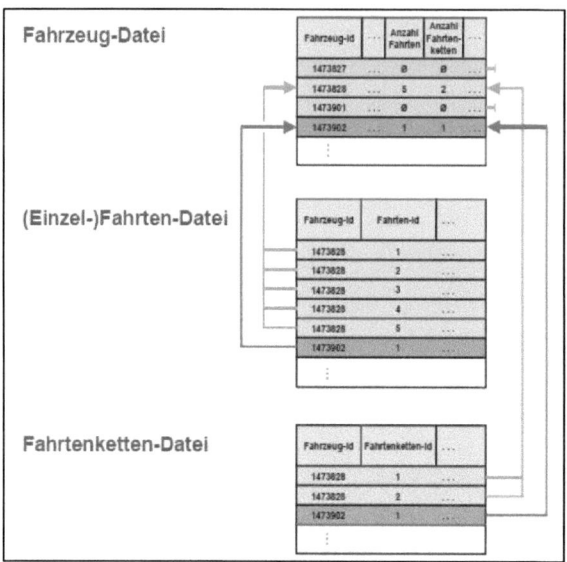

Abbildung 5-2: Datensatzstruktur der KiD 2002.
Quelle: *BMVBW 2003, S. 104.*

Die ‚Fahrketten-Datei' ist eine Zusammenfassung der Fahrten, die zu einer Tour gezählt werden (vgl. Kapitel 3.2.2). Entsprechend werden aggregierte Verhaltenskenngrößen für eine Fahrtenkette in dieser Datei vorgehalten. Die Verhalten beschreibenden Variablen sind vor allem die Gesamtdauer einer Tour, deren Gesamtfahrtweite und die Aufenthaltsdauern an den Stopps der Tour.

Unternehmensmerkmale

Die ‚Fahrzeug-Datei' umfasst umfangreiche technische Informationen zu jedem Fahrzeug (Hubraum, Motorleistung, zulässiges Gesamtgewicht etc.), die direkt aus dem ZFZR gewonnen wurden und nicht separat, durch Befragung des Halters, erhoben werden mussten. Diesen zahlreichen, technischen, exogenen Variablen steht eine geringere Anzahl unternehmensbezogener exogener Variablen gegenüber. Diese ergeben sich für die gewerblich angemeldeten Fahrzeuge aus den Halterangaben des Wegetagebuchs und sind:

- der Wirtschaftsabschnitt gemäß Wirtschaftszweigklassifikation 1993 (WZ93),

- die Mitarbeiteranzahl am Betriebsstandort des Fahrzeugs (Fahrzeugstandort),
- der Fuhrparkbesatz am Betriebsstandort nach Fahrzeugart und
- der Raumtyp[70] entsprechend der Halteradresse (des Betriebsstandorts).

Das Studiendesign der KiD 2002 umfasst neben den gewerblichen Kfz explizit privat gemeldete Fahrzeuge, da auch diese für den Wirtschaftsverkehr eingesetzt werden (BMVBW 2003, S. 37). Aus den vier beschriebenen exogenen, unternehmensbezogenen Variablen können keine Informationen für die Unternehmen, für die die privaten Fahrzeuge eingesetzt werden, abgeleitet werden. Das Wegetagebuch erfasst für privat gemeldete Fahrzeuge nicht den Wirtschaftszweig des Unternehmens, für das das Fahrzeug genutzt wird, sondern führt das Kfz unter dem Wirtschaftsabschnitt ‚P' (Privatfahrzeug). Statt der Mitarbeiteranzahl wird die Anzahl der Haushaltsmitglieder und statt des Fuhrparkbesatzes des Betriebsstandortes die Fahrzeuganzahl des Haushalts erfasst. Weiterhin können für Privatfahrzeuge zwar Aussagen zum Raumtyp des Fahrzeugstandortes getroffen werden. Aber nur unter der Annahme, dass das Unternehmen den gleichen Raumtyp wie die private Halteradresse aufweist, ließen sich Rückschlüsse vom Fahrzeugstandort auf das Unternehmen ziehen.[71] Da diese Annahme in der Realität oft verletzt wird, muss als Zwischenfazit festgestellt werden, dass für die privat gemeldeten Fahrzeuge keine Rückschlüsse auf die sie einsetzenden Unternehmen möglich sind. Dies führt dazu, dass für die Identifizierung von Tourenmustern im Personenwirtschaftsverkehr die Privatfahrzeuge theoretisch zwar berücksichtigt werden könnten, die exogenen Variablen im logistischen Regressionsmodell jedoch nur Aussagen zu gewerblich gemeldeten Fahrzeugen erlauben. Das heißt, dass das

---

[70] In der ‚Fahrzeug-Datei' der KiD 2002 ist der Kreistyp (vgl. BBR 2010) der Halteradresse angegeben. Da die Halteradresse in 22,7 % der Fälle nicht mit dem Fahrzeugstandort übereinstimmt, muss der Raumtyp über die im Wegetagebuch angegebene Adresse des Fahrzeugstandortes als Proxyvariable an die Originaldaten zugespielt werden. Dafür werden amtliche Daten zum Gebietsstand vom Bundesamt für Bauwesen und Raumordnung (BBR) herangezogen. Für eine ausführliche Beschreibung des Vorgehens siehe Schneider (2011).

[71] Über die Angabe zur Art des Ziels einer Fahrt bzw. zur Art der Quelle der ersten Fahrt und den korrespondierenden Adressangaben ließe sich den privaten Fahrzeugen dann ein Raumtyp ihres Betriebsstandortes zuordnen, wenn das Ziel bzw. die Quelle der eigene Betrieb ist. Eine Analyse des noch unbereinigten Datensatzes hat jedoch gezeigt, dass nur in 18,2 % der Fälle den privaten Kfz auf diese Weise ein Raumtyp zugeordnet werden kann. Bei mehr als 80 % der privat gemeldeten Fahrzeuge lässt sich aus dem Wegetagebuch des Stichtags kein Betriebsstandort extrahieren. Somit scheidet dieser Weg der Informationsgewinnung aus.

Verkehrsverhalten privat gemeldeter Fahrzeuge mit Hinblick auf die Unternehmen nicht durch die KiD 2002 erklärt werden kann. Daher müssen diese Fahrzeuge, trotz ihrer Relevanz für den Personenwirtschaftsverkehr, aus der weiteren Analyse dieser Arbeit ausgeschlossen werden (siehe Kapitel 5.3.1).

Die nachfolgenden Tabellen und Abbildungen dienen der Übersicht, wie sich die enthaltenen Unternehmensmerkmale in der KiD 2002 bei den gewerblich gemeldeten Fahrzeugen ausprägen. Die Verteilung der Merkmale über die Kfz kann nicht unmittelbar auf Unternehmen übertragen werden. Die geschichtete Zufallsauswahl ermöglicht es, dass mehrere Fahrzeuge, die in der KiD 2002 erfasst wurden, zum selben Betriebsstandort gehören. Das heißt, gehören bspw. 100 Fahrzeuge zum Wirtschaftsabschnitt ‚D' (Verarbeitendes Gewerbe), sind nicht automatisch 100 Unternehmen dieses Wirtschaftsabschnitts in der KiD 2002 repräsentiert. Insgesamt ermöglichen die Fahrzeuge der KiD 2002 dennoch, die repräsentierte Unternehmensstruktur näherungsweise zu beschreiben.

Abbildung 5-3 zeigt, für welchen Wirtschaftsabschnitt die Fahrzeuge gemeldet sind.[72] Die Verteilung der Fahrzeuge variiert mitunter stark zwischen den einzelnen Abschnitten. Dabei spiegelt sie die Grundgesamtheit der in Deutschland gewerblich gemeldeten Fahrzeuge wider.

---

[72] Die Wirtschaftsabschnitte sind gemäß der deutschen Wirtschaftszweigklassifikation von 1993 angegeben und stellten die aktuelle Grundlage zur Erhebungszeit der KiD 2002 dar. Die in Abbildung 5-3 genutzten Angaben zum Wirtschaftsabschnitt beziehen sich auf die Angaben aus dem ZFZR. Die Angaben der Halter zu deren Zugehörigkeit zu einem Wirtschaftsabschnitt divergieren teilweise deutlich. Für eine Diskussion und zur Handhabung dieser Problematik siehe Kapitel 5.3.1.

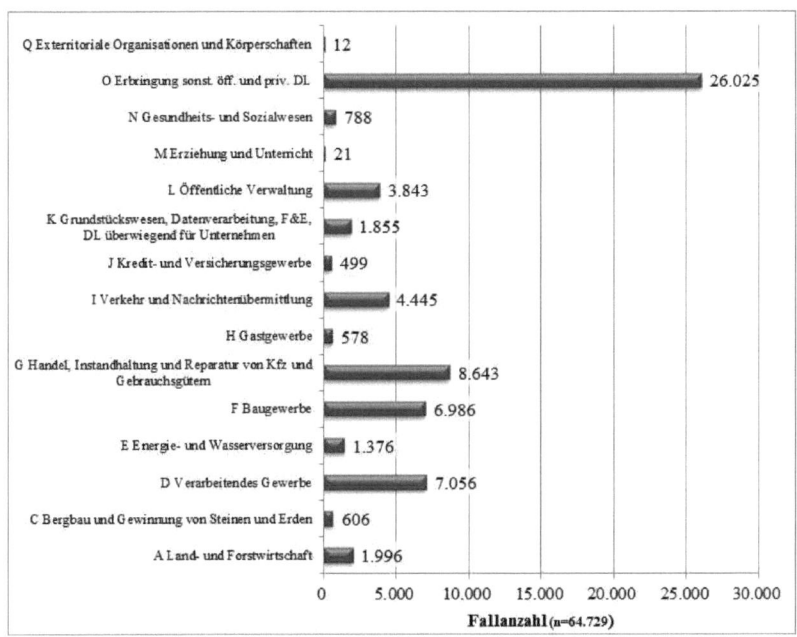

Abbildung 5-3: Verteilung der Fahrzeuge auf Wirtschaftsabschnitte (WZ93) in der KiD 2002.
Quelle: eigene Darstellung, Daten: KiD 2002.

Während für den Abschnitt ‚M - Erziehung und Unterricht' nur 21 Fahrzeuge erfasst wurden, repräsentieren knapp 7.000 Fahrzeuge den Abschnitt ‚F - Baugewerbe'. Obwohl mit den Abschnitten ‚Q – Exterritoriale Organisationen und Körperschaften' und ‚M - Erziehung und Unterricht' zwei Wirtschaftszweige kaum mit Fahrzeugen besetzt sind, erlaubt der Stichprobenumfang der KiD 2002 für die übrigen Wirtschaftsabschnitte eine valide Analyse. Dies gilt vor allem vor dem Hintergrund, dass die Stichprobe nach den Wirtschaftsabschnitten geschichtet wurde und tatsächlich laut ZFZR verhältnismäßig wenige Fahrzeuge in den Abschnitten ‚Q' und ‚M' gemeldet sind, wohingegen zahlreiche Kfz zum ‚Baugewerbe' und zum ‚Verarbeitenden Gewerbe' zählen. Wie in Tabelle 5-2 dargestellt, gehören die gewerblichen Fahrzeuge der KiD 2002 zu Betrieben, die im Schnitt 175 Mitarbeiter beschäftigen. Der Modus und die Perzentile zeigen aber an, dass es sich nicht um eine Gleichverteilung der Mitarbeiter zwischen den Betrieben handelt.

Tabelle 5-2: Streuungs- und Lageparameter zur Angabe der Mitarbeiteranzahl in der KiD 2002.
Quelle: KiD 2002, eigene Zusammenstellung.

Mittelwert (n=57.854)	Standardabweichung	Modus	Perzentile		
			25.	50.	75.
175	1.607	2	5	15	50

Vielmehr gibt es in der KiD 2002 zahlreiche Kleinst- und Kleinunternehmen[73] und nur wenige Großunternehmen, die mit einer hohen Mitarbeiteranzahl den Mittelwert stark beeinflussen. Die am häufigsten genannte Mitarbeiteranzahl ist zwei (n = 3.488). Die Perzentile belegen, dass 25 % der Betriebe ≤5 Mitarbeiter aufweisen. Auch innerhalb des dritten Quartils finden sich keine Unternehmen mit mehr als 50 Mitarbeitern. Damit vermag die KiD 2002 sehr gut die deutsche Unternehmensstruktur abzubilden, bei der die Klein- und Mittelständischen Unternehmen (KMU) das Gros der deutschen Unternehmenslandschaft darstellen und Großunternehmen nur in verhältnismäßig begrenzter Anzahl auftreten.

Ähnlich der Mitarbeiteranzahl zeigen auch die Lageparameter des Fuhrparks[74], dass die Mittelwerte der einzelnen Fahrzeugarten über den Werten der 75. Perzentile liegen (siehe Tabelle 5-3). Während der Mittelwert für die Pkw-Anzahl über alle Betriebe bei 17,5 liegt, haben 75 % der befragten Fahrzeughalter angegeben, dass an ihrem Betriebsstandort neun oder weniger Pkw zum Fuhrpark gehören. Mit 3,6 Lkw ≤3,5 t Nutzlast je Betriebsstandort besitzen die Fuhrparks der Betriebe deutlich weniger Lastkraft- als Personenkraftwagen. Wie bei der Mitarbeiteranzahl senken diejenigen Betriebe den Mittelwert, die nur wenige oder keine Fahrzeuge der jeweiligen Fahrzeugart besitzen. Für die Lkw ≤3,5 t Nutzlast und die ‚sonstigen Fahrzeugarten' zeigt der Modus an, dass hier sogar die häufigste Nennung bei null liegt. Somit besitzen zwar fast alle Betriebe, die in der KiD 2002 repräsentiert werden, Pkw (nur 9,4 % gaben

---

[73] Klein- und Kleinstunternehmen folgt hier der Definition der Europäischen Kommission (2005, S. 14) zu ‚Small and Medium Enterprises'. Herangezogen wird hier nur das Kriterium ‚Mitarbeiteranzahl'. Demnach beschäftigt ein Kleinstunternehmen <10 Mitarbeiter, ein Kleinunternehmen <50 Mitarbeiter und ein Mittelständisches Unternehmen <250 Mitarbeiter.

[74] Es finden hier nur Fahrzeuge Berücksichtigung, die auf den Betrieb gemeldet sind, zu dem auch das erfasste Fahrzeug zählt. Private oder gemietete Fahrzeuge zählen nicht zum Fuhrpark.

an, keinen im Fuhrpark zu haben). Ein leichtes Nutzfahrzeug findet sich hingegen nur in 47,7 % der Fuhrparks.

Tabelle 5-3: Streuungs- und Lageparameter zur Angabe des Fuhrparkbesatzes in der KiD 2002.
Quelle: KiD 2002, eigene Zusammenstellung.

Fahrzeugart	Mittelwert	Standard-abweichung	Modus	Perzentile			gültige Fälle (n)
				25.	50.	75.	
Pkw	17,5	122,9	1	1	3	9	57.863
Lkw ≤3,5 t Nutzlast	3,6	16,8	0	0	0	2	57.349
sonstige Fahrzeugarten	6,6	27,6	0	0	1	4	56.714

Tabelle 5-4: Verteilung der gewerblichen Fahrzeuge in der KiD 2002 auf neun Kreistypen.
Quelle: KiD 2002, eigene Zusammenstellung.

Kreistyp	Anzahl Fahrzeuge	Anteil Fahrzeuge (%)
1 Agglomerationsräume Kernstädte	18.188	28,1
2 Agglomerationsräume hochverdichtete Kreise	10.612	16,4
3 Agglomerationsräume verdichtete Kreise	5.215	8,1
4 Agglomerationsräume ländliche Kreise	2.572	4,0
5 Verstädterte Räume Kernstädte	3.685	5,7
6 Verstädterte Räume verdichtete Kreise	9.839	15,2
7 Verstädterte Räume ländliche Kreise	5.488	8,5
8 Ländliche Räume ländliche Kreise höherer Dichte	6.036	9,3
9 Ländliche Räume ländliche Kreise geringerer Dichte	3.054	4,7
Gesamt	64.689	100,0

Tabelle 5-4 zeigt, dass sich die erhobenen Fahrzeuge auf alle neun siedlungsstrukturellen Kreistypen (vgl. BBR 2010) verteilen. Dies ist darauf zurückzuführen, dass die Kreistypen ein Schichtungsmerkmal darstellten und die Stichprobe entsprechend der Verteilung in der Grundgesamtheit gezogen wurde.[75] Dies ermöglicht valide Aussagen zu allen Kreistypen und eine differenzierte Betrachtung des räumlichen Einflusses auf das Verkehrsverhalten. Der Betriebsstandort der meisten

---

[75] Die Kreistypen wurden für die Schichtung der Stichprobe zusammengefasst. Typen 1 und 2; Typen 3 und 4; Typen 5-7 und Typen 8 und 9 bilden jeweils eine Schichtungsgruppe. Somit wird nicht der Fahrzeugbestand eines Raumtypes exakt abgebildet, jedoch in der Summe die Fahrzeuge von zwei bzw. drei Kreistypen.

Fahrzeuge ist in Agglomerationsräumen zu finden (56,6 %). Knapp 30 % der Fahrzeuge haben ihre Basis im verstädterten Raum. Die übrigen Fahrzeughalter gaben an, dass der Fahrzeugstandort sich in einem ländlichen Raum befindet.

5.2.2 Die Dienstleistungsverkehrsstudie

In gleicher Weise wie die Studie KiD 2002 im vorigen Kapitel 5.2.1 beschrieben wurde, stellt dieses Kapitel die Erhebungsmerkmale und die Unternehmensmerkmale der Dienstleistungsverkehrsstudie (DLVS) vor.

Erhebungsmerkmale

Die vorliegende Arbeit hat in den vorangegangenen Kapiteln (2 und 4) beschrieben, dass nur vereinzelt Daten zum Bereich des Personenwirtschaftsverkehrs existieren und die Erkenntnislage zu diesem bedeutenden Verkehrsbereich gering ist. Auf dieser Ausgangslage basierte das Projekt ‚Dienstleistungsverkehr in industriellen Wertschöpfungsprozessen'. Zwar wird festgestellt, dass mit der KiD 2002 Dienstleistungsverkehre abgebildet werden könnten. Jedoch lägen keine detaillierten Informationen zu den Zielen der Verkehre vor, was eine umfassende Beschreibung und Analyse des Dienstleistungsverkehrs verhindert. Ziel des Projekts war es daher, „die Ursachen und Erscheinungsformen des Dienstleistungsverkehrs zu erforschen, um damit seine weitere Entwicklung einzuschätzen" (IVT et al. 2008, S. 7). Während im Rahmen der DLVS hauptsächlich vom Dienstleistungsverkehr die Rede ist, berücksichtigt das Projekt durch seine empirischen Ansätze auch die Geschäfts- und Dienstreisen, sodass in der DLVS der gesamte Personenwirtschaftsverkehr widergespiegelt wird (vgl. IVT et al. 2008, S. 28).

Zur Realisierung der Projektziele wurde ein Erhebungskonzept erarbeitet und umgesetzt, das die bis dahin existierenden Verkehrsstudien ergänzte (siehe Abbildung 5-4).

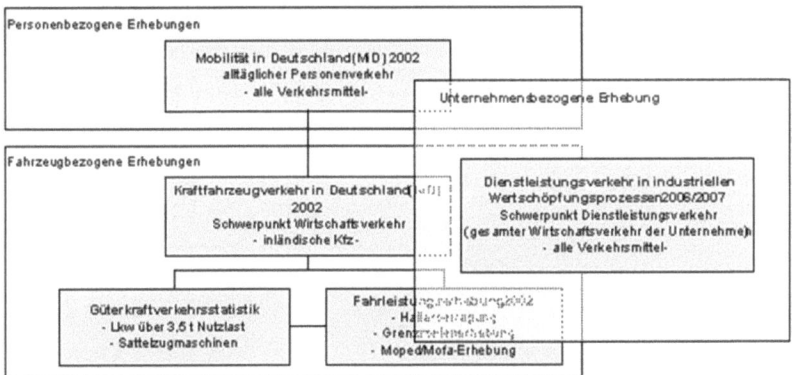

Abbildung 5-4: Einordnung der DLVS in deutsche Mobilitätserhebungen.
Quelle: IVT et al. 2008, S. 7.

Das Projekt umfasste zwei wesentliche Elemente: eine umfangreiche quantitative, empirische Erhebung und die Begleitung von sieben Unternehmen in Fallstudien. Die Ergebnisse der Fallstudien finden in der Empirie der vorliegenden Arbeit keine Berücksichtigung, können aber bei Monse et al. (2007) nachgelesen werden. Das empirische Erhebungsdesign der DLVS ist dreistufig (siehe Abbildung 5-5). Zunächst wurden mit 50 Unternehmen im Rahmen einer Explorationsstudie persönliche Interviews geführt. Auf Basis der daraus gewonnenen Erkenntnisse wurde im Folgeschritt in den Jahren 2006/2007 ein standardisiertes, Computer gestütztes Telefoninterview in zwei Phasen durchgeführt. Die Repräsentativerhebung erfasste 2.511 Produktions- und Dienstleistungsunternehmen und ermittelte sowohl Verkehrskenngrößen (endogene Variablen) als auch Angaben zum Dienstleistungsangebot und zu Unternehmenscharakteristika (exogene Variablen). Von den 2.511 Unternehmen lieferten 198 keine Angaben zur Mitarbeiteranzahl, weshalb diese aus den weiteren Untersuchungen ausgeschlossen wurden. In dem Gesamtdatensatz der ersten Erhebungsphase werden deshalb 2.313 Unternehmen berücksichtigt.

1.248 der zuvor befragten Unternehmen nahmen an der zweiten Erhebungsphase teil. Für diese liegen neben den Erkenntnissen aus der Basiserhebung nun weiterführende Informationen zu verkehrlichen Kennzahlen ausgewählter Dienstleistungen vor. Auch kamen weitere Unternehmenscharakteristika in der Vertiefungserhebung hinzu, die zuvor unberücksichtigt geblieben waren. Beide Erhebungsphasen liefern Erkenntnisse sowohl zum Verkehrsverhalten als auch zu erklärenden unternehmerischen Faktoren und liegen gebündelt in einem Datensatz vor.

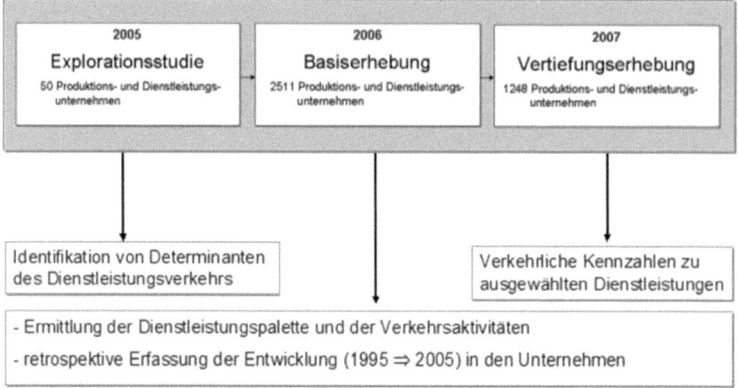

Abbildung 5-5: Erhebungsdesign der DLVS.
Quelle: IVT et al. 2008, S. 22.

Obwohl das primäre Interesse der DLVS den Erwerbstätigen galt, die im Rahmen ihrer beruflichen Tätigkeit Dienstleistungsverkehr ausführen, wurden aufgrund der für Verkehrserhebungen typischen Mehr-Ebenen-Struktur (siehe auch Abbildung 3-1 in Kapitel 3.1) Betriebe als primäre Betrachtungseinheiten gewählt (IVT et al. 2008, S. 36f.). Als Grundgesamtheit dienten alle Unternehmen in Deutschland. Die Schichtung der Stichprobe erfolgte nach Branche des Unternehmens und nach der Anzahl sozialversicherungspflichtiger Beschäftigter. Während die Auswahl der Betriebe innerhalb der Schichten zufällig realisiert wurde, gab es eine disproportionale Berücksichtigung zwischen den einzelnen Schichten. Das heißt, es wurden bestimmte Schichten stärker gewichtet bei der Stichprobenziehung als andere. Entsprechend amtlicher Statistiken zu Dienstleistungen wurden im Projekt ‚Dienstleistungsverkehre in industriellen Wertschöpfungsprozessen' Unternehmen der Wirtschaftsabschnitte ‚D', ‚I' und ‚K' besonders berücksichtigt. Außerdem wurden überproportional große Unternehmen berücksichtigt, da bei diesen „komplexere Strukturen hinsichtlich der

Dienstleistungserbringung/-beziehung vermutet wurden" (IVT et al. 2008, S. 38).[76] Die bewusst disproportionale Schichtung der Stichprobe wird im Datensatz durch zwei Gewichte (für Branche und Mitarbeiteranzahl) ausgeglichen.[77]

Die Standorte der befragten Unternehmen verteilen sich über das gesamte Bundesgebiet. Zwar war der Raumbezug kein Schichtungsmerkmal der DLVS. Die hohe Anzahl befragter Unternehmen gewährleistet aber, dass sich die Unternehmen auf eine Vielzahl unterschiedlicher Raumtypen (siehe ‚Unternehmensmerkmale' in diesem Kapitel) verteilen. Abbildung 5-6 zeigt, wo sich die Unternehmensstandorte der Erhebungseinheiten befinden. Die Punkte spiegeln die Mittelpunkte der Postleitzahlengebiete wider, die die Betriebe als Standortadresse angaben. Da einige der befragten Unternehmen im selben Postleitzahlengebiet liegen, weist die Karte nicht 2.313 verschiedene Standorte aus. Die schwarzen Punkte in der Karte stehen für die Betriebe, die an der Basiserhebung, nicht aber an der Vertiefungserhebung teilgenommen haben. Die gelben (helleren) Punkte reflektieren jene Betriebe, für die aus beiden Phasen Erkenntnisse vorliegen.

---

[76] Für ausführlichere Details zur Anlage der Stichprobe und zum Vorgehen der Datengewinnung siehe IVT et al. (2008, S. 36ff.) und Menge (2011, S. 88ff.).

[77] Für die Stichprobe der Vertiefungserhebung wurde erneut ein auf die 1.248 Unternehmen abgestimmtes Gesamtgewicht berechnet.

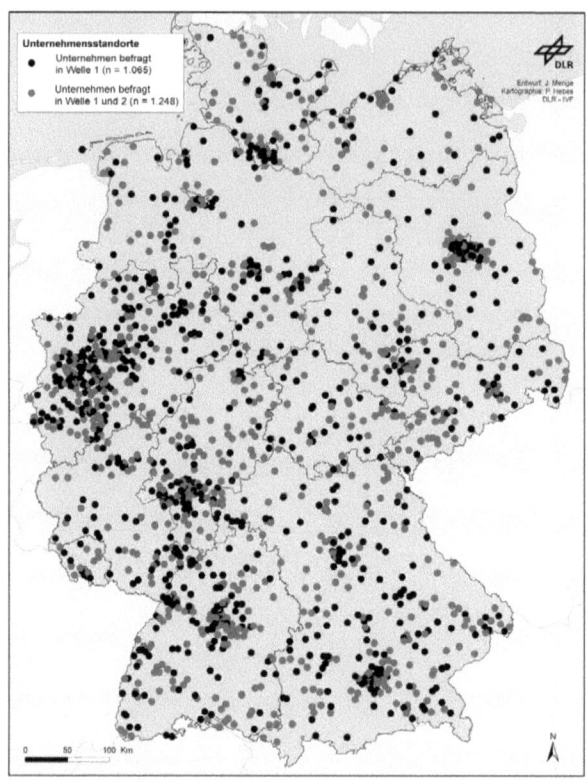

Abbildung 5-6: Unternehmensstandorte der Erhebungseinheiten in der DLVS
Quelle: eigener Entwurf.

Unternehmensmerkmale

Um die DLVS genauer zu beschreiben, können zahlreiche Unternehmensmerkmale herangezogen werden. Da die erhobenen Unternehmenscharakteristika im weiteren Verlauf dieser Arbeit als exogene Faktoren zur Erklärung des Verkehrsverhaltens herangezogen werden (siehe Kapitel 5.5), beschränken sich die nachfolgenden, deskriptiven Statistiken auf die ebenfalls in der KiD 2002 vorhandenen Unternehmensmerkmale. Dies gewährleistet zum einen den Vergleich beider Datensätze und ist zum anderen hinreichend, um die Struktur der DLVS nachzuvollziehen.

Tabelle 5-5: Streuungs- und Lageparameter zur Angabe des Wirtschaftsabschnitts und der Mitarbeiteranzahl in der DLVS.
Quelle: DLVS, eigene Zusammenstellung.

Wirtschaftsabschnitt	Anzahl Unternehmen	Mitarbeiteranzahl am Standort					
		Mittelwert	SD	Modus	25. Perzentil	Median	75. Perzentil
A/B Land- und Forstwirtschaft, Fischerei und Fischzucht	39	52	142	1	2	8	34
C Bergbau und Gewinnung von Steinen und Erden	41	170	638	50	11	32	80
D Verarbeitendes Gewerbe	448	228	375	300	20	100	300
E Energie- und Wasserversorgung	64	212	400	2	19	60	255
F Baugewerbe	117	138	671	6	6	20	74
G Handel, Instandhaltung und Reparatur von Kfz und Gebrauchsgütern	175	115	228	10	7	20	120
H Gastgewerbe	53	32	57	4	4	14	30
I Verkehr und Nachrichtenübermittlung	177	146	402	4	9	27	100
J Kredit- und Versicherungsgewerbe	145	412	918	5	13	65	375
K Grundstückswesen, Datenverarbeitung, F&E, DL überwiegend für Unternehmen	694	65	183	1	5	15	60
L Öffentliche Verwaltung	24	306	310	70	53	250	468
M Erziehung und Unterricht	38	523	1285	2	14	82	300
N Gesundheits- und Sozialwesen	121	413	856	2	18	160	470
O Erbringung sonst. öff. und priv. DL	177	79	167	1	6	15	80
Gesamt	2313	166	472	2	7	30	150

Die disproportionale Schichtung der DLVS-Stichprobe spiegelt sich in Tabelle 5-5 wider. Über die Hälfte der Unternehmen (57 %) stammt aus den stärker berücksichtigten Wirtschaftsabschnitten ‚D', ‚I' und ‚K'. Die übrigen Abschnitte weisen alle mindestens 24 Unternehmen auf und bilden damit eine valide Grundlage für die Analyse der Wirtschaftsabschnitte.

Die in der DLVS erfassten Unternehmen beschäftigen im Durchschnitt 166 Mitarbeiter am befragten Standort (siehe Tabelle 5-5). Dieser Wert liegt nahe dem der KiD 2002 (175, siehe Tabelle 5-2) und zeigt, dass beide Datensätze ähnliche Unternehmensstrukturen repräsentieren. Das gleiche gilt für den Modus, wonach in beiden Datensätzen die häufigste Nennung auf zwei Mitarbeiter entfiel. Dass sich die DLVS und die KiD 2002 im Median (50. Perzentile) etwas und in der 75. Perzentile deutlich unterscheiden, ist erneut der Schichtung der DLVS zuzuschreiben. Da überproportional große Unternehmen in die Stichprobe einflossen, haben 25 % der Unternehmen mehr als 150 Mitarbeiter am Standort. Trotz der Fokussierung auf große Betriebe differieren die Mitarbeiterkenngrößen zwischen den einzelnen Wirtschaftsabschnitten. Im ‚Verarbeitenden Gewerbe' und im ‚Kredit- und Versicherungsgewerbe' sind im Mittel deutlich über 200 Mitarbeiter je Betrieb beschäftigt. Demgegenüber stehen das ‚Gastgewerbe' (32 Mitarbeiter/Betrieb) und die ‚Dienstleistungen überwiegend für Unternehmen' (65 Mitarbeiter/Betrieb). In diesen Wirtschaftsabschnitten gibt es in Relation zu anderen Bereichen weniger große, dafür mehr kleine und mittelständische Unternehmen.

Tabelle 5-6: Streuungs- und Lageparameter zum Fuhrparkbesatz in der DLVS.
Quelle: DLVS, eigene Zusammenstellung.

Fahrzeugart	Mittelwert	Standardabweichung	Modus	Perzentile			gültige Fälle (n)
				25.	50.	75.	
Pkw	13,3	40,4	1	1	3	10	1.908
Lkw bis einschl. 3,5 zGG	2,2	8,0	0	0	0	1	1.907
sonstige Fahrzeugarten	3,7	16,3	0	0	0	0	1.905

Knapp 1.900 der befragten Unternehmen besitzen firmeneigene Pkw in ihren Unternehmen. Wie in der KiD 2002 beträgt der Modus 1. Mit durchschnittlich 13,3 Pkw je Unternehmen ist der Wert der DLVS dem der KiD 2002 (17,5 Pkw) ähnlich. Auch die Perzentile zeigen eine sehr ähnliche Verteilung des Pkw-Besatzes bei den Unternehmen. Wie auch in der KiD 2002 weisen die Unternehmens-Fuhrparks weniger LNFZ als Pkw auf. Die befragten Unternehmen der DLVS gaben im Mittel an, 2,2 LNFZ zu besitzen. Dass die DLVS und die KiD abweichende Kennzahlen für die LNFZ und die sonstigen Fahrzeugarten ausweisen, kann einerseits auf die unterschiedliche

Schichtung und andererseits auf die minimal abweichenden Fahrzeugklassifikationen zurückgeführt werden.[78]

Tabelle 5-7: Verteilung der Unternehmen in der DLVS auf neun Kreistypen.
Quelle: DLVS, eigene Zusammenstellung.

Kreistyp	Anzahl Fahrzeuge	Anteil Fahrzeuge (%)
1 Agglomerationsräume Kernstädte	614	26,7
2 Agglomerationsräume hochverdichtete Kreise	350	15,2
3 Agglomerationsräume verdichtete Kreise	166	7,2
4 Agglomerationsräume ländliche Kreise	77	3,3
5 Verstädterte Räume Kernstädte	155	6,7
6 Verstädterte Räume verdichtete Kreise	412	17,9
7 Verstädterte Räume ländliche Kreise	215	9,3
8 Ländliche Räume ländliche Kreise höherer Dichte	201	8,7
9 Ländliche Räume ländliche Kreise geringerer Dichte	112	4,9
Gesamt	2.302	100,0

Tabelle 5-7 verdeutlicht, wie sich die befragten Betriebe auf die neun Kreistypen verteilen. Wie bereits in Abbildung 5-6 dargestellt, finden sich in allen Kreistypen Betriebsstandorte wieder. Obwohl die räumliche Lage kein Schichtungsmerkmal der DLVS darstellt, weist sie sehr ähnliche Strukturen wie die KiD 2002 auf (siehe Tabelle 5-4). Dies belegt erneut, dass die abgebildete Unternehmensstruktur beider Datensätze eine hohe Ähnlichkeit besitzt. Über die Hälfte (52,4 %) der Betriebe befindet sich in den zum Agglomerationsraum zählenden Kreistypen. Ein Drittel der erhobenen Betriebe hat seinen Standort in Kreisen, die zu den Typen der Verstädterten Räume gehören. Die übrigen Betriebe befinden sich in ländlichen Räumen.

Insgesamt hat Kapitel 5.2 gezeigt, dass sowohl die KiD 2002 als auch die DLVS ein breites Spektrum an Unternehmen hinsichtlich der vorgestellten Merkmale (Wirtschaftsabschnitt, Betriebsgröße, Fuhrparkbesatz und räumliche Verteilung) repräsentieren. Obwohl beide Datensätze verschiedene Untersuchungsobjekte

---

[78] Während in der KiD 2002 die LNFZ als Lkw ≤3,5 t Nutzlast operationalisiert werden, nutzt die DLVS eine ebenso gebräuchliche Abgrenzung, bei der die LNFZ als Lkw ≤3,5 t zulässiges Gesamtgewicht (zGG) klassifiziert werden. Diese unterschiedliche Einteilung kann zu einem leichten Versatz in der Fahrzeugeinteilung und somit -verteilung führen. Während die erhobenen Fahrzeuge der KiD 2002 mit Hilfe der Angaben aus dem ZFZR neu klassifiziert werden können (entsprechend dem zGG, siehe Fußnote 68), können die Angaben zum Fuhrpark der jeweiligen Unternehmen aufgrund fehlender Informationen nicht vereinheitlicht werden.

(Fahrzeug(tag)e und Unternehmen) als auch Schichtungsmerkmale aufweisen, ähneln sich die Erhebungen in zahlreichen strukturellen Merkmalen. Dies ist sowohl entscheidend für eine inhaltliche Vergleichbarkeit der methodischen Ebene 1 und Ebene 2 als auch für die Datenfusion, die mit Ebene 3 umgesetzt wird.

5.3 Bereinigung und Plausibilisierung der Datensätze

Beide Datensätze wurden im vorangegangen Kapitel in ihrem ursprünglichen Zustand beschrieben. Für eine valide statistische Analyse zur Beantwortung der arbeitsleitenden Fragestellungen ist es nötig, die empirischen Daten soweit zu bereinigen und zu plausibilisieren, dass zwei konsistente Arbeitsdatensätze zur Verfügung stehen. Welche Schritte hierfür notwendig sind und umgesetzt werden, wird nachfolgend beschrieben. Der Logik des vorhergehenden Kapitels 5.2 folgend, werden zunächst die relevanten Arbeitsschritte zur Aufbereitung der KiD 2002 präzisiert (Kapitel 5.3.1). Im Anschluss daran legt Kapitel 5.3.2 dar, welche Prozesse zur Aufbereitung der DLVS realisiert wurden.

5.3.1 Aufbereitung der KiD 2002-Daten

Es ist notwendig, aus der Vielfalt der in der KiD 2002 erfassten Fahrzeuge und Fahrten, diejenigen zu filtern, die für die Beantwortung der arbeitsleitenden Fragestellungen und die Überprüfung der Hypothesen benötigt werden. Dafür wird der Gesamtdatensatz bereinigt. Die maßgeblichen Kriterien für die Auswahl der Fahrzeuge sind:

- der Fahrtzweck,
- die Fahrtenanzahl,
- die Fahrzeugart und
- der Fahrzeughalter.

Auswahl des Fahrtzwecks

In der KiD 2002 werden für Fahrten im Bereich des Wirtschaftsverkehrs fünf verschiedene Fahrtzwecke angegeben. Dies sind:

- Holen, Bringen, Transportieren von Gütern, Waren, Material, Maschinen, Geräten, etc.,
- Fahrt zur Erbringung beruflicher Leistungen (Montage, Reparatur, Beratung, Besuch, Betreuung etc.),
- Holen, Bringen, Befördern von Personen (dienstlich/geschäftlich),
- Sonstige dienstliche/geschäftliche Erledigung,
- Rückfahrt zum Betrieb/Stellplatz (BMVBW 2003, S. 23, 128).

Entsprechend der Definition vom Personenwirtschaftsverkehr (siehe Kapitel 2.1.5) und dem Verständnis der einzelnen Fahrtzwecke in der KiD 2002 (BMVBW 2003, S. 24) entspricht ausschließlich der zweite angegebene Fahrtzweck, die ‚Fahrt zur Erbringung beruflicher Leistungen', den in dieser Arbeit betrachteten Verkehren (vgl. IVT et al. 2008, S. 28). Um die Rolle von Unternehmen beim Verkehrsverhalten im Personenwirtschaftsverkehr zu untersuchen, müssen die zu analysierenden Fahrzeuge daher mindestens eine Fahrt am Erhebungstag zur Erbringung beruflicher Leistungen (Personenwirtschaftsverkehr) durchgeführt haben. Nur so kann eine Aussage zum Verkehrsverhalten getroffen werden, das den Personenwirtschaftsverkehr einschließt.[79] Von den 76.797 erfassten Fahrzeugen in der KiD 2002 waren 32.171 (41,9 %) am Stichtag mobil.[80] Diese Kfz haben im Rahmen der Erhebung von insgesamt 118.962 Einzel-Fahrten berichtet, wovon 25.766 (21,7 %) zur Erbringung beruflicher Leistungen ausgeführt wurden. Diese Fahrten wurden von 12.689 Fahrzeugen unternommen.

Für die weiteren Untersuchungen der Arbeit, insbesondere für die Clusteranalyse (siehe Kapitel 5.4) werden alle Fahrtzwecke aus dem Bereich des Wirtschaftsverkehrs beibehalten. Die privaten Wegezwecke (etwa Weg zur Arbeit, zum Einkauf, zur Erholung) werden zu ‚Privater Zweck' zusammengefasst, da auf diesen nicht der Fokus

---

[79] Zwar ist denkbar, dass die Fahrzeuge ohne eine entsprechende Fahrt (zur Erbringung einer beruflichen Leistung) an anderen, nicht erfassten Tagen Personenwirtschaftsverkehr durchführ(t)en. Durch die Erhebung eines Stichtages je Fahrzeug existieren dazu jedoch keine Informationen, weshalb diese Fahrzeuge außer Betracht bleiben müssen.

[80] In der vorliegenden Arbeit werden nur mobile Fahrzeuge berücksichtigt, da nur diesen ein Tourenmuster zugeschrieben werden kann. Für eine ausführlichere Erläuterung siehe Fußnote 35 in Kapitel 3.1.

der Arbeit ruht (vgl. Deneke 2005). Damit ergeben sich für den weiteren Verlauf dieser Arbeit sechs Wegezwecke, der ‚private Zweck' sowie die fünf oben genannten Zwecke des Wirtschaftsverkehrs.

Auswahl der Fahrzeuge entsprechend der Fahrtenanzahl

In der KiD 2002 konnten die Befragten für bis zu elf Fahrten detaillierte Angaben zu Quelle und Ziel, zu Güterarten, zu Fahrtzweck usw. machen. Wurden mehr als elf Fahrten durchgeführt, wurden nur wenige Merkmale erhoben (Fahrtbeginn, Nutzungsart und Fahrtweite). Wurden mehr als 18 Fahrten am Stichtag realisiert, konnten die Probanden die Anzahl weiterer Fahrten sowie deren summierte Fahrtweite notieren. Dies bedeutet, dass ausschließlich für die ersten elf Fahrten am Tag ausführliche, disaggregierte, endogene Variablen vorliegen. Somit kann nur für Fahrzeuge, die weniger als zwölf Fahrten unternommen haben, ein vollständiges Tourenprofil (nach Fahrtzweck und Zielart) generiert und analysiert werden. Daher werden die 2,5 % der Fahrzeuge, die mehr als elf Fahrten durchgeführt haben, aus den weiteren Analysen ausgeschlossen.

Auswahl der Fahrzeugart

Eine Fahrt zur Erbringung beruflicher Leistungen kann von unterschiedlichen Fahrzeugarten durchgeführt werden. In der KiD 2002 werden elf verschiedene Arten von Fahrzeugen berücksichtigt,[81] die auf Basis ausführlicher Fahrzeuginformationen des Zentralen Fahrzeugregisters (ZFZR) gruppiert wurden. Wie Tabelle 5-8 zeigt, werden von allen berücksichtigten Fahrzeugarten Fahrten zur Erbringung beruflicher Leistungen durchgeführt. Der Großteil der Fahrten entfällt auf die ‚Pkw', ‚Lkw bis einschließlich 3,5 t zGG' und die ‚Lkw > 3,5 t zGG' ($\sum$ 98,8 %).

---

[81] Linienbusse werden zwar als separate Fahrzeugart geführt, jedoch nicht in der KiD 2002 erhoben (BMVBW 2003, S. 108).

Tabelle 5-8: Verteilung der Fahrzeuge nach Fahrzeugart, die zur Erbringung beruflicher Leistungen eingesetzt wurden.
Quellle: KiD 2002, eigene Zusammenstellung.

Fahrzeugart	Anzahl Fahrzeuge	
	absolut	Anteil (%)
Krafträder mit amtlichen Kennzeichen	88	0,7
Pkw	4.591	36,2
Lkw bis einschl. 3,5t zGG	6.994	55,1
Lkw > 3,5t zGG	948	7,5
Sattelzugmaschinen	14	0,1
Reisebusse	4	0,0
sonstige Zugmaschinen	13	0,1
Schutz- und Rettungsfahrzeuge	8	0,1
Wohnmobile	2	0,0
Sonstige Kraftfahrzeuge mit amtlichen Kennzeichen	27	0,2
Gesamt	12.689	100,0

Da die übrigen Fahrzeugklassen jeweils für sich betrachtet nur eine marginale Rolle (<1 %) spielen und da auch die bisherigen theoretischen Erkenntnisse (siehe Kapitel 2) ausschließlich Pkw und leichte (light) sowie mittlere (medium) Nutzfahrzeuge im Zusammenhang mit Personenwirtschaftsverkehr als relevant betrachten, werden die übrigen Fahrzeugarten aus den weiteren Analysen ausgeschlossen.

Auswahl des Fahrzeughalters

Wie Kapitel 5.2.1 gezeigt hat, können Fahrzeuge, die privat gemeldet sind, nicht berücksichtigt werden. Für diese Fahrzeuge liegen zwar endogene Variablen vor. Die exogenen Variablen, die das Verkehrsverhalten mit Hinblick auf die unternehmerische Rolle erklären, können jedoch nicht angewandt werden. Das Studiendesign der KiD 2002 sah vor, dass Fahrzeuge, die auf private Halter zugelassen sind, Angaben zu ihrem Haushalt machen (Standortadresse, Anzahl Haushaltsmitglieder und Anzahl Fahrzeuge im Haushalt je Fahrzeugart). Somit sind keine Rückschlüsse auf das Unternehmen möglich, für die das privat gemeldete Fahrzeug möglicherweise im Rahmen des Personenwirtschaftsverkehrs eingesetzt wurde. Zusätzlich ergäben sich aufgrund dieser Dateneigenheit nicht überwindbare Schwierigkeiten bei der Fusion der Datensätze KiD 2002 und DLVS im Rahmen der dritten methodischen Ebene (siehe Kapitel 5.6).

Aus diesen Gründen werden in der vorliegenden Arbeit ausschließlich die Fahrzeuge berücksichtigt, die gewerblich gemeldet sind. Ausgehend von den Halterangaben (laut Fragebogen) sind 11,7 % der in der KiD enthaltenen Fahrzeuge privat gemeldet. Demnach verbleiben im Datensatz 67.793 gewerblich gemeldete Fahrzeuge.

An die Bereinigung des Datensatzes knüpft direkt die Plausibilisierung an. Die in der KiD 2002 gesammelten Daten wurden durch die erhebenden Institutionen sowohl bei der Dateneingabe als auch im Nachgang vielfältig geprüft und plausibilisiert (BMVBW 2003, S. 93ff.) Dennoch haben die Arbeiten mit dem Datensatz gezeigt, dass Unstimmigkeiten nach wie vor in den Daten enthalten sind. Im Nachfolgenden werden die wesentlichen Plausibilisierungsschritte erläutert, die der Autor der vorliegenden Arbeit selbst umgesetzt hat. Die beschriebenen Anpassungen sind notwendig, um eine valide Datenbasis zu generieren und die einzelnen statistischen Analyseschritte der methodischen Ebenen 1 bis 3 auszuführen.

Plausibilisierung der Angaben zum Wirtschaftszweig

Der erste Plausibilisierungsschritt betrifft die Angaben zum Wirtschaftszweig. Da der Wirtschaftsabschnitt als exogene Variable hinsichtlich seiner Erklärungskraft für das Verkehrsverhalten untersucht wird (siehe Tabelle 4-3), müssen die Angaben zum Wirtschaftszweig schlüssig und belastbar sein.

Mit der KiD 2002 werden im Fahrzeugdatensatz zwei Variablen bereitgestellt, die beide Auskunft über den Wirtschaftsabschnitt des erhobenen Fahrzeugs geben. Einerseits stammen die Angaben aus dem ZFZR vom KBA (diese Daten dienten als Schichtungsgrundlage) und andererseits existieren Angaben vom Fahrzeughalter selbst, der die Informationen mit Hilfe des Fragebogens lieferte.

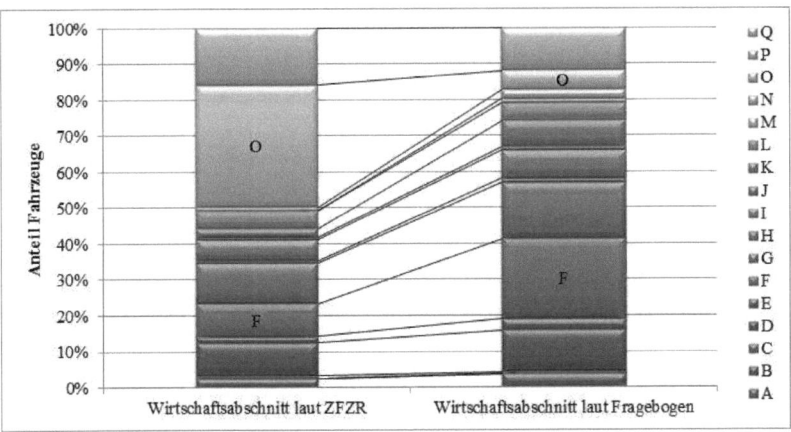

Abbildung 5-7: Vergleich von ZFZR- und Halterangaben zum Wirtschaftszweig.
Quelle: eigene Darstellung nach BMVBW 2003, S. 213.

Vergleicht man beide Angaben miteinander, wird eine deutliche Diskrepanz sichtbar (siehe Abbildung 5-7; BMVBW 2003, S. 212f.). Speziell die Abschnitte ‚O - Erbringung von sonstigen öffentlichen und persönlichen Dienstleistungen' (-28 %) und ‚F - Baugewerbe' (+13 %) zeigen klare Unterschiede im Verhältnis ZFZR- zu Halterangaben. Die Angaben schwanken mitunter noch deutlicher, wenn man nur bestimmte Fahrzeugarten betrachtet (vgl. BMVBW 2003, S. 213f.).

Die starken Abweichungen verlangen eine Abwägung, welche Angaben plausibler sind. In der Fachwelt werden Vor- und Nachteile für beide Angaben gesehen.[82] Das Konsortium, das die KiD 2002 geplant, umgesetzt und ausgewertet hat, folgt der Auffassung, dass die Angaben des ZFZR nicht plausibel sind und „die Verteilung der Wirtschaftszweige nach der Angabe im Fragebogen ein ‚glaubhafteres' Gesamtbild" (BMVBW 2003, S. 212) liefert. Dem ist insofern zu folgen, als dass die Verteilung der Halter auf die einzelnen Wirtschaftsabschnitte unglaubwürdig erscheint. Daten des Statistischen Bundesamtes zur Anzahl sozialversicherungspflichtig Beschäftigter (Stichtag: 31.12.2002) zeigen, dass etwa im Wirtschaftsabschnitt ‚O - Erbringung von

---

[82] Diese Erkenntnis beruht auf mündlichen Gesprächen und Diskussionen mit mehreren Anwendern der KiD 2002, etwa im Rahmen des KiD 2010 Workshops, der im Herbst 2009 im DLR, Berlin, zur Vorbereitung der KiD 2010 stattfand.

sonstigen öffentlichen und persönlichen Dienstleistungen' 4,6 % der deutschlandweiten Arbeitnehmer beschäftigt sind (Destatis 2010, siehe Anhang 2). Demgegenüber stehen mehr als 30 % der in der KiD 2002 repräsentierten Fahrzeuge für diesen Abschnitt ‚O'. Selbst unter Berücksichtigung unterschiedlicher Unternehmensgrößen kann dieser Wert nicht nachvollzogen werden. Das KiD 2002-Konsortium argumentiert, dass die Ursache für die ‚Fehlzuordnung' von gewerblich gemeldeten Fahrzeugen in der dezentralen Zulassungsstruktur in Deutschland liegt (vgl. BMVBW 2003, S. 212). Dieser Auffassung folgt der Autor dieser Arbeit nicht. Anders als im KiD 2002-Schlussbericht dargestellt, ist nicht von einer signifikant unterschiedlichen Qualität bei der Zuordnung zwischen den einzelnen, dezentralen Kfz-Zulassungsstellen auszugehen.

Ein persönliches Telefoninterview des Autors dieser Arbeit mit einer Zulassungsbehörde[83] hat verdeutlicht, welche Schwierigkeiten bei der Zuordnung der Fahrzeuge bestehen. Alle Sachbearbeiter/innen nutzen deutschlandweit die gleiche Grundlage, eine Schlüsseltabelle des ZFZR, für die Zuordnung der Gewerbefahrzeuge zu einem Wirtschaftsabschnitt. Auch ist von einer hohen Routine bei diesem Prozess zu sprechen, da die Zuordnung mehrmals täglich erfolgt. Zwar erhalten die Sachbearbeiter/innen keine separate Schulung für Fahrzeugzuordnungen, jedoch eine Einweisung in die Nutzung der Zuordnungsschüssel. Für eine mindere Qualität innerhalb oder zwischen den Zulassungsstellen liegen damit keine Hinweise vor. Die unplausible Zuordnung, etwa zum Wirtschaftsabschnitt ‚O', erfolgt systembedingt. Alle Personen, die bei der Zulassungsbehörde vorstellig werden und ein Fahrzeug gewerblich anmelden wollen, sind verpflichtet, einen Auszug aus dem Handelsregister oder eine Gewerbezulassung vorzulegen. Aus diesen Unterlagen geht in Textform hervor, welche Aufgabe das Unternehmen als Tätigkeit ausübt. Diese Angaben sind gemäß den Erkenntnissen des Telefoninterviews oft unpräzise, weil sie sehr pauschal formuliert sind oder mehrere Tätigkeiten enthalten, z. B. ‚Handel mit Kraftfahrzeugen

---

[83] Das Telefoninterview fand an zwei separaten Tagen statt und diente der Klärung des problematisierten Sachverhalts der Differenz der Halterangaben. Als Telefonpartner diente eine Gruppenleiterin mit langjähriger Erfahrung. Während das erste Gespräch der Problemerläuterung diente, wurden vom Autor dieser Arbeit beim zweiten Gespräch vorbereitete Fragen gestellt. Das Telefonprotokoll wurde von der Interviewpartnerin im Nachgang auf Konsistenz geprüft und freigegeben. Das Protokoll des Telefoninterviews ist dem Anhang 3 zu entnehmen.

und Vermietung'. Während die Vermietung von Kfz dem Wirtschaftsabschnitt ‚K' zugeordnet werden muss, gehört der Handel von Kfz zu Abschnitt ‚G'. Somit entsteht ein schwer aufzulösender Konflikt bei der Zuordnung der Fahrzeuge. Dieser wird noch verschärft, da in großem Maße ‚Dritte' (Fahrzeughändler, Serviceagenturen) für die Unternehmen tätig werden und bei der Zulassungsstelle die notwendigen Unterlagen einreichen. Die ‚Dritten' können dann in Zweifelsfällen keine Antworten auf Rückfragen zur Tätigkeit liefern, da ihnen die Informationen fehlen. Es bleibt festzustellen, dass es das Ziel ist, jedem Kfz den ZFZR-Schlüssel zuzuordnen, der tatsächlich dem Wirtschaftsabschnitt des anmeldenden Unternehmens entspricht. Dies ist aber aus den geschilderten Gründen nicht in jedem Fall möglich, weshalb die Angaben des ZFZR nicht direkt und vollständig berücksichtigt werden können.

Da die Angaben des ZFZR zum Wirtschaftsabschnitt nicht plausibel sind, liegt der Schluss nahe, die Halterangaben aus dem Fragebogen zu berücksichtigen. Anders als die Sachbearbeiter/innen in der Zulassungsstelle, ordnet sich der Proband zwar nicht regelmäßig einem Wirtschaftsabschnitt zu. Der Fahrer eines Fahrzeugs weiß in der Regel aber genauer, was die Haupttätigkeit des eigenen Betriebs darstellt. Da im Fragebogen alle Wirtschaftsabschnitte textlich umschrieben wurden, ist davon auszugehen, dass die Zuordnung der Probanden realitätsnah und korrekt erfolgte. Damit folgt der Autor der Meinung des KiD 2002-Konsortiums, dass die Angaben der Personen insgesamt ein plausibleres Bild erzeugen (BMVBW 2003, S. 212). Die Abwägung führt daher zu dem Ergebnis, dass für die weiteren Analysen die Angaben des Fahrers bzw. Halters zum Wirtschaftsabschnitt herangezogen werden.[84]

---

[84] Eine dritte Variante stellt die Berücksichtigung sowohl der Angabe des ZFZR als auch der befragten Halter dar. Das bedeutet, es würden nur solche Fälle (Fahrzeuge) im Arbeitsdatensatz berücksichtigt, die in beiden Variablen dieselben Werte aufweisen. Dadurch würde die Sicherheit erhöht, dass die Angabe zum Wirtschaftsabschnitt korrekt ist. Entsprechend dieser Logik würden dann 33.177 Fahrzeuge (43,2 %) berücksichtigt. Der Datenverlust dieses Schrittes stellte im Sinne dieser Arbeit jedoch einen zu hohen Informationsverlust (>50 %) dar, sodass er keine Anwendung findet.

Plausibilisierung der Mehrfahrten-Fahrten

Die KiD 2002 hat gezeigt, dass einige der befragten Fahrzeugnutzer ganze Touren als eine Fahrt angegeben haben. Demnach haben vor allem Vielfahrer, entgegen der Fragebogenanleitung, mehrere Fahrtabschnitte nur als eine Fahrt notiert. In vielen Fällen konnte dies jedoch durch Plausibilisierungen und durch handschriftliche Vermerke der Befragten auf den Fragebögen nachvollzogen werden. Im Nachgang wurde daher das Konzept der Mehrfahrten-Fahrten eingeführt (BMVBW 2003, S. 134). Bei Vorliegen von genau zwei Fahrtabschnitten wurden bei der Aufbereitung der KiD-Daten zwei Einzelfahrten kodiert (meist Hin- und Rückfahrt). Beinhalten die Mehrfahrten-Fahrten mindestens drei Fahrtabschnitte, wurde dies in einer gesonderten Variable vermerkt und die ermittelten Fahrtabschnitte wurden bei den aggregierten Verhaltenskenngrößen (der Tages-Fahrtweite, der Tages-Fahrtenanzahl und der Fahrtenkettenanzahl am Stichtag) berücksichtigt. Da für die einzelnen Fahrtabschnitte der Mehrfahrten-Fahrten keine detaillierten Angaben zu den Start- und Zielpunkten hinterlegt sind, können weder die Verkehrsbeteiligungsdauer noch die Zielarten bestimmt und in die KiD-Daten eingearbeitet werden. Das Gleiche trifft auf den Wegezweck zu. Die Autoren der KiD 2002 nehmen für die Aufbereitung und die Kodierung der Variablen allgemein an, dass der Wegezweck der ersten Fahrt auch auf die weiteren Fahrten zutrifft. Dies kann jedoch keineswegs als gewiss gelten. Für die in dieser Arbeit beabsichtige detaillierte Auswertung der einzelnen Wege am Stichtag nach Zielart, Wegezweck und Startzeit (siehe Kapitel 5.4.2) ergibt sich damit das Problem, dass entweder die Angaben nicht oder nur per generalisierter Annahme vorliegen. Beide Zustände sind für die Analyse dieser Arbeit nicht befriedigend. Daher werden diejenigen Fahrzeuge aus der Betrachtung ausgeschlossen, die am Stichtag Mehrfahrten-Fahrten zugewiesen bekamen. Für die weiteren Analysen muss dann jedoch berücksichtigt werden, dass dies zu „Verzerrungen im Bereich der Fahrtenhäufigkeit und der Fahrtweiten" (BMVBW 2003, S. 134) führen kann.

Werden alle angegebenen 118.962 Fahrten betrachtet, sind 4.202 Fahrten ‚Mehrfahrten-Fahrten'. Dies bedeutet, dass von den 32.171 Fahrzeugen, die am Stichtag mobil waren, 3.228 Kfz Mehrfahrten-Fahrten durchgeführt haben und diese aus der weiteren Analyse ausgeschlossen werden.

Plausibilisierung der Fahrtenquellen und Fahrtenziele

Die Arbeit mit der KiD 2002 hat gezeigt, dass bei der Kodierung der Fahrtenquelle und -ziele unplausible Werte existieren. Insbesondere die Angaben zur Quell- bzw. Zielart ‚eigener Betrieb' zeigen Inkonsistenzen. Die KiD 2002 hält die Geokoordinaten für die einzelnen Quell- und Zielpunkte bereit. Im Datensatz treten zahlreiche Fälle auf, bei denen der ‚eigene Betrieb' unterschiedliche Adressen (Geokoordinaten) aufweist. Dies lässt den Schluss zu, dass der berichtende Fahrer zwar einen Betrieb des eigenen Unternehmens angefahren bzw. verlassen hat, jedoch nicht den Betriebsstandort, für den er angab, dass sich dort der Stützpunkt des Fahrzeugs befindet. Das Konzept der Mehrbetriebsunternehmen ist in der KiD 2002 nicht explizit berücksichtigt, weshalb auch die Antwortkategorie ‚fremder Betrieb unternehmensintern' fehlt. Der Fahrer hat demnach mit hoher Wahrscheinlichkeit ‚eigener Betrieb' angekreuzt, da es sich um das eigene Unternehmen handelt und diese Antwortkategorie nach seiner Interpretation der Wirklichkeit am nächsten kommt.

Die Exaktheit der Angaben zur Fahrtenquelle und zum Fahrtenziel im Allgemeinen und die Differenzierung zwischen ‚eigener Betrieb' und ‚fremder Betrieb unternehmensintern' im Speziellen sind für die Analyse und Interpretation von Tourenmustern sehr relevant. Kehrt das Fahrzeug am Tagesende etwa nicht zum eigenen Betrieb, sondern zum unternehmensinternen fremden Betrieb zurück, liegt keine geschlossene Wegekette vor. Es handelt sich um ein deutlich abweichendes Verkehrsverhalten. Auch ist unter Umständen der Wegezweck anders zu interpretieren, wenn ein fremder Betrieb des eigenen Unternehmens angesteuert wird. Viele Dienstleistungen, etwa Administration, Management und Projektierung, machen Fahrten zum Zwecke des Personenwirtschaftsverkehrs innerhalb eines Unternehmens erforderlich. Werden diese Aspekte berücksichtigt, lassen sich unterschiedliche Verkehrsverhalten realitätsnäher interpretieren.

Aus diesem Grund wurde vom Autor durch das Abgleichen der Adressen[85] (Geokoordinaten) nachträglich die Kategorie ‚fremder Betrieb unternehmensintern' ergänzt, sodass schließlich drei Betriebstypen als Quell- bzw. Zielarten auftreten:

- eigener Betrtieb,
- fremder Betrieb unternehmensintern und
- fremder Betrieb unternehmensextern.

Die Art des Ziels einer Fahrt wurde außerdem geändert, wenn durch den dazugehörigen Fahrtzweck offenbar wurde, dass die Angabe unplausibel ist. Handelt es sich bei einer Fahrt um eine ‚Rückfahrt zum Betrieb/Stellplatz', ist die Zielart aber gleichzeitig nicht der ‚eigene Betrieb', gibt es zwei mögliche Deutungsweisen. Zum einen kann nicht ausgeschlossen werden, dass der befragte Fahrer unter dem ‚Stellplatz' einen anderen Ort als den ‚eigenen Betrieb' versteht, etwa einen Umschlagpunkt oder eine Spedition, wo das Fahrzeug bis zur nächsten Fahrt abgestellt wird. Zum anderen ist es möglich, dass die Probanden trotz des Fahrtzwecks ‚Rückfahrt zum Betrieb/Stellplatz' eine präzisere Angabe zur Zielart machen wollten als ‚nur' ‚eigener Betrieb'. Befindet sich der eigene Betrieb (temporär) an einer Baustelle bzw. ist er ein Speditionsunternehmen, hat der Fahrer unter Umständen diese Angabe gewählt und nicht ‚eigener Betrieb' angekreuzt. Mit den Angaben zu den Geokoordinaten der Ziele kann überprüft werden, ob die Ziele, die nicht als ‚eigener Betrieb' angegeben wurden, dennoch dieselbe Adresse besitzen. Ist dies der Fall, erfolgte eine Umkodierung (siehe Fußnote 85). Herrscht keine Übereinstimmung, wurden die Angaben unverändert übernommen, da deren Richtigkeit nicht ausgeschlossen werden kann. Insgesamt wurden auf diese Weise 9.522 (8 %) Zielarten umkodiert.

---

[85] Zum genauen Vorgehen und der Logik des Umkodierens siehe Anhang 5.

Plausibilisierung weiterer Fahrerangaben zu einer Fahrt

Ebenso wie die Mehrfahrten-Fahrten auf ein ungenaues Reporting der Fahrer zurückzuführen sind, existieren Datenlücken für einzelne Fahrten durch fehlende Angaben der Probanden. So sind die Start- oder Ankunftszeit, aber auch der Fahrtzweck, die Art des Ziels und die Art der Quelle teilweise nicht genannt worden.[86] Das führt dazu, dass diese Fahrzeugtage nicht vollständig rekonstruiert und analysiert werden können. Zwar ist eine Imputation der fehlenden Werte denkbar (Brown & Kros 2003; Lakshminarayan et al. 1999). Jedoch nutzen die multiplen und stochastischen Imputationsmethoden exogene Variablen zur Bestimmung fehlender Werte in der Zielvariable (Nordholt 1998). Dieses Vorgehen ist den drei methodischen Ebenen dieser Arbeit sehr verwandt (siehe Kapitel 5.5) und setzt damit eine Vorwegnahme der Ergebnisse voraus, nämlich die Ermittlung der Einflüsse exogener auf endogene Variablen. Hinzu kommt, dass der Aufwand für die Imputation dann unverhältnismäßig groß wird, wenn die Zahl der zu imputierenden Fälle im Verhältnis zur Gesamtfallzahl klein ist (Lakshminarayan et al. 1999, S. 261). Dies ist hier der Fall. Daher werden die Fälle mit fehlenden Werten gelöscht.

Fahrzeuge mit vollständigen Angaben zu den Fahrten werden nur dann aus den Betrachtungen ausgeschlossen, wenn eine oder mehrere Einzelfahrten des berichteten Fahrzeugtages offenbar falsch an- oder eingegeben[87] wurden. In Einzelfällen lag die Ankunftszeit einer Fahrt vor der Startzeit derselben Fahrt bzw. wurde eine Folgefahrt angetreten, bevor die vorige Fahrt endete. Anders als etwa bei Machledt-Michael (2000a, S. 56) werden falsche Angaben nicht durch sinnvolle Werte ersetzt, da in den Augen dieses Autors nicht gleichermaßen plausibel für alle ‚fehlerhaften Fahrzeuge' ein realer Ablauf mit korrekten Start- und Ankunftszeiten rekonstruiert werden kann. Die Korrektheit aller Fahrt- und Tour-relevanten Angaben ist jedoch Voraussetzung für eine einwandfreie statistische Analyse des Verkehrsverhaltens, vor allem der Tagesgänge.

---

[86]Die genannten fünf Kenngrößen stellen die Basis für die Clusteranalyse des Verkehrsverhaltens dar (siehe Kapitel 5.4). Für diese Variablen müssen daher die Werte vollständig vorliegen.

[87] Es ist nicht auszuschließen, dass trotz Computer gestützter Dateneingabe und der Nutzung Plausibilität prüfender Algorithmen vom Probanden korrekt angegebene Daten vom Versuchsleiter falsch übertragen und fehlerhaft eingegeben wurden.

Tabelle 5-9 fasst die unplausiblen Angaben zu den weiteren Fahrtenkenngrößen zusammen. Am stärksten betroffen sind die fehlenden Ankunftszeiten. Dies korreliert auch mit der Anzahl Fahrten sowie der Ziel- und Quellart. Ab der zwölften Fahrt konnten keine Angaben mehr zu diesen Punkten gemacht werden, weshalb alle Fahrzeuge mit mehr als elf Fahrten auch unplausible (fehlende) Werte in diesen Feldern aufweisen.

Tabelle 5-9: Anzahl unplausibler Fahrerangaben.
Quelle: eigene Zusammenstellung, Daten: KiD 2002.

Fahrerangaben	Anzahl betroffener Fälle (Fahrzeugfahrten)	
	absolut	Anteil (%)
fehlende Startzeit	3.577	3,0
fehlende Ankunftszeit	8.191	6,9
fehlender Fahrtzweck	113	0,1
fehlende Quellart	4.224	3,6
fehlende Zielart	5.373	4,5
inkonsistente Zeitangabe	77	0,1

Zusammenfassung

Die beschriebene Plausibilisierung und Auswahl der Einzelfahrten sowie Fahrzeuge führt zu einer Reduktion der Fallanzahl (siehe Abbildung 5-8). Durch die zahlreichen, notwendigen Filter werden nun die knapp 9.900 Fahrzeuge und rund 37.000 Einzelfahrten berücksichtigt, die den vorgegebenen Kriterien entsprechen. Für alle weiteren Analyseschritte werden ausschließlich diese Fälle berücksichtigt. Sie bieten eine ausreichend große Basis, um charakteristische Tourenmuster im Personenwirtschaftsverkehr zu untersuchen.

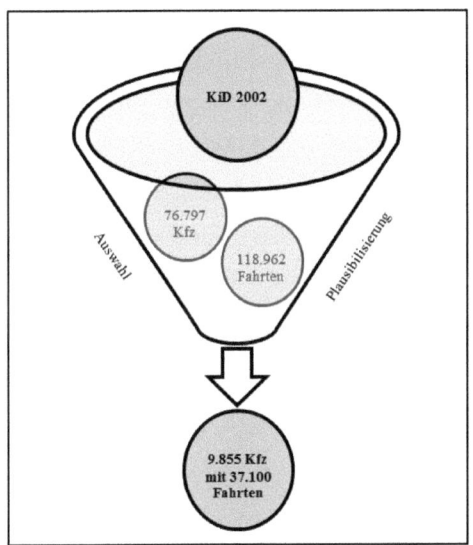

Abbildung 5-8: Zusammenfassung des Aufbereitungsprozesses der KiD 2002-Daten.
Quelle: eigener Entwurf.

5.3.2 Aufbereitung der Dienstleistungsverkehrsstudie-Daten

Die Dienstleistungsverkehrsstudie (DLVS) wurde, genau wie die KiD 2002, einer Plausibilisierung durch das erhebende Konsortium unterzogen. Inkonsistente Daten sowie Erfassungsfehler wurden im Nachgang der Erhebung beseitigt (IVT et al. 2008, S. 40f.). Anders als die KiD 2002 bedarf die DLVS nur einer geringen Aufbereitung von Seiten des Autors. Zwar werden einzelne Variablen neu berechnet, um exogene Faktoren besser abzubilden (siehe Kapitel 5.5). Umfangreiche Plausibilisierungen entfallen aber, da die Daten zum Verkehrsverhalten auf einem aggregierten Niveau vorliegen und insgesamt eine höhere Konsistenz der Daten besteht als bei der disaggregierten KiD 2002.

Trotz der hohen Plausibilität der DLVS können nicht alle befragten Betriebe in dieser Arbeit berücksichtigt werden. In die weiteren Analysen werden nur diejenigen Betriebe aufgenommen, die angaben, einen eigenen Fuhrpark (Pkw und Lkw) zu betreiben. Diese Betriebe setzen die Fahrzeuge für ‚berufsbedingte Fahrten' ein und können daher auf ihr Verkehrsverhalten im Personenwirtschaftsverkehr hin untersucht werden. In einigen Fällen setzen Betriebe ausschließlich private, aber keine Firmenfahrzeuge ein. Auch diese Firmen erzeugen zwar Personenwirtschaftsverkehr unter der Nutzung von MIV. Sie bleiben jedoch außer Betracht, da die Datenstruktur der KiD 2002 die Verwendung von privat gemeldeten Fahrzeugen nicht erlaubt (siehe Kapitel 5.3.1). Unter Berücksichtigung dieser Einschränkungen verbleiben 1.892 Betriebe (82,4 %).

Die Fallanzahl reduziert sich weiter durch das vorgestellte Erhebungsdesign (siehe Kapitel 5.2.2). An der Vertiefungserhebung haben nicht alle Unternehmen der Basiserhebung teilgenommen. Für diese ‚Verweigerer' existieren keine Angaben zu den Variablen der Vertiefungserhebung. Diese Variablen dienen jedoch teilweise als Indikatoren für die in dieser Arbeit berechneten Modelle (siehe Kapitel 5.5). Da die Modelle einen listenweisen Ausschluss von fehlenden Werten vornehmen, würden alle Unternehmen, die nicht in der Vertiefungserhebung vertreten sind, unberücksichtigt bleiben. Dieser statistische Umstand erfordert, dass für die nachfolgenden Analysen die 1.248 Unternehmen der Vertiefungserhebung genutzt werden. In Verbindung mit dem Kriterium des eigenen Fuhrparks verbleiben für die weiteren Untersuchungen somit 1.010 Unternehmen im bereinigten Datensatz.

Nachdem sowohl die KiD 2002 als auch die DLVS plausibilisiert wurden, stehen zwei statistisch und inhaltlich valide Datensätze zur Verfügung, die für die Beantwortung der arbeitsleitenden Fragestellungen genutzt werden können. Die beiden aufbereiteten Datensätze dienen als Input für die nachfolgend beschriebenen, multivariaten Analyseschritte (Kapitel 5.4 bis 5.6).

5.4 Clusteranalyse des Verkehrsverhaltens

Dieses Kapitel beschreibt die in dieser Arbeit angewendete Clusteranalyse. Entsprechend der ersten methodischen Ebene (siehe Abbildung 5-1) werden Fahrzeuge (bzw. die entsprechenden Fahrzeugtage) mit ähnlichen Tagesgängen zu homogenen Gruppen zusammengefasst, um Unterschiede zwischen Tourenmustern erkenn- und analysierbar zu machen.

Im Folgenden wird zunächst die Relevanz und Anwendung der Clusteranalyse in der Verkehrsforschung vorgestellt (Kapitel 5.4.1). Daraufhin präzisiert Kapitel 5.4.2 ihre Verwendung mit Hinblick auf diese Arbeit. Schließlich werden in Kapitel 5.4.3

statistisch relevante Arbeitsschritte beschrieben, die die Qualität der Ergebnisse sicherstellen.

5.4.1 Clusteranalysen in der Verkehrsforschung

In der Verkehrsforschung wurde die Clusteranalyse zunächst im Bereich des Personenverkehrs genutzt. Im Vordergrund steht die Bündelung verhaltensähnlicher Einheiten (Individuen) zu homogenen Gruppen. Die Betrachtung gleicher oder ähnlicher Personen mit einheitlichen sozio-demografischen Charakteristika (life-cycle stage) und deren spezifischen Verkehrsverhalten findet seinen Ursprung in den späten 1970er Jahren (Götz 2007, S. 762; Kitamura 2009, S. 688).[88] In Studien der Verkehrsforschung hat sich die Clusteranalyse als probates Mittel zur Auffindung homogener Gruppen etabliert (u. a. Diana & Mokhtarian 2009; Hertkorn 2004; Kettenring 2009; Lenz & Nobis 2007). Wurde die Clusteranalyse anfangs für den Personenverkehr genutzt, findet diese Methode nun auch Anwendung im Wirtschaftsverkehr (etwa Deneke 2005; Liedtke et al. 2011; Machledt-Michael 2000a). Die Clusterung vereint zahlreiche Vorteile. Das Zusammenfassen von Individuen zu Gruppen „widerspricht im Grundsatz nicht der Orientierung am Individualverhalten, da die Gruppen nicht aus beliebigen Personen durch räumliche Aggregation – wie bei den naturwissenschaftlich orientierten Ansätzen – sondern durch Annahme ähnlichen Verhaltens gebildet werden" (Zumkeller 1999, S. 14). Verkehrsverhalten zu clustern bietet daher den Vorteil:

- die natürliche Komplexität des Verkehrsverhaltens zu reduzieren und
- im selben Augenblick die Tourenmuster und Tagesgänge des Einzelnen implizit zu erhalten (Lin et al. 2009, S. 637).

Der Vorzug der Clusterung kommt insbesondere bei der Handhabung und Segmentierung großer Datenmengen zum Tragen (Kettenring 2009). Anders etwa als das Sequence Alignment (siehe Deneke 2005; Schlich 2001, 2003; Varschen & Wagner

---

[88] Für eine umfassendere Darstellung zur Theorie und Historie von Mobilitätsstilen siehe Götz (2007).

2006) gewährleistet die Clusteranalyse eine hohe Performanz, auch bei hohen Fallzahlen, wie in der vorliegenden Arbeit.[89]

5.4.2 Auswahl und Verwendung der Clustervariablen

Die Aussagekraft einer Clusteranalyse hängt wesentlich von den verwendeten Variablen der Clusterung ab (Bahrenberg et al. 2003, S. 307). Schlich & Axhausen (2003, S. 19) bemerken, dass je mehr Kenngrößen zur Beschreibung des Verkehrsverhaltens genutzt werden, desto mehr Unterschiede zwischen Individuen entstehen. Dies führt dazu, dass bei einer Clusterung mit vielen endogenen Variablen ein verhältnismäßig geringer Teil der Varianz erklärt werden kann. Die Interpretation der Ergebnisse und dessen Plausibilität verlieren so unter Umständen an Qualität. Daher muss bereits im Vorfeld der Clusteranalyse definiert werden, welche Variablen zur Gruppenbildung herangezogen werden müssen.

Diese Arbeit nutzt für die Clusterung der Fahrzeugtage die Kenngrößen:

- Zielart und
- Fahrtzweck einer Fahrt.

Damit folgt der Autor der Aktivitäten basierten Betrachtung von Verkehrsverhalten (vgl. Stauffacher et al. 2005, S. 7f.). Im Vordergrund der Bildung homogener Gruppen stehen demnach nicht verkehrliche Kenngrößen wie Wegedauer und Fahrtendauer, sondern die Fahrt bzw. Tour auslösenden Aktivitäten. Die Aktivität eines Fahrzeuges kann mit Hilfe der KiD 2002 über den Fahrtzweck (etwa ‚Erbringung beruflicher Leistungen') bestimmt und über das Ziel bzw. die Zielart (etwa ‚Kundenhaushalt') noch präzisiert werden. Deneke (2005, S. 65) argumentiert ähnlich und weist darauf hin, dass ein Fahrzeug letztlich über zwei Zustände definiert werden kann, die Fahrt selbst und

---

[89] Die Sequenzanalyse ist ebenfalls in der Lage, auf Basis von Tagesgängen Individuen zu homogenen Gruppen zu bündeln. Deneke (2005) zeigt auch, dass die Resultate denen der Clusterung qualitativ nicht nachstehen. Obwohl etwa Deneke (2005), Schlich (2001) und Varschen & Wagner (2006) das Sequence Alignment nutzen, setzen die Autoren gleichzeitig auf die Clusteranalyse, da in der Anwendung der Sequenzanalyse, die ursprünglich aus der Biologie bzw. Biometrik stammt, methodisch noch eine zu hohe Ungewissheit hinsichtlich der Anwendung in der Verkehrsforschung besteht. Aus diesem Grund und mangels einer zufriedenstellenden Performanz, nutzt diese Arbeit ausschließlich die Clusteranalyse.

die Zeit, in der es steht (Aufenthalt). Vor diesem Hintergrund nutzt auch Machledt-Michael (2000a, S. 73) für die Gruppierung von Fahrzeugtagen die Fahrt- bzw. Aufenthaltszeit je Zielart in einer bestimmten Zeitscheibe (etwa 60 min). Wie in Kapitel 3.2.3 beschrieben, sind die auf diese Weise generierten Tagesgänge am besten geeignet, um das Verkehrsverhalten abzubilden.

Unter Verwendung mehrerer Variablensysteme testet Deneke (2005) unterschiedliche Kenngrößen auf deren Eignung zur Bildung homogener Verhaltensgruppen. Er kommt zu dem Schluss, dass die gleichzeitige Verwendung von Aufenthaltsort und Fahrtzweck eines Fahrzeugs, in Kombination mit einer tageszeitlich differenzierten Betrachtung, eine valide Basis zur Beschreibung des Verkehrsverhaltens darstellt.[90] Machledt-Michael (2000a, S. 89f.) betont, dass die tageszeitlich differenzierte Analyse der Fahrzeugaktivitäten gut geeignet ist, aussagekräftige Gruppen zu generieren.

Die Aktivitäten basierte Betrachtung von Verkehrsverhalten mittels Zeitscheiben ist nicht nur ein inhaltlich relevantes Vorgehen bei der Clusterung. Sie besitzt auch einen methodisch-praktischen Hintergrund. Die Variablen ‚Zielart' und ‚Fahrtzweck' sind in der KiD 2002 nominal skaliert (siehe Tabelle 5-10). Für eine Clusteranalyse mit dem Ward-Verfahren (siehe Kapitel 5.4) werden jedoch Variablen mit einem metrischem Skalniveau benötigt (Deneke 2005, S. 47). Daher ist es notwendig, aus den einzeln erfassten Wegen mit den einzelnen Kenngrößen Tagesgänge zu erzeugen.

Zur Erzeugung der Tagesgänge bzw. der Variablenstruktur, wie sie für die Clusteranalyse benötigt wird, werden die einzeln erfassten Fahrten (siehe Tabelle 5-10) in eine neu generierte Variablenstruktur gebracht.[91] Dafür werden zunächst Zeitscheiben festgelegt, die jeweils ‚x' Minuten des Tages repräsentieren und in der Summe den gesamten Tag abdecken. Jeder dieser Zeitscheiben werden die einzelnen sechs Fahrtzwecke (siehe Kapitel 5.3.1) und die neun möglichen Aufenthaltsorte

---

[90] Deneke (2005, S. 134ff.) bemerkt, dass auch weitere Variablensysteme (etwa ohne stündliche Differenzierung) zur Klassifizierung von Verkehrsverhalten geeignet sind. Die Beschreibung des Verkehrsverhaltens mittels Fahrtzweck, Aufenthaltsort und einer feinen zeitlichen (stündliche) Auflösung erweist sich insgesamt aber als stabilste Lösung.

[91] Für diese Prozedur wird ein am DLR-Institut für Verkehrsforschung entwickelter Java-Code genutzt, der die Umwandlung automatisch vollzieht.

zugeordnet. Auf diese Weise kann für jedes Fahrzeug eine Aussage getroffen werden, wie viel Minuten es pro Zeitscheibe für einen bestimmten Fahrtzweck aufgewendet oder an einem bestimmten Ort stehend verbracht hat.

Tabelle 5-10: Ursprüngliches Format der Clustervariablen in der KiD 2002.
Quelle: KiD 2002, eigene Zusammenstellung.

Fahr-zeug ID	Fahrt ID	Fahrtbeginn	Fahrt-ende	Quellart	Zielart	Fahrtzweck
i	j	t_d	t_a	P_o	P_d	z
1470112	1	07:30	07:45	Eigener Betrieb	Kundenhaushalt	Fahrt zur Erbringung beruflicher Leistungen
1470112	2	12:00	12:15	Kundenhaushalt	Eigener Betrieb	Rückfahrt zum Betrieb
1470112	3	12:45	12:55	Eigener Betrieb	Fremder Betrieb unternehmensextern	Fahrt zur Erbringung beruflicher Leistungen
1470112	4	15:50	16:00	Fremder Betrieb unternehmensextern	Eigener Betrieb	Rückfahrt zum Betrieb
1470125	1	06:00	07:30	Eigener Betrieb	Kundenhaushalt	Fahrt zur Erbringung beruflicher Leistungen
...	...	...	...	...	...	...
n	n	$t_{d,n}$	$t_{a,n}$	$P_{o,n}$	$P_{d,n}$	z_n

Deneke (2005) und Machledt-Michael (2000a) verwenden für die Clusterung der Tagesgänge 60 min-Zeitscheiben. Sie stellen aber beide fest, dass dies unter Umständen dazu führt, dass kürzere Aktivitäten, wie etwa mehrere Fahrten zum gleichen Zweck innerhalb einer Stunde, keinen gruppenbildenden Charakter haben (vgl. Deneke 2005, S. 68; Machledt-Michael 2000a, S. 90). Daher würde eine einzelne Fahrt von 30 min zum Zwecke der ‚Erbringung beruflicher Leistungen' genauso gewertet wie zwei kürzere Fahrten à 15 min, die beide dem gleichen Zweck (‚Erbringung beruflicher Leistungen') dienen. Da diese Arbeit darauf abzielt, charakteristische Tourenmuster zu erkennen und die Fahrt- bzw. Stoppanzahl entscheidende Kriterien zur Abgrenzung von Tourenmustern sein können, werden kleinere Zeitscheiben gewählt. Eine Analyse der KiD 2002 zeigt, dass 1.168 (11,9 %) der berücksichtigten Fahrzeuge innerhalb einer 60 min-Zeitscheibe mindestens zwei Fahrten zum selben Zweck unternehmen (siehe Anhang 4). Weitere Untersuchungen haben gezeigt, dass die Stoppdauer zwischen diesen Fahrten durchschnittlich 17,4 min betragen hat. Aus diesem Grund nutzt diese Arbeit Zeitscheiben mit einer Dauer von 15 min. Dadurch kann ein Großteil der kurzen

Aktivitäten abgedeckt werden und mehrere kurze Fahrten haben einen Einfluss auf die Clusterbildung.[92]

Für die 15 min-Zeitscheibe ergibt sich, dass eine Fahrt bzw. ein Aufenthalt im Minimum 0 min, höchstens aber 15 min in Anspruch nimmt.[93] Beispielsweise fuhr das Fahrzeug mit der ID 1470112 (siehe Tabelle 5-10) in der Zeitscheibe ‚7:30-7:45 Uhr' 15 min für eine ‚Fahrt zur Erbringung beruflicher Leistungen'. Die übrigen Fahrtzwecke dieser Zeitscheibe erhalten den Wert ‚0'. Das gleiche Vorgehen wird für den Aufenthaltsort umgesetzt. Entsprechend der einzelnen Angaben zur Zielart einer Fahrt können Informationen zum Aufenthaltsort eines Fahrzeuges generiert werden. Für das obige Beispiel mit der ID 1470112 ergibt sich für die Zeitscheibe ‚12:45-13:00 Uhr', dass das Fahrzeug den Wert ‚5' für den Aufenthaltsort ‚Fremder Betrieb unternehmensextern' erhält. Die ‚fehlenden' 10 min dieser Zeitscheibe sind auf die Fahrt zum Aufenthaltsort zurückzuführen (siehe oben). Die Fahrt und der Aufenthalt, als bestimmende Charakteristika der Fahrzeugnutzung, ergeben so in der Summe für jede Zeitscheibe 15 min.

Die Zeitscheiben, die die Nacht repräsentieren, werden zusammengefasst. Einerseits erfolgt dies aus pragmatischen Gründen, da in den Nachtstunden die betrieblichen Aktivitäten zumeist gering sind und eine Aggregierung einen sinnvollen Vergleich zu anderen Tageszeiten erlaubt (vgl. Wagner 2008, S. 22). Andererseits hat die Zusammenfassung statistische Hintergründe. Insbesondere die Nachtzeiten weisen bei

---

[92] Eine statistische Überprüfung zeigt, dass die Summe der quadrierten Euklidischen Distanz bei einer Clusterung mit 15 min-Zeitscheiben deutlich geringer ist als bei einer Clusterung mit 60 min-Zeitscheiben. Das bedeutet, dass die feinere Zeitaufteilung zu homogeneren Clusterlösungen führt. Die unterschiedliche Zeitscheibeneinteilung führt außerdem zu nachweislich verschiedenen Ergebnissen. Dies zeigt sowohl der Rand Index als auch eine inhaltliche Analyse der Ergebnisse. Bei einer Vier-Cluster-Lösung beträgt der Rand Index 0,86. Das bedeutet, 86 % der Fahrzeuge wurden in beiden Zeitscheibenaufteilungen gleich, 14 % jedoch verschieden gruppiert. Die Nutzung mehrerer Zeitscheiben (und damit Clustervariablen) führt des Weiteren nicht zu einer deutlich geringeren Varianzaufklärung. Eta² liegt bei einer Vier-Cluster-Lösung mit der 15 min-Zeitscheibe bei 37 %. Für die 60 min-Zeitscheiben ist sie mit 39 % nur geringfügig höher. (Zur Erläuterung der statistischen Maße siehe das folgende Kapitel 5.4.3 bzw. für technische Details des Rand Index' siehe Deneke 2005; Rand 1971.)

[93] Durch die Umwandlung in Variablen mit Werten zwischen 0 und 15 weisen alle Variablen ein einheitliches Messniveau mit gleicher Skala bzw. gleichem Intervall auf. Dies ist für die folgende Clusteranalyse ein wichtiges Kriterium (Deneke 2005, S. 65).

den im Personenwirtschaftsverkehr eingesetzten Fahrzeugen eine hohe Ähnlichkeit auf, sie stehen zum Großteil am eigenen Betrieb oder an einem privaten Aufenthaltsort. Da die Nachtzeit einen relativ hohen Anteil an allen Zeitscheiben hat, kommt ihr bei der Gruppenbildung homogener Tourencharakteristika eine hohe Bedeutung zu (Deneke 2005, S. 69). Durch das ähnliche Verhalten der Fahrzeuge in diesen Zeitscheiben kann das Auffinden von unterschiedlichen Tourencharakteristika während der täglichen Einsatzzeit erschwert oder gar verhindert werden (Schlich & Axhausen 2003, S. 25). Als Resultat dessen folgt diese Arbeit Deneke (2005) und fasst die Zeitscheiben zwischen 0 und 4 Uhr zusammen. Für die Zeit wird der Mittelwert für alle Fahrtzwecke und Aufenthaltsorte bestimmt und genutzt.

Tabelle 5-11Tabelle 5-11 zeigt schematisch die neu generierte Variablenstruktur, die als Basis der Clusteranalyse dient. Jeder Fahrzeugtag wird durch 1.215 Variablen repräsentiert. Diese ergeben sich aus:

81 Zeitscheiben x (6 Fahrtzwecke + 9 Aufenthaltsorte) = 1.215 Variablen.

Tabelle 5-11: Neu generierte Variablenstruktur für die Clusteranalyse.
Quelle: eigene Zusammenstellung.

Fahrzeug ID			Zeitscheiben (Uhrzeit)					
i	P, z	P_k, z_l	0-4	4:00-4:15	4:15-4:30	4:30-4:45	...	23:45-24:00
1	Fahrtzweck	1	Variable 1	Variable 2	Variable 3	Variable 4	Variable n	Variable 81
1	Fahrtzweck	2	Variable 82	Variable 83	Variable 84	Variable 85	Variable n	Variable 162
1	Fahrtzweck	...	...	...	...	...	...	...
1	Fahrtzweck	6	Variable 406	Variable 407	Variable 408	Variable 409	Variable n	Variable 486
1	Aufenthaltsort	1	Variable 487	Variable 488	Variable 489	Variable 490	Variable n	Variable 567
1	Aufenthaltsort	2	Variable 568	Variable 569	Variable 570	Variable 571	Variable n	Variable 648
1	Aufenthaltsort	...	...	...	...	...	...	...
1	Aufenthaltsort	9	Variable 1135	Variable 1136	Variable 1137	Variable 1138	Variable n	Variable 1215
2	Fahrtzweck	1	Variable 1	Variable 2	Variable 3	Variable 4	Variable n	Variable 81
2	Fahrtzweck	2	Variable 82	Variable 83	Variable 84	Variable 85	Variable n	Variable 162
2	Fahrtzweck	3	Variable 163	Variable 164	Variable 165	Variable 166	Variable n	Variable 243
...		...	Variable n	Variable n	Variable n	Variable n	Variable n	Variable n

5.4.3 Statistische Spezifika der durchgeführten Clusteranalyse

Im Rahmen dieser Arbeit wird dem Prinzip einer Two-Step Clusteranalyse gefolgt (vgl. Wiedenbeck & Züll 2001, S 16). Zunächst wird eine hierarchische Clusteranalyse durchgeführt (Distanzmaß: quadrierte Euklidische Distanz, Fusionierungsalgorithmus: Ward Verfahren). Ziel dieser Analyse ist, die Clusteranzahl zu bestimmen, die den Datenbestand am besten in homogene Gruppen unterteilt. In einem zweiten Schritt werden die Clustermittelpunkte des ersten Schrittes als Ausgangsbasis für eine partitionierende k-means Clusterung genutzt (Lenz & Nobis 2007, S. 194f.).[94] Auf diese Weise kann eine höhere Homogenität innerhalb eines Clusters erreicht werden, da die einzelnen Fälle iterativ dem nächstliegenden Clustermittelpunkt zugeordnet werden (vgl. Bahrenberg et al. 2003, S. 295f.). Für die Ergebnisanalysen dieser Arbeit werden ausschließlich die Resultate der k-means Clusterung (nach dem zweiten Schritt) genutzt.

Die Durchführung einer Clusteranalyse erfordert die Entscheidung, wie viele Cluster als Ergebnis verwendet werden sollen. Dafür gibt es statistische Methoden wie etwa die Bestimmung signifikanter Fusionsschritte (etwa Wishart 2006, S. 45f.). Eine gebräuchliche statistische Hilfestellung ist die Analyse des Heterogenitätsmaßes (Backhaus et al. 2006, S. 534).[95] Mithilfe dieser Größe lassen sich sowohl ein Dendrogramm als auch ein Diagramm zur Nutzung des Elbow-Kriteriums erstellen. Beide Optionen dienen dem optischen Auffinden sprunghafter Anstiege des Heterogenitätsmaßes und ermöglichen so die Festlegung auf eine Clusteranzahl. Diese Herangehensweise wird in dieser Arbeit nach dem ersten Schritt der Two-Step Clusteranalyse genutzt. Auf diese Weise wird für den zweiten Schritt, die k-means Clusteranalyse, die Clusteranzahl vorgegeben. Ergänzend zu den statistischen Methoden, wird nach der erfolgten Two-Step Clusterung die Clusteranzahl auf inhaltliche Konsistenz geprüft. Unabhängig von der statistischen Prüfung ist es entscheidend, dass die gefundene Lösung inhaltlich nachvollzieh- und interpretierbar ist

---

[94] Für ausführliche Diskussionen zu Fusionierungsalgorithmen und Distanzmaßen bei Clusteranalysen sowie für eine technische Darstellung siehe etwa Deneke (2005), Wiedenbeck & Züll (2001) sowie Wishart (2000).

[95] Als Heterogenitätsmaß dient in dieser Arbeit beim Ward-Verfahren die Fehlerquadratsumme (quadrierte Euklidische Distanz).

(Backhaus et al. 2006, S. 536, Deneke 2005, S. 52). Führen sowohl die statistische als auch die inhaltliche Überprüfung zu validen Ergebnissen, wird die Clusterlösung mit der entsprechenden Clusteranzahl beibehalten.

Für die Clusteranalyse wird das Programm ‚ClustanGraphics8' verwendet (Wishart 2006). Es bietet neben der hierarchischen Clusteranalyse den Vorteil, die in das Programm implementierte Focal Point Analyse nutzen zu können (Wishart 2000). Hierbei handelt es sich um eine spezielle Form der Anwendung der k-means Cluster Algorithmen. Der wesentliche Vorteil der Focal Point Analyse ist die Möglichkeit, verschiedene Objektreihenfolgen und Startpunkte bei der Clusterung zu nutzen (Wiedenbeck & Züll 2001, S. 16). Clusterverfahren, insbesondere die k-means Analyse, sind in ihrem Ergebnis stark abhängig von der Fallreihenfolge (Wishart 2000, S. 2). Durch die in ClustanGraphics8 verfügbaren ‚Trials' kann die gleiche Clusteranalyse ‚x'-mal durchgeführt werden, wobei jedes Mal die Fälle bzw. Objekte der Clusterung vor Beginn der Analyse in eine zufällige Reihenfolge gebracht werden. Am Ende der Prozedur werden mehrere Clusterlösungen vorgestellt. Jeder Clusterlösung ist zu entnehmen, wie oft sie in den ‚x'-mal durchgeführten Trials auftrat und wie die Summe der quadrierten Euklidischen Distanz ausfällt. Mit Hilfe der Kombination beider Informationen lässt sich eine stabile Clusterlösung erkennen. Zu bevorzugen ist in der Regel die Clusterung mit der kleinsten quadrierten Euklidischen Distanz, da sie die homogenste Lösung repräsentiert. Tritt eine andere Lösung mit nur minimal größerer quadrierter Euklidischer Distanz jedoch deutlich häufiger auf, ist inhaltlich zu prüfen, welche Lösung die plausiblere darstellt.

Eine Clusteranalyse ist sehr sensitiv im Hinblick auf Ausreißer, also Fälle (hier Fahrzeuge), die sich in ihren Merkmalen deutlich anders ausprägen als die übrigen zu gruppierenden Objekte (Deneke 2005, S. 56). Wie im Kapitel 5.3.1 zur Plausibilisierung beschrieben, ist es nicht sinnvoll, Fälle mit stark abweichenden Werten von der Untersuchung auszuschließen, da die Werte tatsächlich, wenn auch selten, in der Realität beobachtbar und somit von Interesse bei der Identifizierung verschiedener Verhalten im Personenwirtschaftsverkehr sind (vgl. Deneke 2005, S. 102). Dennoch ist es für das Auffinden möglichst homogener Fahrzeuggruppen mit ähnlichem Verkehrsverhalten von Vorteil, wenn die Ausreißer zunächst unberücksichtigt bleiben. Die Focal Point Analyse ermöglicht es, in einem ersten Clusterungsschritt (first stage analysis) einen bestimmten prozentualen Anteil Ausreißer außer Betracht zu lassen, um die Qualität und Stabilität der gefunden Clusterlösung zu erhöhen (Wishart 2006, S. 36). In einem zweiten Schritt (second stage analysis) werden die Ausreißer dann entsprechend ihrer Merkmalsausprägungen den gefundenen Clustern zugeordnet. Dieses Vorgehen hat den Vorteil, dass alle Fälle statistisch valide gruppiert werden und nicht, wie bei Machledt-Michael (2000a) oder Deneke (2005, S. 106), Ausreißer im Nachgang an die Analyse „ingenieurmäßig" (Machledt-Michael 2000a, S. 90), nach inhaltlichen Kriterien zugeordnet werden. In dieser Arbeit werden 5 % aller Fälle als Ausreißer festgelegt. Das bedeutet, dass die 453 Fälle mit der größten quadrierten Distanz zum jeweils nächsten Clustermittelpunkt aus der ersten Clusterbildung ausgespart werden. Im zweiten Schritt werden die Ausreißer den nächstgelegenen Clustern zugeordnet.

Die Güte (Stabilität) der Clusterlösung wird einerseits durch die Focal Point Analyse gewährleistet und andererseits mittels Eta^2 gemessen (vgl. Hebes et al 2010). Eta^2 gibt an, wie viel Varianz durch die Clusterlösung erklärt wird (Deneke 2005, S. 47f.). Es erreicht maximal den Wert ‚1', was einer vollständigen Varianzerklärung entspricht. Dieser Wert wird nur erreicht werden, wenn es so viele Cluster wie Fälle gibt. Mit jeder Verschmelzung zweier Cluster zu einer neuen Gruppe nimmt die Homogenität innerhalb eines Clusters ab und sinkt die erklärte Varianz. Eta^2 gibt daher Auskunft, wie homogen unterschiedliche Clusterlösungen sind, die sich in Clusteranzahl und Clustermittelpunkten unterscheiden.

Zur Interpretation der finalen Clusterlösung müssen nicht notwendigerweise nur die zur Clusterung herangezogenen Variablen berücksichtigt werden. Zwar sind die 1.215 verwendeten Variablen geeignet, die Tourencharakteristika zu identifizieren und zu differenzieren. Eine auf 1.215 Variablen basierende statistische Beschreibung ist jedoch nicht zielführend. In der Forschungspraxis ist es üblich, weitere Kenngrößen zur Analyse heranzuziehen (etwa: Franken & Lenz 2005; Iddink 2010; Lenz & Nobis 2007; Machledt-Michael 2000a, S. 100). Daher werden zur Interpretation der Cluster in dieser Arbeit einzelne Kenngrößen des Verkehrsverhaltens herangezogen (siehe Kapitel 3.2.1).

Die Ergebnisse der Clusterlösung werden sowohl für die methodische Ebene 1 als auch für Ebene 3 benötigt. Die Cluster dienen als abhängige (endogene) Variable für die im nachstehenden Kapitel 5.5 beschriebene multinomiale logistische Regression.

5.5 Regressionsmodelle zur Bestimmung der unternehmerischen Rolle

Dieses Kapitel dient der Beschreibung von Merkmalen und der Anwendung von Regressionsmodellen, die für die analytische Überprüfung der Hypothesen notwendig sind (Kapitel 5.5.1). Im Vordergrund stehen die Darstellung des Anwendungsprinzips sowie die praktische Durchführung in dieser Arbeit. Dem folgend, präsentiert Kapitel 5.5.2 die Operationalisierung der exogenen und endogenen Faktoren, die in die Modelle einbezogen werden.

5.5.1 Merkmale und Anwendung der Regressionsmodelle

Zur Bestimmung der unternehmerischen Rolle beim Verkehrsverhalten stehen verschiedene statistische Methoden zur Verfügung. Einerseits nutzt der Autor die deduktiven, beschreibenden Statistiken, wie die univariate Häufigkeitsverteilung und die bivariaten Zusammenhangsmaße.[96] Für die Überprüfung der formulierten Hypothesen wird andererseits auf die schließende, induktive Statistik zurückgegriffen. Die beiden relevantesten, induktiven, multivariaten Analysen zur Bestimmung von Einflüssen auf das Verkehrsverhalten in der Verkehrsforschung sind:

- Strukturgleichungsmodelle (Structural Equation Model, SEM; etwa: Acker & Witlox 2010; Lois & López-Sáez 2009) und
- Discrete Choice-Modelle (etwa: Alexander et al. 2010; Bühler 2008).

Die SEM sind zwar in der Lage, endogene und exogene Variablen in Beziehung zu setzen und Abhängigkeiten zu untersuchen. Sie setzen aber einerseits voraus, dass bestehende Beziehungen innerhalb exogener Variablen bekannt sind, andererseits werden binär oder metrisch kodierte abhängige Variablen benötigt (Golob 2003). Um ein SEM zu formulieren, bestehen in dieser, nach Grundlagen forschenden Arbeit zu wenige Erkenntnisse. Hinzu kommt, dass die abhängige Variable der methodischen Ebenen 1 und 3 eine nominale endogene Variable darstellt (siehe Kapitel 5.5.2). Folglich ist das SEM nicht für den methodischen Ansatz dieser Arbeit geeignet. Daher wird auf Discrete Choice-Modelle zurückgegriffen.

---

[96] Auf diese grundlegenden statistischen Verfahren wird im Rahmen dieser Arbeit nicht näher eingegangen. Für eine Übersicht zur deduktiven Statistik siehe etwa Bahrenberg et al. (1999).

Zu den Discrete Choice Modellen, deren mathematischer Ursprung in den 1920er Jahren lag, zählen u. a. das binomiale logistische Regressionsmodell, das multinomiale logistische Regressionsmodell (MNL), das Nested Logit Modell, das Probit Modell und das Mixed Multinomial Logit Modell (Commins & Nolan 2011, S. 260f.; Temme 2007). Welches dieser Modelle zum Einsatz kommt, hängt im hohen Maße von den zur Verfügung stehenden Daten und deren Ausprägung (Skalierung, Korrelationen etc.) ab. Darüber hinaus weisen die einzelnen Modellansätze statistische Beschränkungen auf, die eine zielorientierte Auswahl des zutreffenden Discrete Choice Modells erfordert (vgl. Temme 2007, S. 331).

Logistische Regression der methodischen Ebenen 1 und 3

Die vorliegende Arbeit nutzt für die methodischen Ebenen 1 und 3 (siehe Abbildung 5-1) das MNL. Das multinomiale logistische Regressionsmodell kann nominal skalierte Zielvariablen und metrische sowie kategoriale, exogene Variablen verarbeiten. Damit ist das MNL für die zur Verfügung stehenden Daten geeignet.[97] Es wird durch die folgende Gleichung beschrieben (Temme 2007, S. 329):

$$P_n(i) = \frac{e^{V_{in}}}{\sum_j e^{V_{jn}}} \qquad (1)$$

V_n beschreibt die deterministischen Einflussgrößen, die in dieser Arbeit durch die exogenen Faktoren abgebildet werden. Das MNL berechnet für ein Individuum (n; hier: Fahrzeug), mit welcher Eintrittswahrscheinlichkeit P eine Alternative (i; hier:

---

[97] Zwar kommt auch das Mixed Multinomial Logit Model (MMNL, Temme 2007, S. 334) für die vorliegende Arbeit in Betracht, insbesondere da mehrere Betrachtungsebenen (Fahrzeugtage, Fahrzeuge und Unternehmen) miteinander verknüpft („mixed") werden (Chikaraishi et al. 2009, S. 6). Da das MMNL, welches der besseren Schätzung der Störterme dient (Goulias 2002, S. 46), nur geringe Änderungen der Parameterschätzer erwarten lässt und die Prozedur zur Berechnung eines solchen Modells bisher kaum in statistischen Programmen verankert ist (Temme 2007, S. 341), ist der Mehraufwand eines MMNL gegenüber einem MNL in dieser Arbeit nicht gerechtfertigt.

Verkehrsverhalten) gegenüber einer anderen Alternative (j) gewählt wird (Backhaus et al. 2006, S. 429; Bühler 2008, S. 383f.).[98]

Eine wesentliche Kritik am MNL ist die IIA-Annahme (Independance of Irrelevant Alternatives; Commins & Nolan 2011, S. 260f.; Temme 2007, S. 330). In vielen Anwendungsfällen des MNL kann nicht davon ausgegangen werden, dass die zur Verfügung stehenden Wahlalternativen (i, Choices) voneinander unabhängig sind, etwa die Entscheidung beim Autokauf zwischen Mercedes A-Klasse und BMW 1er (Temme 2007, S. 330).[99] Dies kann zu Verzerrungen der Parameterschätzer im Modell führen. Als Wahlalternativen dienen in der vorliegenden Arbeit die Cluster, die für bestimmte Tourencharakteristika (Verkehrsverhalten) stehen. Da die Clusteranalyse zu einer hohen Homogenität innerhalb eines Clusters und einer möglichst großen Heterogenität zwischen einzelnen Clustern führt, sind die Tourencharakteristika derart unterschiedlich, dass von einer Unabhängigkeit der Alternativen ausgegangen werden kann (vgl. Bühler 2008, S. 386). Das IIA Kriterium ist in dieser Arbeit erfüllt.

Einen weiteren Hinweis, dass MNL im verkehrswissenschaftlichen Kontext zielführend genutzt werden können, bieten zahlreiche aktuelle Arbeiten. Logistische Regressionsmodelle werden intensiv in Studien genutzt, um Verkehrsverhalten mit exogenen Variablen zu erklären (etwa: Bühler 2008; Davidov et al. 2002; El Esawey & Ghareib 2009; Limtanakool et al. 2006; Ruan et al. 2010).

Zur Überprüfung der Modellergebnisse der MNL werden mehrere Testgrößen herangezogen. Zunächst wird sichergestellt, dass keine Multikollinearität der unabhängigen, erklärenden Variablen vorliegt. Dies kann zu einer Verzerrung der Parameterschätzer führen (Backhaus et al. 2006; Bühler 2008, S. 480). Die exogenen

---

[98] Für ausführliche technische Beschreibungen des Modells siehe u. a. Backhaus et al. (2006) und Temme (2007).

[99] Das IIA-Kriterium bezieht sich auf in der Realität tatsächlich zu treffende Entscheidungen, etwa: die Wahl eines Verkehrsmittels (ÖPNV oder Pkw). In dieser Arbeit wird das MNL als statistisches Tool angewandt. Die Unternehmen können nicht ‚entscheiden', ob sie zu einem Cluster oder zu einem anderen gehören. Sie haben nicht tatsächlich die Wahl (Choice), die vom IIA-Kriterium angesprochen wird. Dennoch gilt es, aus mathematischer Sicht, die Bedeutung des Kriteriums, nämlich die Verzerrung der Parameterschätzer, für eine Analyse der Modellresultate zu berücksichtigen.

Variablen werden, je nach Skalenniveau, mit verschiedenen statistischen Tests (Eta, Cramér V, Spearmans Rangkorrelationskoeffizient) auf Abhängigkeiten überprüft. Ergeben die Überprüfungen keine Abhängigkeiten, können alle exogenen Variablen im Modell berücksichtigt werden und die Parameterschätzer sind als valide zu bezeichnen.

Die Überprüfungen der Modellvoraussetzungen sowohl für Ebene 1 als auch Ebene 3 zeigen, dass die Kriterien für ein valides MNL erfüllt sind.[100] Die Güte des Modells wird außerdem mit dem Likelihood-Quotienten-Test, dem Peseudo-R^2 Wert nach Nagelkerke und dem Kriterium der proportionalen Zufallswahrscheinlichkeit bewertet (vgl. Bühler 2008, S. 386; Hebes et al. 2010, S. 14). Der Likelihood-Quotienten-Test gibt Auskunft über die Güte der Modellanpassung. Fällt der Test signifikant aus (i. d. R. $\alpha \leq 5\,\%$), tragen „die unabhängigen Variablen in ihrer Gesamtheit zur Trennung der Ausprägungskategorien" (Backhaus et al. 2006, S. 445) bei. Das würde für diese Arbeit bedeuten, dass die exogenen Variablen statistisch valide das Verkehrsverhalten erklären können und das berechnete Modell Aussagen zur Rolle der Unternehmen treffen kann. Wie gut die exogenen Faktoren das Verkehrsverhalten erklären, beschreibt der Pseudo-R^2 Wert nach Nagelkerke.[101] Er gibt Auskunft, wie viel Varianz der abhängigen Variable durch die unabhängige Variable erklärt werden kann. Ab einem Wert von:

- 0,2 ist das errechnete Modell als ‚akzeptabel',
- ab 0,4 als ‚gut' und
- ab 0,5 als ‚sehr gut' zu bezeichnen (Backhaus et al. 2006, S. 456).

Das Kriterium der proportionalen Zufallswahrscheinlichkeit (PZW) beschreibt, wie gut ein Modell die beobachteten Werte vorhersagt. Liegt die ‚hit ratio' des Modells über der PZW, bedeutet dies, dass das Modell die betrachteten Fahrzeuge besser dem Verkehrsverhalten zuordnet als eine zufällige Verteilung (Backhaus et al. 2006, S. 456, 478). Je mehr vorhergesagte Werte mit den beobachteten übereinstimmen, desto höher

---

[100] Die Ergebnisse der Kriterienprüfungen können für die erste methodische Ebene dem Anhang 6, für die dritte methodische Ebene dem Anhang 16, dem Anhang 17 und dem Anhang 18 entnommen werden.

[101] Zwar gibt es weitere Pseudo-R^2 Werte, etwa ‚McFaddens-R^2' und ‚Cox & Snell-R^2'. Da aber nur der Nagelkerke-R^2 den Maximalwert ‚1' erreichen kann und damit gut interpretierbar ist, ist ihm für eine Modellbeurteilung der Vorzug zu geben (Backhaus et al. 2006, S. 449).

ist die Modellgüte einzuschätzen. Die Resultate zur Modellgüte werden in Kapitel 6.2 erläutert.

Lineare Regression der methodischen Ebene 2

Für die methodische Ebene 2 (siehe Abbildung 5-1) kann keine multinomiale logistische Regression gerechnet werden. Die abhängige Variable (y) ist metrisch skaliert. Daher wird eine multiple lineare Regression für die Bestimmung der unternehmerischen Rolle herangezogen. Sie findet in der Verkehrsforschung in vielen Fragestellungen Anwendung (u. a. Iddink 2010; Menge & Hebes 2008; Targa et al. 2005). Wie bei der MNL untersucht auch die multiple lineare Regression die Abhängigkeit einer endogenen Variable (y) von mehreren exogenen Variablen (x_k). Die multiple lineare Regression bestimmt unter Berücksichtigung der stochastischen Komponente (ε) einen vorhergesagten Wert (y) für jedes beobachtete Individuum (i). Die Formel für die multiple lineare Regression lautet in Anlehnung an Janssen & Laatz (2007, S. 419):

$$y_i = \beta_0 + \beta_1 x_{1,i} + ... + \beta_k x_{k,i} + \varepsilon_i \qquad (2)$$

Für die multiple lineare Regression gelten mehrere Voraussetzungen, die erfüllt sein müssen, damit das Modellergebnis als valide gilt. Dies sind:

- die Vermeidung von Multikollinearität,
- die Vermeidung von Heteroskedastizität und
- eine annähernde Normalverteilung der Residuen (Janssen & Laatz 2007, S. 420).

Das Vorhandensein von Multikollinearität wird, wie bei der MNL (siehe oben), mit in SPSS implementierten statistischen Tests geprüft. Zusätzlich werden der Variance Inflation Factor und die Toleranz als statistische Prüfgrößen herangezogen (vgl. Bühler 2008, S. 298f.). Heteroskedastizität liegt vor, wenn die Varianz der Verteilung der endogenen Variable (y) mit steigenden Werten der exogenen Variablen (x) nicht konstant ist (Janssen & Laatz 2007, S. 420). Ist dies der Fall, können die Parameterschätzer (β) nicht sinnvoll bestimmt und interpretiert werden. Ob

Heteroskedastizität gegeben ist, wird mit dem Glejser-Test überprüft (Glejser 1969).[102] Die Normalverteilung der Residuen (ε) ist notwendig für eine statistische Signifikanzprüfung der Parameterschätzer (Janssen & Laatz 2007, S. 420). Ob eine Normalverteilung vorliegt, wird über den Shapiro-Wilk-Test geprüft (vgl. Janssen & Laatz 2007, S. 250).

Die Überprüfungen der drei Modellvoraussetzungen zeigen durchgängig, dass die Kriterien für ein valides lineares Regressionsmodell erfüllt sind.[103] Die Modellgüte der multiplen linearen Regression wird außerdem mit dem Bestimmtheitsmaß B (R^2) sowie der Zerlegung der Varianz (F-Test) überprüft. Die Resultate zur Modellgüte werden in Kapitel 6.2 erläutert.

Alle Regressionsmodelle dieser Arbeit werden mit SPSS 18 berechnet. Die Modelle basieren auf den Haupteffekten der Variablen. Die Modelle und die statistischen Tests zur Prüfung der Modellvoraussetzungen werden ungewichtet berechnet. Zwar stehen Design- und Redressement-Gewichte zur Verfügung (siehe Kapitel 5.2). Da aber die berechneten Modelle die Gewichtungsvariablen als exogene Faktoren einbeziehen (etwa Mitarbeiteranzahl und Wirtschaftszweig), wird eine Gewichtung unnötig. Die disproportionale Schichtung bzw. die Verzerrung durch Non-Response wird durch die Modellierung berücksichtigt (Kish 1990, S. 128). Da das Modell selbst ungewichtet berechnet wird, werden auch die Modellvoraussetzungen, insbesondere die Multikollinearität, ungewichtet überprüft. Auf diese Weise kann eine inhaltliche und statistische Konsistenz gewährleistet werden.

5.5.2 Operationalisierung der exogenen und endogenen Variablen

Zur Berechnung der Regressionsmodelle müssen die einbezogenen endogenen und exogenen Faktoren spezifiziert werden. Diese sind zumeist latent und damit nicht direkt messbar. Entsprechend des vorliegenden, aufbereiteten Datenmaterials müssen den

---

[102] Für den Test werden die nicht standardisierten geschätzten Werte der endogenen Variable und die absoluten Werte der nicht standardisierten Residuen verwendet. Für technische Details siehe Glejser (1969).

[103] Die Beschreibung zum detaillierten Vorgehen zur Überprüfung der Modellvoraussetzungen sowie die Ergebnisse der Prüfungen können den Anhängen entnommen werden (Anhang 7 bis Anhang 15).

einzelnen Faktoren messbare Indikatoren zugewiesen werden, die für die Modellbildung wesentlich sind (vgl. Wessel 1996, S. 157). Bei der Auswahl und Bildung der Indikatoren wurden die statistischen Anforderungen von Regressionsmodellen (siehe Kapitel 5.5.1) berücksichtigt. Eine ausführliche Darstellung und Erläuterung der Prüfung der Modellvoraussetzungen finden sich ab Anhang 6.

Endogene Faktoren

Entsprechend des methodischen Konzepts dieser Arbeit (siehe Abbildung 5-1) bildet die gefundene Clusterlösung für die Ebenen 1 und 3 die endogene Variable (siehe Abbildung 5-9).

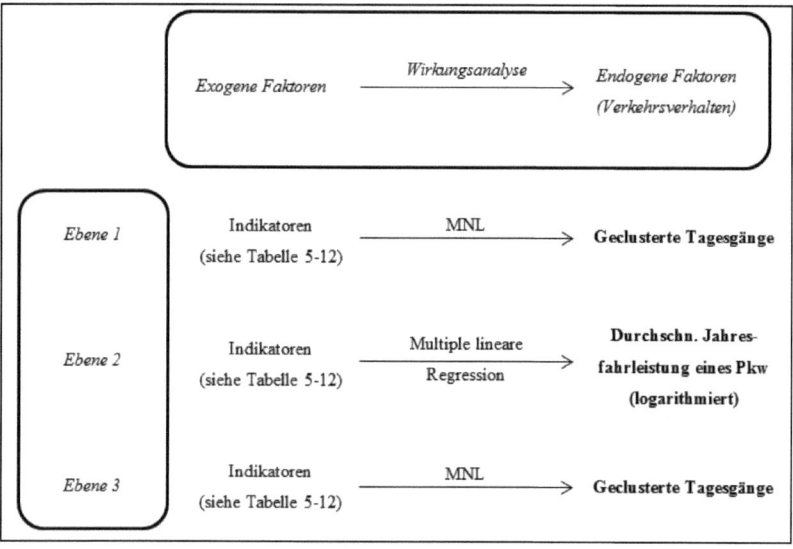

Abbildung 5-9: Operationalisierung der endogenen Faktoren.
Quelle: eigener Entwurf.

Wie in Kapitel 5.4 dargestellt, resultiert aus der Clusteranalyse der Tagesgänge eine nominale Variable, die am detailliertesten Auskunft zum Verkehrsverhalten eines Fahrzeugs gibt. Sie dient für das MNL als abhängige Variable.

Für die methodische Ebene 2, der ausschließlich die DLVS zugrunde liegt, gibt es nur wenige Indikatoren, die das Verkehrsverhalten der Unternehmen repräsentieren. Die DLVS bietet ausschließlich aggregierte Kenngrößen, die als endogene Variable genutzt werden können. Da im Fokus dieser Studie der Motorisierte Individualverkehr liegt und auch die KiD 2002 Daten zum Verhalten von Kfz liefert, wird aus der DLVS die ‚durchschnittliche Jahresfahrleistung eines Pkw (logarithmiert)' (in km) für das lineare Regressionsmodell herangezogen (siehe Abbildung 5-9).[104] Dies gewährleistet einerseits den größtmöglichen inhaltlichen Bezug zur KiD 2002. Andererseits ist die Fahrleistung ein häufig genutzter Indikator, um das Verkehrsverhalten zu beschreiben (u. a. Browne & Allen 2006; Bühler 2008; Hebes et al. 2010; Nobis & Luley 2005, S. 4). Obwohl laut KiD 2002 der Pkw mit 36,2 % nur am zweithäufigsten als Fahrzeugart für den Personenwirtschaftsverkehr genutzt wird (siehe Tabelle 5-8), spiegelt die durchschnittliche Fahrleistung eines Pkw das Verkehrsverhalten von Unternehmen gut wider.[105]

Exogene Faktoren

In Kapitel 4.3.2 wurden die für die Hypothesen relevanten exogenen Faktoren präsentiert (siehe Tabelle 4-3). Auch diese müssen, wie die endogenen Variablen, für die einzelnen methodischen Ebenen operationalisiert werden. Die Operationalisierung richtet sich sowohl nach den Variablen, die in der KiD 2002 und der DLVS enthalten sind, als auch nach der Formulierung der Alternativhypothesen Hx_1 (siehe Kapitel 4.3.3 bis 4.3.6).

Tabelle 5-12 fasst die Indikatoren der exogenen Faktoren, systematisiert nach Faktorengruppe, methodischer Ebene und Datenquelle, zusammen. Im Folgenden wird auf die Bildung der exogenen Indikatoren eingegangen.

---

[104] Das Logarithmieren der Fahrleistung ergibt sich aus den Modellkriterien (Homoskedastizität, siehe Kapitel 5.5.1 und für eine detaillierte Beschreibung Anhang 13).

[105] Hinzu kommt, dass für die durchschnittliche Jahresfahrleistung von Lkw (insbesondere der LNFZ) eine geringere Datendichte herrscht, da nicht alle Fuhrparks der Unternehmen diese Fahrzeugart aufweisen. Entsprechend geringer fiele die zur Verfügung stehende Fallzahl aus, würde die Fahrleistung der Lkw als endogene Variable dienen.

Tabelle 5-12: Operationalisierung der exogenen Faktoren.
Quelle: eigene Zusammenstellung, Daten: DLVS, KiD 2002.

Faktorengruppe		Faktor	Indikator			
			Beschreibung	Messniveau	methodische Ebene	Datenquelle
interne Faktoren	Struktur	Wirtschaftsabschnitt	Zugehörigkeit zu WZ-Abschnitten 2003	nominal	1 2; 3	KiD 2002 DLVS
		Größe des Unternehmens	Mitarbeiteranzahl (klassiert)	ordinal	1 2; 3	KiD 2002 DLVS
		Betriebsstandort	Regionsgrundtyp gemäß BBR	nominal	1 2; 3	KiD 2002 DLVS
		Anzahl Unternehmenseinheiten	Anzahl deutscher Betriebsstandorte des Unternehmens	metrisch	2; 3	DLVS
	Prozess	Entscheidungsbefugnisse Verkehrsmittelwahl	Entscheidungsbefugter der Verkehrsmittelwahl	nominal	2; 3	DLVS
		Entscheidungskriterien Verkehrsmittelwahl	Entscheidungskriterium der Verkehrsmittelwahl	nominal	2; 3	DLVS
		Regelung zur Nutzung von Firmenwagen	Regelung zur Nutzung von Firmenwagen	nominal	2; 3	DLVS
		Einsatz von betrieblichem Mobilitätsmanagement	Anzahl Mitarbeiter, für die eine Bahncard bereitgestellt wird	metrisch	2; 3	DLVS
		innerbetriebliche Touren- bzw. Fahrten- und Wegeplanung (inkl. Nutzung von IKT)	Einsatz von IKT zur Touren- bzw. Fahrten- und Wegeplanung bzw. -steuerung	binär	2; 3	DLVS
externe Faktoren	Struktur	Kundenanzahl	Anzahl Kunden innerhalb der letzten 12 Monate	ordinal	2; 3	DLVS
		Standort der Kunden	Anteil der regionalen (bis zu 50 km Entfernung) Kunden an allen Kunden	metrisch	2; 3	DLVS
	Prozess	erbrachte Dienstleistungen	Anzahl der für Dritte erbrachten Dienstleistungen	metrisch	2; 3	DLVS
		Kommunikations- und Kooperationsformen mit den Kunden (inkl. Nutzung von IKT)	Einsatz von IKT zur Erbringung von Dienstleistungen	binär	2; 3	DLVS

Der Wirtschaftsabschnitt, als *interner Strukturfaktor*, wird durch die Zugehörigkeit zu einem Wirtschaftsabschnitt der Klassifikation WZ 2003 wiedergegeben. Er ist nominal skaliert und findet in allen drei Ebenen Berücksichtigung, da sowohl KiD 2002 als auch DLVS diesen Indikator beinhalten.[106]

Unter Berücksichtigung der Erkenntnisse aus der Clusterung des Verkehrsverhaltens (siehe Kapitel 6.1) werden einzelne Wirtschaftsabschnitte für die Regressionsrechnungen in dieser Arbeit zusammengefasst.[107]

Die Größe des Unternehmens wird über die Anzahl der Mitarbeiter gemessen. Zwar wäre auch eine Operationalisierung über den Jahresumsatz denkbar. Die Responserate für diese Kenngröße liegt jedoch unter der der Mitarbeiterzahlen. Da die Mitarbeiterzahlen eine hohe Spannweite aufweisen, ist es für ein Modell wenig zielführend, diese Größe metrisch skaliert zu belassen. Eine Änderung um eine Einheit (1 Mitarbeiter) würde nur marginale, kaum zu interpretierende Änderungen der abhängigen Variable bedeuten. Daher wird eine Klassifizierung der Mitarbeiterzahlen vorgenommen, wobei sich diese Arbeit an der europäischen Klassifikation für Klein-

---

[106] Die KiD 2002 verwendet die WZ93 aus dem Jahr 1993 und die DLVS die WZ03 aus dem Jahr 2003. Zwar gab es zwischen beiden Klassifikationen Änderungen in den Zuordnungen einzelner Wirtschaftsaktivitäten. Diese betreffen jedoch nicht die Zuordnung zu den hier verwendeten Wirtschaftsabschnitten. Änderungen ergeben sich nur auf detaillierteren Ebenen (Abteilungen und darunter). Daher werden in dieser Arbeit die WZ93 und die WZ03 gleichgesetzt.

[107] Die Reduktion auf acht Kategorien ermöglicht einerseits die Berechnung valider Regressionsmodelle und erlaubt andererseits eine aussagekräftige Interpretation der Wechselwirkung von Wirtschaftsabschnitt und Verkehrsverhalten. Eine Aggregierung der Wirtschaftsabschnitte zu drei Sektoren, entsprechend der bundesdeutschen Statistik (siehe Kapitel 5.6.3 zum Vergleich), würde für eine Analyse des Einflusses der exogenen Variable ‚Wirtschaftsabschnitt' auf das Verkehrsverhalten nicht ausreichen. Auf Basis der empirischen Erkenntnisse, die belegen, dass ausgewählte Wirtschaftsabschnitte für die Verhaltenscluster eine besondere Rolle spielen (siehe Tabelle 6-2), werden die 16 Abschnitte daher zu acht Bereichen zusammengefasst. Bei den acht Wirtschaftsbereichen handelt es sich um:

- 'Primärer Sektor (Wirtschaftsabschnitte A; B)',
- ‚Bergbau und Energieversorgung (C; E)',
- ‚Verarbeitendes Gewerbe (D)',
- ‚Baugewerbe (F)',
- ‚Handel und Instandhaltung (G)',
- 'Gastgewerbe, Verkehr, Kredit- und Versicherungsgewerbe (H; I; J)',
- ‚Grundstückswesen, Datenverarbeitung, F&E DL überwiegend für Unternehmen (K)' und
- ‚Tertiärer Sektor, übrige Dienstleistungen (L; M; N; O; Q)'.

und mittelständische Unternehmen orientiert (vgl. Europäischen Kommission 2005, S. 14).[108]

Der Betriebsstandort wird über die Regionsgrundtypen des BBR dargestellt. Dies sind die Kategorien: Agglomerationsraum, Verstädterter Raum und Ländlicher Raum. Die Anzahl der Unternehmenseinheiten wird gemessen über die Anzahl der Standorte in Deutschland. Zwar bestehen auch Informationen zur weltweiten Standortanzahl. Mit Hinblick auf den Untersuchungsfokus dieser Arbeit ist jedoch die nationale Kenngröße von höherer Bedeutung.

Die ersten drei *internen Prozessfaktoren*, zur Verkehrsmittelwahl (Entscheider und Kriterien) und zur Firmenwagennutzung, werden von Faktoren direkt in Indikatoren überführt, da diese Informationen in der Erhebung der DLVS als nominal skalierte Variablen erfasst wurden.

Wie in Kapitel 4.2.3 dargestellt, gibt es eine große Anzahl möglicher Maßnahmen zum Mobilitätsmanagement. Eine häufig zitierte und auch in der DLVS erfasste Kenngröße zur Umsetzung von betrieblichem Mobilitätsmanagement ist die Ausstattung der Mitarbeiter mit Fahr- und Rabattkarten des öffentlichen Verkehrs. In dieser Arbeit wird die ‚Anzahl Mitarbeiter mit BahnCard' als Indikator herangezogen.

Der verbleibende interne Prozessfaktor wird operationalisiert als der ‚Einsatz von IKT zur Touren- bzw. Fahrten- und Wegeplanung bzw. -steuerung'. Der Indikator ist binär kodiert. Dies bedeutet, entweder setzt ein Unternehmen IKT für diese Zwecke ein oder nicht. Zur Bildung dieses Indikators wurden vier Technologien berücksichtigt. Dies sind:

- Dispositionssoftware,
- Navigationsgeräte,
- Ortungssystem (z. B. GPS) und
- Tourenplanungssoftware.

---

[108] Die Ausprägungen (Kategorien) der nominal skalierten Variablen sind in der Ergebnisdarstellung der Modelle ausführlich nachvollziehbar (siehe Kapitel 6.3).

Alle vier Technologien können potentiell die Touren- bzw. Fahrtenplanung und -realisierung beeinflussen. Kommt mindestens eine dieser Technologien zum Einsatz, wird die binäre Variable mit ‚1' kodiert, d. h. es wird IKT zur Fahrtenplanung genutzt.

Die Kundenanzahl ist der erste zu operationalisierende *externe Strukturfaktor*. Genau wie die Mitarbeiteranzahl weist auch die metrisch skalierte Variable ‚Anzahl der Kunden in den letzten 12 Monaten' eine große Spannweite auf. Daher werden die Angaben des Indikators klassifiziert. Für die Gruppierung der Werte werden die Quartilsgrenzen herangezogen. Sie bilden nachvollziehbare und interpretierbare Grenzwerte für die Einteilung in Klassen.

Für die Kunden der untersuchten Unternehmen liegen keine Adressdaten vor, die eine nähere Bestimmung des Kundenstandortes zuließen. Jedoch bestehen Informationen, wie viel Prozent der Kunden sich jeweils in einer von sechs vorgegebenen Entfernungsklassen befinden (lokal, regional, überregional, national, EU, andere Länder). Damit der Faktor ‚Standort der Kunden' nicht mit sechs Indikatoren operationalisiert werden muss, wird aus den vorliegenden Informationen ein neuer Indikator berechnet. In die Modelle wird die Information aufgenommen, wie viele Kunden (Anteil in %) sich innerhalb eines Radius von 50 km (regionale Grenze) befinden. Damit gibt der Indikator darüber Auskunft, ob die aufzusuchenden Kunden vorwiegend mit kurzen oder langen Fahrten erreicht werden können.[109]

Schließlich werden die *externen Prozessfaktoren* operationalisiert. Entsprechend der Faktorenliste ist der erste Indikator die ‚Anzahl der für Dritte erbrachten Dienstleistungen'. Diese metrische Größe ergibt sich aus der Vertiefungserhebung der DLVS, in der 27 verschiedene Dienstleistungen berücksichtigt wurden. Die erfassten Dienstleistungen reichen von der Rechtsberatung über Softwareentwicklung bis zur

---

[109] Zwar ist auch eine Faktorenanalyse der sechs Variablen zu den Kundenstandorten denkbar. Die Reduktion auf eine qualitative Information, etwa ‚Kunden überwiegend regional' oder ‚Kunden größtenteils national', ist einerseits für die Modellinterpretation schwer zu handhaben. Anderseits ist bei einer Wiederholung der Faktorenanalyse mit neuen Daten für zukünftige Modellierungen nicht dasselbe Ergebnis zu erwarten, sodass eine höhere Nachvollziehbarkeit bei der Beschränkung auf eine metrisch skalierte Angabe entsteht.

Reinigung.[110] Der hier gebildete Indikator gibt Auskunft, wie viele der 27 Dienstleistungen tatsächlich für Dritte erbracht werden.

Schließlich wird der Faktor ‚Kommunikations- und Kooperationsformen mit den Kunden (inkl. Nutzung von IKT)' in einen Indikator überführt. Entsprechend des Datenmaterials wird für jedes untersuchte Unternehmen geprüft, ob für die Erbringung von Dienstleistungen IKT zum Einsatz kommt. Genau wie beim Einsatz von IKT zur Tourenplanung (siehe oben) gibt auch dieser binäre Indikator Auskunft, ob mindestens eine der folgenden Technologien, die für die Koordination und Kooperation mit dem Kunden konzipiert sind, genutzt werden:

- Extranet,
- Customer Self Service Systeme und
- Fernwartung.

Die 13 vorgestellten Indikatoren bieten in der beschriebenen Form die Basis für die multinomiale logistische sowie multiple lineare Regression.

5.6 Verknüpfung der KiD 2002 und der Dienstleistungsverkehrsstudie

Die dritte methodische Ebene dieser Arbeit setzt die Fusion von KiD 2002 und DLVS voraus. Die Verknüpfung der beiden Datensätze vereint die Vorteile beider Studien und ermöglicht weiterführende Erkenntnisse zur unternehmerischen Rolle beim Verkehrsverhalten.

Dieses Kapitel beschreibt den Prozess der Datenfusion. Zunächst stellt Kapitel 5.6.1 die Verknüpfungslogik und damit die Varianten, wie beide Datensätze inhaltlich miteinander verbunden werden können, dar. Daraufhin wird die Verknüpfungsmethode vorgestellt (Kapitel 5.6.2). Schließlich beschreibt Kapitel 5.6.3 welche statistischen Anforderungen bei der Datenfusion berücksichtigt werden.

---

[110] Für eine Liste aller 27 Dienstleistungen siehe Anhang 21.

.

5.6.1 Verknüpfungslogik

Für die Verflechtung der beiden Datensätze (KiD 2002 und DLVS) bieten sich zwei Vorgehen an. Einerseits ist es denkbar, die Unternehmen den Fahrzeugen zuzuordnen. Anderseits können die Fahrzeuge den Unternehmen zugeordnet werden. Da der Fokus der Untersuchungen auf der Rolle der Unternehmen ruht, stellen sie den zentralen Betrachtungsgegensand dar. Demzufolge werden nicht die Unternehmen den Fahrzeugen, sondern umgekehrt die Fahrzeuge den Unternehmen zugeordnet. Für diese Verknüpfungsvariante ergeben sich drei mögliche, abzuwägende Optionen. Diese werden in Abbildung 5-10 vorgestellt.

Die Verknüpfungslogiken a) und b) in Abbildung 5-10 stellen die Verflechtung von einem Fahrzeug mit einem Unternehmen dar. Den erklärenden Faktoren (exogene Variablen) eines Unternehmens steht damit jeweils ein Verkehrsverhalten eines Fahrzeugs (endogene Variable) gegenüber. Dies verringert zwar die Varianz des zu bestimmenden logistischen Regressionsmodells. Da im Fall a) lediglich ca. 1.000 real erfasste Fahrzeuge zu den knapp 1.000 Unternehmen (gültige Fälle der DLVS) zugespielt würden, wäre der Informationsverlust jedoch sehr hoch. Nicht nur, dass 9.000 Stichprobenfälle für die Analyse unberücksichtigt blieben, auch ist es unrealistisch für alle Unternehmen gleichermaßen anzunehmen, dass diese nur ein Fahrzeug besitzen. Daher ist Verknüpfungslogik a) abzulehnen.

In Variante b) wird aus mehreren Fahrzeugen, die einem Unternehmen zugeordnet werden können (siehe Kapitel 5.6.2), ein synthetisches Fahrzeug mittels Mittelwertberechnung erzeugt. Auf diese Weise werden die Eigenschaften mehrerer Fahrzeuge in einem Unternehmen zusammengefasst. Dadurch verringert sich die Varianz des Verkehrsverhaltens und die Modellgüte folgender Analysen würde steigen. Option b) ist jedoch ebenfalls abzulehnen, da sie die Vorwegnahme möglicher Erkenntnisse bedeutet bzw. die Aufdeckung spezifischer Informationen des Personenwirtschaftsverkehrs verhindert. Werden Mittelwerte mehrerer Fahrzeuge berechnet, die zu einem Unternehmen gehören, wird *a priori* angenommen, dass verschiedene Fahrzeuge das gleiche Verkehrsverhalten besitzen. Eine Zusammenführung mehrerer Tagesgänge im Zuge der Mittelwertbildung für das synthetische Fahrzeug würde die Einzigartigkeiten spezifischer Verkehrsverhalten verdecken. Dies steht der Zielstellung dieser Arbeit entgegen, charakteristische Verhaltensmuster zu identifizieren und die unternehmerische Rolle bei diesen Verkehrsverhalten zu analysieren.

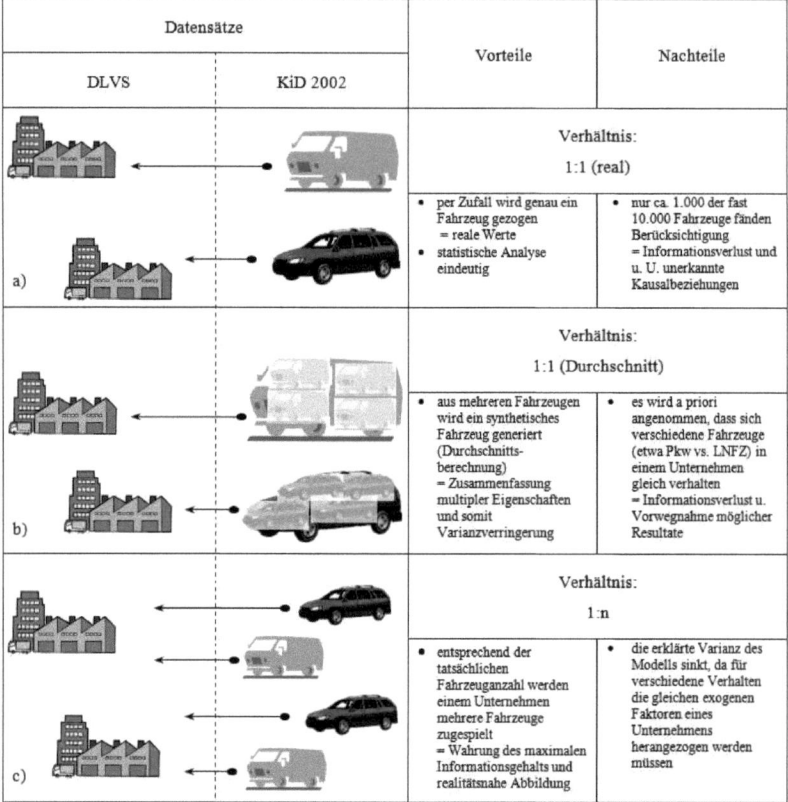

Abbildung 5-10: Optionen zur logischen Verknüpfung der Arbeits-Datensätze.
Quelle: eigene Darstellung.

Folglich ist die Verknüpfungslogik c) die anzuwendende Alternative. Einem Unternehmen werden so viele Fahrzeuge zugespielt, wie es tatsächlich besitzt. Anders als bei b) werden in der Option c) alle Fahrzeugeigenschaften beibehalten und keine Mittelwerte berechnet. Zu einem Unternehmen gehören dann verschiedene Fahrzeuge, womit ein Verhältnis von 1:n entsteht. Auf diese Weise wird der größtmögliche Informationsgehalt beider Arbeitsdatensätze beibehalten. Für die multinomiale logistische Regression bedeutet dies, dass die gleichen Unternehmenscharakteristika verschiedene Fahrtenmuster erklären. Das führt zu einer höheren Varianz der endogenen Variable und folglich zu einer Reduktion der Modellgüte. Da diese Verknüpfungslogik die tatsächlichen Gegebenheiten eines Unternehmens am besten widerspiegelt, wird eine geringere Varianzaufklärung zu Gunsten eines realitätsnahen Modells in Kauf genommen.

5.6.2 Verknüpfungsmethode

Die Nutzung und Fusion von sekundärstatistischen Daten ist nicht nur in der Verkehrsforschung, sondern auch in vielen anderen Forschungsgebieten verbreitet, weshalb sich die unterschiedlichsten Termini zur Verknüpfung zweier oder mehrerer Datensätze finden lassen (Bayart et al. 2009, S. 598f.). Dazu zählen etwa ‚data fusion', ‚data grafting' ‚record linkage', ‚100 %-Imputation' und ‚data matching' (u. a. Gu & Baxter 2006; Grömping et al. 2007; Saporta 2002; Venigalla 2004).

Ungeachtet der Bezeichnung ist es das Ziel der Fusion zweier Datensätze, „verschiedene Quellen miteinander [zu verknüpfen], die Informationen über unterschiedliche Objekte (Haushalte, Personen, Firmen etc.) enthalten" (Kiesl & Rässler 2005, S. 18). Auf diese Art kann ein Zusammenhang zwischen „Variablen, die jeweils nur in einer der beiden Befragungen erfasst wurden" (Bacher 2002, S. 3), bestimmt werden.

In der vorliegenden Arbeit werden die Fahrzeuge der KiD 2002 mit ihrem jeweiligen Verkehrsverhalten den Unternehmen der DLVS zugeordnet. Damit fungiert die KiD 2002 als Spenderstichprobe (donor sample) und die DLVS als Empfängerstichprobe (recipient sample; vgl. Rässler 2004, S. 156; siehe Abbildung 5-11). Voraussetzung für die Verknüpfung ist, dass beide Datensätze gemeinsame Schlüsselvariablen (z, overlap variables) besitzen, die eine Fusion ermöglichen (Grömping et al. 2007, S. 129; Wiedenbeck 2005, S. 34).

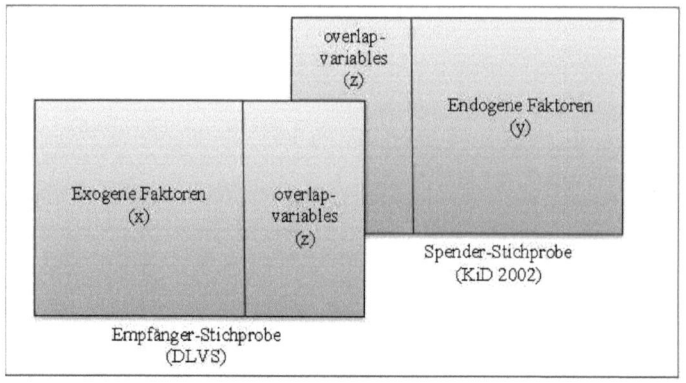

Abbildung 5-11: Spender- und Empfängerstichprobe der Datenfusion.
Quelle: eigener Entwurf, nach Wiedenbeck 2004, S. 34.

Zur Durchführung der Fusion werden die jeweiligen Faktoren bzw. Variablen in beiden Arbeitsdatensätzen identifiziert. Während die exogenen (x) und endogenen (y) Faktoren für die dritte methodische Ebene bereits feststehen (siehe Abbildung 5-9 und Tabelle 5-12), müssen die overlap variables (z) bestimmt werden. Entsprechend den zur Verfügung stehenden Daten, kommen fünf Variablen infrage, die in beiden Datensätzen vorhanden sind. Tabelle 5-13 fasst die relevanten Variablen zusammen.

Tabelle 5-13: Overlap Variables für die Datenfusion.
Quelle: eigene Zusammenstellung.

Variablen				Kommentar
Empfängerstichprobe (Dienstleistungsverkehr)		Spenderstichprobe (KiD 2002)		
Bezeichnung	Code	Bezeichnung	Code	
Wirtschaftszweig	v12c	Wirtschaftszweig laut Fragebogen	H01	Anpassung der Klassifikation von WZ93 und WZ03 auf Abschnittsebene unnötig (siehe Fußnote 106)
Mitarbeiteranzahl	v4	Anzahl Mitarbeiter	H05	am Standort des (eigenen) Betriebes
Fuhrpark Pkw	v130p2	Fuhrpark Pkw	H06b	-
Fuhrpark Lkw	v130lk2/ v130lg2	Fuhrpark Lkw	H06d/ H06e	Die unterschiedlichen Lkw-Klassen werden zusammengefasst, da so die unterschiedliche Einteilung (Nutzlast vs. zGG) beider Studien überwunden wird
Regionsgrundtyp	KGS8	Regionsgrundtyp	K24a	Die Regionsgrundtypen wurden in beiden Stichproben als Proxyvariable zugespielt (siehe Fußnote 70)

Die overlap variables (z) dienen der Verknüpfung ähnlicher Objekte aus den Spender- und Empfängerstichproben (vgl. Grömping et al. 2007, S. 129). Für die praktische Umsetzung der Fusion gibt es mehrere Vorgehen. In Anlehnung an die Datenimputation, bei der einzelne Fehlwerte in Variablen eines Datensatzes ‚ersetzt' werden, kommen etwa:

- die ‚Hot-Deck-Imputation',
- die ‚Maximum Likelihood Schätzungen' bzw. ‚Propensity Score Matching' und
- mehrdimensionale Kontingenztafeln

in Betracht (Bacher 2002, S. 10f.; Bayart et al. 2009, S. 599f.; Göthlich 2007, S. 123ff.; Saporta 2004, S. 467; van der Puttan et al. 2002, S. 3). Die beiden zuerst genannten Methoden basieren auf Clusteranalysen bzw. (logistischen) Regressionsmodellen, die unter Verwendung der overlap variables für sowohl Spender- als auch Empfängerdatensatz angewandt werden. Da beide Vorgehen eine erneute Berücksichtigung zahlreicher Voraussetzungen mit sich bringen (siehe Kapitel 5.4 und 5.5) und der Fusionsprozess wenig transparent ist, würden die so in dieser Arbeit erzeugten Ergebnisse an Nachvollziehbarkeit verlieren. Daher greift die vorliegende Arbeit auf die mehrdimensionalen Kontingenztafeln zurück.

Die mehrdimensionalen Kontingenztafeln basieren auf einer manuellen Klassifizierung der zu fusionierenden Objekte beider Datensätze. Die resultierenden Zellen $z_{a(n),b(n)}$ beruhen auf den overlap variables und werden nach inhaltlichen und damit nachvollziehbaren Kriterien gebildet (vgl. Bayart et al. 2009, S. 601f.; Grömping et al. 2007, S. 136f.).[111] Abbildung 5-12 verdeutlicht das Prinzip der Fusionierung an einem schematischen Beispiel mit zwei overlap variables.

---

[111] Für die Erstellung der Kontingenztafel in dieser Arbeit siehe das folgende Kapitel 5.6.3.

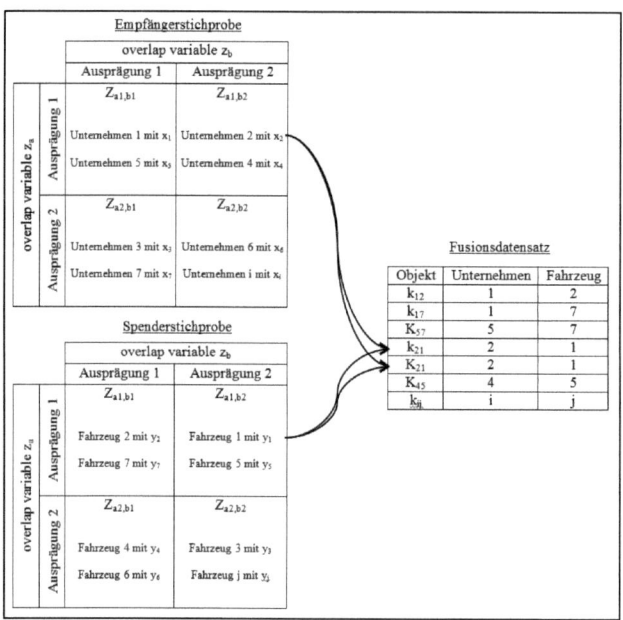

Abbildung 5-12: Fusionsprinzip der mehrdimensionalen Kontingenztafeln.
Quelle: eigener Entwurf.

Die Objekte i und j bzw. deren Merkmalsausprägungen x_i und y_j können nur dann im Fusionsdatensatz zu einem Objekt $k_{i,j}$ vereint werden, wenn sich sowohl i als auch j der gleichen Zelle $z_{a(n),b(n)}$ zuweisen lassen (Wiedenbeck 2005, S. 37; vgl. Kiesl & Rässler 2005, S. 21). Im Beispiel der Abbildung 5-12 kann bspw. Unternehmen 2 nur mit den Fahrzeugen 1 und 5 fusioniert werden, da diese in die gleiche Zelle $z_{a1,b2}$ fallen. Da in jeder Zelle $z_{a(n),b(n)}$ mehrere Objekte i und j vorhanden sind, muss eine Regel eingeführt werden, welche der ähnlichen Fälle miteinander verbunden werden. In dieser Arbeit werden die Fahrzeuge j der KiD 2002 bzw. deren Merkmalsausprägung y_j durch zufälliges Ziehen mit Zurücklegen den Unternehmen i bzw. deren Merkmalsausprägungen x_i zugewiesen (vgl. Grömping et al. 2007, S. 137).[112] Im obigen Beispiel bedeutet dies, dass Unternehmen 2, welches in der Realität zwei Fahrzeuge im

---

[112] Für diesen Schritt kommt ein am DLR-Institut für Verkehrsforschung programmiertes Java-Tool zum Einsatz. Durch das ‚Zurücklegen' sind für jede Zuordnung eines Fahrzeugen zu einem Unternehmen die gleichen Fahrzeuge verfügbar, wodurch die statistische Anforderung der Chancengleichheit und Zufälligkeit gewahrt bleibt.

Fuhrpark besitzt, 2-mal durch Zufall das Fahrzeug 1 zugeordnet bekommt. Während auf diese Weise alle Unternehmen aus der Empfängerstichprobe sequentiell abgearbeitet werden, kann es durch diese Methode theoretisch dazu kommen, dass nicht alle Fahrzeuge der Spenderstichprobe fusioniert werden (Wiedenbeck 2005, S. 36). Hinzu kommt, dass trotz der Zufallsauswahl und dem Zurücklegen der Fälle nicht alle Fahrzeuge j die gleiche Chance haben, gezogen zu werden. Dies begründet sich in der Berücksichtigung der Non-Response-Gewichtung der KiD 2002. Sie gewährleistet, dass Fahrzeuge und ihr entsprechendes Verkehrsverhalten, die in der Stichprobe unterrepräsentiert sind, mit einer höheren Wahrscheinlichkeit gezogen werden, um der Grundgesamtheit aller deutschen Fahrzeuge zu entsprechen. Umgekehrt werden überrepräsentierte Fahrzeuge weniger wahrscheinlich gezogen.

Bei der Fusionierung wird schließlich geprüft, ob es sich bei dem zufällig gewählten Kfz um einen Pkw oder um einen Lkw handelt. Ein Pkw j wird einem Unternehmen i nur dann zugeteilt, wenn das Unternehmen i auch in der Realität einen Pkw im Fuhrpark besitzt. Das gleiche gilt für Lkw.[113] Auf diese Weise erhält jeder Betrieb genauso viele Pkw und Lkw, wie er tatsächlich in der Firmenflotte besitzt. Dadurch wird verhindert, dass etwa ein Betrieb ohne leichte Nutzfahrzeuge (LNFZ) per Zufall ausschließlich Lkw zugeteilt bekommt und Aussagen zur Rolle der Unternehmen auf das Verkehrsverhalten verzerrt werden. Entsprechend diesem Vorgehen beinhaltet der synthetisch geschaffene Fusionsdatensatz 16.678 Fälle.

Als Zwischenfazit kann festgestellt werden, dass sowohl die x-, y- und z-Variablen identifiziert und ein methodisches Vorgehen zur Fusion bestimmt wurden. Damit ist die theoretische Basis für die Verknüpfung der KiD 2002 und der DLVS geschaffen. Auf die zu berücksichtigenden statistischen Anforderungen und die praktische Umsetzung der Datenfusion geht das folgende Kapitel 5.6.3 ein.

---

[113] Die nach zGG bzw. Nutzlast differenzierten Lkw-Klassen wurden zu einer Lkw-Klasse zusammengefasst, da so den unterschiedlichen Kategorisierungen der KiD 2002 und des DLVS Rechnung getragen wird.

5.6.3 Statistische Anforderungen und Umsetzung der Datenfusion

Dieses Kapitel beschreibt die drei wesentlichen statistischen Anforderungen, die an eine Datenfusion gestellt werden. Im Einzelnen betrifft dies:

- die Erhebungsmerkmale der Empfänger- und Spenderstichprobe,
- die Relevanz der overlap variables und
- die Güte und Stabilität der Fusionslösung.

Erhebungsmerkmale

Das Zusammenführen zweier separat erhobener, voneinander unabhängiger Datensätze stellt hohe Anforderungen an die Vergleichbarkeit der Datensets. Die Vergleichbarkeit ist essentiell, wenn es darum geht, statistisch valide und plausible Ergebnisse bei einer Analyse zu erzielen. Idealerweise besitzen zwei Studien, die als Zufallsstichproben erhoben wurden, die gleiche Grundgesamtheit sowie ein identisches Untersuchungs- und Erhebungsdesign; sie nutzen also die gleichen Frageformulierungen, untersuchen den gleichen Raum und wurden von derselben Person(engruppe) erhoben (Merckens 1984, S. 47; Steinmeyer 2004, S. 19). Alle Kriterien werden nur in den seltensten Fällen gemeinsam erfüllt. Dennoch gilt es, einem Minimalset an Anforderungen an Empfänger- und Spenderstichprobe gerecht zu werden. Grömping et al. (2007, S. 129ff.) weisen diesbezüglich darauf hin, dass:

- beide Datensätze die gleiche Grundgesamtheit haben müssen und
- die Spenderstichprobe größer sein muss als die Empfängerstichprobe (mindestens aber genauso groß).

Ob es sich um die gleiche Grundgesamtheit handelt, wird differenziert nach einem räumlichen und zeitlichen Gesichtspunkt betrachtet. Außerdem muss geprüft werden, ob es sich um denselben Untersuchungsgegenstand handelt (Bayart et al. 2009, S. 601; Grömping et al. 2007, S. 131).

Der Untersuchungsraum der KiD 2002 und der DLVS ist Deutschland. In diesem Punkt herrscht Deckungsgleichheit. Auch der zeitliche Kontext beider Studien stimmt weitestgehend überein. Zwar gibt es einen Versatz von ca. vier Jahren. Es ist jedoch davon auszugehen, dass sich weder das Verkehrsverhalten der Fahrzeuge noch die Unternehmensstruktur innerhalb dieses Zeitraums bedeutend geändert haben. Somit ist die geringe zeitliche Differenz unproblematisch. Schließlich zeigt sich auf den ersten Blick ein Unterschied im Untersuchungsgegenstand. Einerseits standen die Unternehmen (DLVS), anderseits die Fahrzeuge (bzw. Fahrzeugtage, KiD 2002) im Fokus der Studien. Eine genauere Analyse offenbart jedoch, dass beide Datensätze sowohl Auskunft zu Unternehmen als auch zu Fahrzeugen geben. Dies gilt insbesondere bei den plausibilisierten Datensätzen, die sich auf den Personenwirtschaftsverkehr beschränken und Firmenfahrzeuge bzw. Unternehmen mit Fuhrpark repräsentieren. Die DLVS gibt Auskunft zur Fahrzeuganzahl und zur Fahrleistung. Die KiD 2002 enthält mehrere Informationen zu den Unternehmen, in denen die Fahrzeuge eingesetzt werden (siehe overlap variables in Tabelle 5-13). Dieser Argumentation folgend, wurden in der KiD 2002 indirekt Unternehmen betrachtet, wobei der Fokus auf dem disaggregierten Verkehrsverhalten der in den Unternehmen eingesetzten Firmenfahrzeugen liegt. Daher lassen sich in der KiD 2002 auf übergeordneter Ebene Unternehmen als Betrachtungsobjekt identifizieren. Damit gilt abschließend, dass die Grundgesamtheiten beider Studien hinreichend ähnlich sind (vgl. Hautzinger 2007, S. 131).

Die Stichprobengrößen der KiD 2002 und DLVS erfüllen die Kriterien einer Datenfusion. Die Spenderstichprobe (KiD 2002) ist mit über 9.800 Fahrzeugen deutlich größer als die Empfängerstichprobe (DLVS) mit 1.010 Unternehmen. Als Zwischenfazit kann daher festgehalten werden, dass die Anforderungen zu den Erhebungsmerkmalen erfüllt werden.

Relevanz der overlap variables

Für die Fusion der beiden Datensätze ist in einem ersten Schritt wichtig, die overlap variables (z) zu identifizieren. Die für diese Arbeit infrage kommenden Variablen sind im Kapitel 5.6.2 beschrieben. Es sind jedoch nicht ohne vorherige Überprüfung alle overlap variables in den Fusionsprozess einzubeziehen. Es sollten nur diejenigen Variablen verwendet werden, die einen Einfluss auf die endogene Variable (y) in der Spenderstichprobe besitzen (Bacher 2002, S. 10; Saporta 2004, S. 471; van der Puttan et al. 2002, S. 3). Nur so kann sichergestellt werden, dass die Verknüpfung zweier

Datensätze mittels overlap variables nicht rein zufällig erfolgt.[114] Daher muss in einem zweiten Schritt statistisch geprüft werden, ob ein ausreichend hoher Zusammenhang zwischen z und y besteht (Grömping et al. 2007, S. 129).

Die fünf relevanten overlap variables (siehe Tabelle 5-13) werden mithilfe einer MNL (siehe Kapitel 5.5.1) auf deren Relevanz hin geprüft. Die Variablen werden entsprechend der vorgestellten Operationalisierung (siehe Kapitel 5.5.2) in das Modell einbezogen. Zunächst wird auch für diesen Schritt untersucht, ob Multikollinearität vorliegt. Während für die Variablen Wirtschaftszweig, Mitarbeiteranzahl und Betriebsstandort bereits gezeigt werden konnte, dass keine Multikollinearität besteht, wird nun der Fuhrparkbesatz (Anzahl Pkw und Lkw) auf einen Zusammenhang mit den vorher genannten drei Variablen geprüft. Die Analyse mittels Eta und Spearman-Rho zeigt, dass ein starker Zusammenhang zwischen dem Fuhrparkbesatz und der Mitarbeiteranzahl (sowohl klassiert als auch metrisch skaliert) besteht (Spearman-Korrelationskoeffizient bis zu 0,72, siehe Anhang 19 und Anhang 20). Aus diesem Grund muss der Fuhrpark aus dem Modell und somit als overlap variable ausgeschlossen werden. Die verbleibenden drei Variablen gehen in das MNL als unabhängige Variable ein. Die in dieser Arbeit gefundene Clusterlösung (geclustertes Verkehrsverhalten) dient als abhängige Variable. Tabelle 5-14 zeigt mittels Likelihood-Quotienten-Test, dass alle drei Variablen (z) einen signifikanten Einfluss auf das Verkehrsverhalten (y) haben.[115]

---

[114] Ein Beispiel veranschaulicht diesen Zusammenhang: Finden sich in Empfänger- und Spenderstichprobe die Informationen zur Hausfarbe des Unternehmenssitzes, kann dies zwar theoretisch als Verknüpfungsvariable (z) dienen. Da die Hausfarbe aber vermutlich keinen Einfluss auf das Verkehrsverhalten (y) hat, wäre die Zuspielung von y zur Empfängerstichprobe nur zufällig. Die auf diese Art hergestellte Verbindung von exogenen und endogenen Faktoren würde in invalide Modellaussagen münden.

[115] Da diese MNL eine teilweise Vorwegnahme der Ergebnisse der ersten methodischen Ebene dieser Arbeit darstellt, wird auf eine ausführlichere Modelldarstellung verzichtet. Siehe dafür Kapitel 6.2.

Tabelle 5-14: Relevanz der overlap variables.
Quelle: eigene Zusammenstellung.

Effekt	Kriterien für die Modellanpassung	Likelihood-Quotienten-Tests		
	-2 Log-Likelihood für reduziertes Modell	Chi-Quadrat	Freiheitsgrade	Signifikanz
Konstanter Term	1716,74	0,00	0	.
Zugehörigkeit zu WZ-Abschnitten 2003	4563,82	2847,08	45	0,00
Mitarbeiteranzahl (klassiert)	1975,07	258,33	9	0,00
Regionsgrundtyp gemäß BBR	1746,30	29,56	6	0,00

Demzufolge werden alle drei Variablen zur Datenfusion genutzt. Entsprechend der in Kapitel 5.6.2 vorgestellten Methode wird eine mehrdimensionale Kontingenztafel mit den jeweiligen Ausprägungen der drei Variablen erzeugt. Damit in der Spenderstichprobe keine Zelle null Fälle enthält, müssen die Kategorien der overlap variables entsprechend aggregiert werden.[116] Die Wirtschaftsabschnitte werden entsprechend der deutschen Wirtschaftszweigklassifikation auf drei Sektoren (primär, sekundär und tertiär) aggregiert. Die Betriebsgröße, operationalisiert durch die Mitarbeiteranzahl, wird in drei statt vier Klassen zusammengefasst. Die so generierte Tabelle enthält 27 Zellen.

Tabelle 5-15 stellt die Verteilung der Fahrzeuge auf die einzelnen Klassen dar. Äquivalent dazu ist die Verteilung der Unternehmen Tabelle 5-16 zu entnehmen. Diese Verteilungen dienen als Basis für die zufällige Fusion der KiD 2002 und der DLVS bzw. der Fahrzeuge mit den Unternehmen.[117]

---

[116] Das Aggregieren erfolgt nur für den Schritt der Fusion. Die Operationalisierung der Variablen für die Regressionsmodelle (siehe Kapitel 5.5.2) bleibt davon unberührt.

[117] Wie sich die Pkw und Lkw, nach denen bei der Fusion differenziert wird (siehe Kapitel 5.6.2), sowohl in der KiD 2002 als auch in der DLVS auf die einzelnen Zellen verteilen, kann Anhang 22 bis Anhang 25 entnommen werden. Dort zeigt sich, dass vor allem für die Betriebe mit 50 und mehr Mitarbeitern die Anzahl der Pkw in der DLVS teils höher ist als in der KiD 2002. Bei der zufälligen Auswahl mit Zurücklegen müssen deshalb gleiche Fahrzeuge öfter gezogen werden. Zum Einfluss auf die Ergebnisse sei auf die obige Diskussion verwiesen.

Tabelle 5-15: Anzahl Fahrzeuge der KiD 2002 in den Zellen der Fusions-Kontingenztabelle.
Quelle: eigene Zusammenstellung.

Wirtschaftssektor	Betriebsstandort (Regionsgrundtyp)	Mitarbeiteranzahl klassifiziert		
		1-9 Mitarbeiter	10-49 Mitarbeiter	50 und mehr Mitarbeiter
Primärer Sektor	Agglomerationsräume	81	57	22
	Verstädterte Räume	60	33	7
	Ländliche Räume	24	12	3
Sekundärer Sektor	Agglomerationsräume	1.174	1.153	597
	Verstädterte Räume	713	665	353
	Ländliche Räume	297	275	173
Tertiärer Sektor	Agglomerationsräume	889	733	537
	Verstädterte Räume	360	339	208
	Ländliche Räume	202	162	94

Tabelle 5-16: Anzahl Unternehmen der DLVS in den Zellen der Fusions-Kontingenztabelle.
Quelle: eigene Zusammenstellung.

Wirtschaftssektor	Betriebsstandort (Regionsgrundtyp)	Mitarbeiteranzahl klassifiziert		
		1-9 Mitarbeiter	10-49 Mitarbeiter	50 und mehr Mitarbeiter
Primärer Sektor	Agglomerationsräume	4	1	3
	Verstädterte Räume	3	2	3
	Ländliche Räume	3	2	0
Sekundärer Sektor	Agglomerationsräume	35	32	72
	Verstädterte Räume	16	23	69
	Ländliche Räume	10	11	27
Tertiärer Sektor	Agglomerationsräume	93	120	156
	Verstädterte Räume	82	53	88
	Ländliche Räume	31	22	36

Als Folge der Datenfusion müssen die drei overlap variables aus dem zu berechnenden MNL der dritten methodischen Ebene dieser Arbeit ausgeschlossen werden. Es ist nicht nur inhaltlich geboten, die Variablen, die zur Fusion herangezogen werden und damit bereits nachweislich einen Einfluss auf y besitzen müssen, aus dem MNL auszuschließen. Auch aus statistischen Gründen können der Wirtschaftszweig, die Mitarbeiteranzahl und der Betriebsstandort (Regionsgrundtyp) nicht berücksichtigt werden, da für die Fusionsstichprobe gilt, dass x und y unter Kontrolle von z bedingt unabhängig sind (Wiedenbeck 2005, S. 38). Würden diese drei Faktoren in das Modell aufgenommen, dürfte zwischen den übrigen exogenen Faktoren und dem endogenen Faktor (Verkehrsverhalten) kein Zusammenhang mehr bestehen.

Dass diese drei exogenen Faktoren bei der Berechnung des MNL in der dritten methodischen Ebene außer Acht gelassen werden müssen, stellt sich für diese Arbeit als unproblematisch dar. Die drei Faktoren bzw. deren Wirkung auf das Verkehrsverhalten können bereits mit Ebene 1 und Ebene 2 analysiert werden.

Güte und Stabilität der Datenfusion

Zur Überprüfung der Güte der Datenfusion existieren vier Ebenen (Kiesl & Rässler 2005, S. 25ff.; Rässler 2004, S. 156ff.). Demnach müssten im besten Fall nach einer abgeschlossenen Fusion zweier Datensätze die folgenden Bedingungen erfüllt sein:

- Erhalt der individuellen Werte,
- Erhalt der gemeinsamen Verteilung,
- Erhalt der Korrelationsstruktur und
- Erhalt der Randverteilung.

Die ersten drei Ebenen sind aufgrund mangelnder Daten bzw. Informationen bei Datenfusionen in der Regel nicht durchführbar (vgl. Bayart et al. 2009, S. 604; Kiesl & Rässler 2005, S. 25ff.).[118] Die vierte Ebene kann empirisch überprüft werden. Dafür wird einerseits die Verteilung der endogenen Variable (y) in Spender- und Fusionsstichprobe auf annähernde Gleichheit hin geprüft (Rässler 2004, S. 159). Andererseits werden sowohl im Fusions- als auch im Spenderdatensatz die Korrelationen zwischen der spezifischen Variable (y) und den overlap variables (z) berechnet. Ist die durchschnittliche Abweichung aller Korrelationen $P_{(y,z)}$ zwischen den beiden Datensätzen gering, kann von einer guten Erhaltung der Variablenstrukturen (Randverteilung) ausgegangen werden (van der Puttan et al. 2002, S. 5; vgl. Rässler 2004, S. 159). Die Anwendung dieser beiden Vorgehen zeigt für die vorliegende Arbeit, dass die Fusion von KiD 2002 und DLVS eine hinreichende Güte besitzt. Zwar zeigt sich, dass die Verteilung der fusionierten endogen Verhaltensvariable (y) im Fusionsdatensatz von der ursprünglichen Verteilung abweicht (siehe Anhang 26). Die Berechnung der durchschnittlichen Differenz von $P_{(y,z)}$ zeigt mit einem Wert von

---

[118] Für technische Details der ersten drei Ebenen siehe Kiesl & Rässler (2005, S. 25ff.) sowie Rässler (2004, S. 156ff.).

0,017±0,024 (Mittelwert ± Standardabweichung), dass die gemeinsame Verteilung von y und z gut erhalten bleibt.[119]

Die Datenfusion zweier Datensätze zur Verknüpfung endogener (y) und exogener Variablen (x) führt im Rahmen statistischer Analysen zu Schätzproblemen (Kiesl & Rässler 2005, S. 20). Da x und y nicht gemeinsam beobachtet wurden, entsteht durch die Fusion ein kaum zu bestimmender Fusionsbias (Wiedenbeck 2005, S. 43). Als Folge dessen gelten die Kovarianzen in Regressionsmodellen als ungenau, wodurch eine Signifikanzprüfung der Parameterschätzer invalide wird. Aus diesem Grund kann in der methodischen Ebene 3 dieser Arbeit zwar ein MNL berechnet und es können die exogenen Faktoren anhand der Parameterschätzer beurteilt werden. Es können jedoch keine Aussagen zur Signifikanz der einzelnen Faktoren gemacht werden. Um diesem Umstand entgegenzuwirken, werden die Datenfusion und die anschließende MNL 10-mal durchgeführt. Die erste Fusionslösung stellt die in Kapitel 6 vorgestellte Lösung dar. Die weiteren neun Durchgänge dienen der Prüfung auf Stabilität der Datenfusion und des MNL. Ändern sich die Vorzeichen der Parameterschätzer nicht, so ist bei der Interpretation der exogenen Faktoren von einem validen Ergebnis auszugehen.

Die mehrfachen Wiederholungen der Fusion und der Berechnung des MNL für die dritte methodische Ebene zeigen, dass die Ergebnisse zum Großteil stabil sind (siehe Anhang 28). Zwar gibt es für einzelne Parameterschätzer zwischen den zehn Fusionen Vorzeichenwechsel. Es dominieren jedoch die Indikatoren, die keine wechselnde Wirkungsrichtung anzeigen. Die aus der dritten methodischen Ebene abzuleitenden Schlussfolgerungen beruhen damit auf validen Berechnungen. Dennoch sind die Aussagen für diese Ebene nicht derart belastbar wie die Aussagen für die methodischen Ebenen 1 und 2.

Kapitel 5 hat sowohl die verwendeten Datensätze als auch die in dieser Arbeit genutzten statistischen Methoden beschrieben. Dabei hat sich gezeigt, dass der Fokus dieser Arbeit zwar zu Einschränkungen bei der Datenauswahl und -verwendbarkeit führt, die notwendigen statistischen Anforderungen aber erfüllt werden können. Aus diesem

---

[119] Für eine detaillierte Darstellung der Verteilung von y und der Korrelationen $P_{(y,z)}$ für alle zehn Fusionen (repetitives Design) sowie eine Erläuterung zum Einsatz der Gewichtung in der Fusionsstichprobe siehe Anhang 27 und Anhang 26.

Grund basieren die im folgenden Kapitel 6 beschriebenen Ergebnisse auf validen und reliablen Berechnungen, die Aussagen zur Rolle der Unternehmen beim Verkehrsverhalten im Personenwirtschaftsverkehr zulassen.

6 Ergebnisse und Diskussion

Dieses Kapitel stellt die Ergebnisse vor, die aus dem beschriebenen, methodischen Vorgehen resultieren (siehe Kapitel 5). Die Ergebnisse dienen zum einen der Überprüfung der Hypothesen (siehe Kapitel 4.3) und ermöglichen zum anderen die Beantwortung der arbeitsleitenden Fragestellungen (siehe Kapitel 1.2).

Zunächst interpretiert Kapitel 6.1 die identifizierten, charakteristischen Verkehrsverhalten im Personenwirtschaftsverkehr und erläutert die Unterschiede zwischen den einzelnen Verhalten. In Kapitel 6.2 wird die Güte der berechneten Modelle analysiert. Kapitel 6.3 nimmt Bezug auf Kapitel 6.1 und stellt die Zusammenhänge zwischen den Verkehrsverhalten und den vier Faktorengruppen her.

In den folgenden Kapiteln 6.1 bis 6.3 werden jeweils zuerst die Ergebnisse der Berechnungen dargestellt, um diese dann im unmittelbaren Anschluss zu diskutieren. Die enge Verzahnung von Ergebnispräsentation und Diskussion ermöglicht eine schnelle Erschließung der Ursache-Wirkungs-Beziehung und erlaubt darüber hinaus eine kohärente kritische Würdigung der empirischen Resultate.

6.1 Charakteristische Verkehrsverhalten im Personenwirtschaftsverkehr

6.1.1 Ergebnis

Die zunächst durchgeführte hierarchische Clusteranalyse ergibt ein deutlichen ‚Knick' (Elbow) bei vier Clustern (siehe Abbildung 6-1). Dies und die Analyse des Dendrogramms (siehe Anhang 29) sowie eine inhaltliche Interpretation[120] führen zu dem Schluss, dass es vier charakteristische Tourenmuster im Personenwirtschaftsverkehr gibt. Die im zweiten Schritt durchgeführte k-means

---

[120] Eine inhaltliche Überprüfung der 4-Clusterlösung, der 5-Clusterlösung sowie der 6- und 7-Clusterlösung zeigt, dass es sich bei der 4-Clusterlösung um die statistisch valideste Lösung handelt. Weiterhin ergaben die Analysen auch, dass eine klare Abgrenzung der Tourenmuster nur bei vier Clustern gegeben ist. Bei fünf oder mehr Clustern kommt es zu teils starken inhaltlichen Überschneidungen, die mit Hinblick auf die Realität kaum zu interpretieren sind. Der 4-Clusterlösung ist deshalb nicht nur aus statistischen, sondern auch aus Plausibilitätsgründen der Vorzug zu gewähren (siehe Kapitel 5.4.3).

Clusteranalyse erzeugt ein eindeutiges und stabiles[121] Ergebnis. Die k-means Clusteranalyse erklärt 37 % der Varianz (Eta², siehe Kapitel 5.4.3). Das bedeutet, dass die vier Cluster über ein Drittel des Verkehrsverhaltens der fast 10.000 Fahrzeuge gut wiedergeben. Die Cluster sind demzufolge relativ homogen.

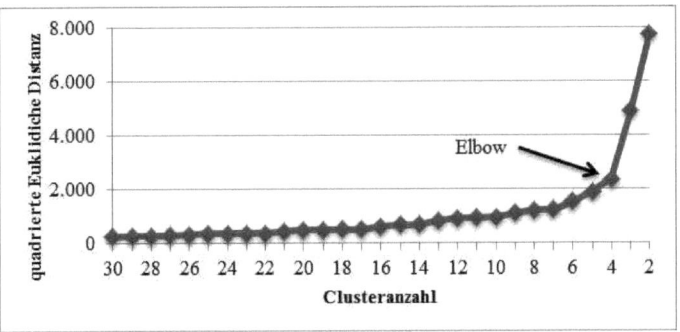

Abbildung 6-1: Elbow-Kriterium zur Auffindung der Clusteranzahl.
Quelle: eigener Entwurf.

Die gruppierten Fahrzeuge der KiD 2002 verteilen sich, wie in Abbildung 6-2 dargestellt, nicht zu gleichen Teilen auf die vier Cluster. Cluster 1 und Cluster 4 enthalten jeweils über 3.000 Fahrzeuge, Cluster 3 ist mit 2.500 Fahrzeugen ähnlich stark besetzt. Knapp 1.000 Kfz befinden sich im zweiten Cluster. Die Clusterverteilung ist insgesamt jedoch als homogen zu bezeichnen. Es gibt weder einen stark dominierenden Cluster mit einer Großzahl aller Fahrzeuge, noch eine Gruppe mit einer sehr kleinen Fahrzeuganzahl. Alle nachfolgend im Detail vorgestellten Tourenmuster existieren demnach in großer Zahl in der Realität.

---

[121] Entsprechend dem beschriebenen Vorgehen in Kapitel 5.4.3 wurde die stabilste Lösung mit der geringsten Fehlerquadratsumme gewählt (siehe Anhang 30). Diese Clusterlösung trat bei 500 Trials 11-mal auf. Zwar zeigt sich, dass die dritte Clusterlösung deutlich häufiger auftritt (>400-mal). Die quadrierte Euklidische Distanz ist jedoch deutlich höher, weshalb die an Position 1 geführte Clusterlösung (rechte Abbildung im Anhang 30) ausgewählt wurde.

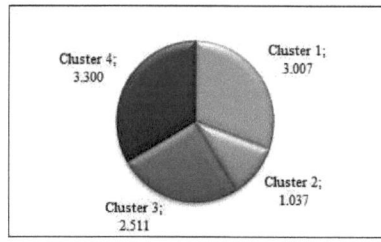

Abbildung 6-2: Verteilung der Fahrzeuge auf die vier Cluster.
Quelle: eigener Entwurf.

Nachfolgend werden die vier Cluster einzeln beschrieben. Dafür wird der erste Cluster schrittweise anhand der genutzten Statistiken analysiert. Dem Schema des Clusters 1 folgend, werden im Anschluss die übrigen Cluster unter Rückgriff auf dieselben Statistiken vorgestellt.

Cluster 1

Abbildung 6-3 charakterisiert die vier Cluster anhand der für die Clusterung genutzten Variablen Fahrtzweck (Spalte A) und Aufenthaltsorte (Spalte B, siehe Kapitel 5.4.2).[122] Cluster 1 weist zwei deutliche Spitzen bei den Fahrtzwecken auf. Zwischen 7 Uhr und 8 Uhr fahren die Fahrzeuge dieser Gruppe durchschnittlich fast 20 min von 60 min. Einen vergleichsweisen hohen Anteil erreichen die Fahrzeuge erneut zwischen 16 Uhr und 17 Uhr. Zwischen diesen beiden ‚Peaks' ist der Fahrtanteil innerhalb einer Stunde mit 5 min gering. Die Fahrzeuge stehen größtenteils im Laufe des Tages. Von 4 Uhr bis 14 Uhr dominiert der Fahrtzweck ‚Fahrt zu Erbringung beruflicher Leistungen'. Danach ist vor allem der Zweck ‚Rückfahrt zum Betrieb/Stellplatz' von Relevanz. Die Anteile aller anderen Fahrtzwecke sind vernachlässigbar.

---

[122] Die x-Achse repräsentiert 60 min-Intervalle. Ungeachtet der Clusteranalyse mit 15 min-Intervallen wurden die Intervalle für eine bessere Lesbarkeit auf 60 min aggregiert. Die Stunden zwischen 0 Uhr und 4 Uhr wurden für die Clusteranalyse zusammengefasst, werden hier jedoch separat abgebildet. Dies hat keinen Einfluss auf die Ergebnisse, sondern dient der besseren visuellen Darstellung. Zu beachten ist die verschiedene Skalierung der y-Achse bei Fahrtzweck (Spalte A) und Aufenthaltsort (Spalte B) zugunsten der optischen Analyse.

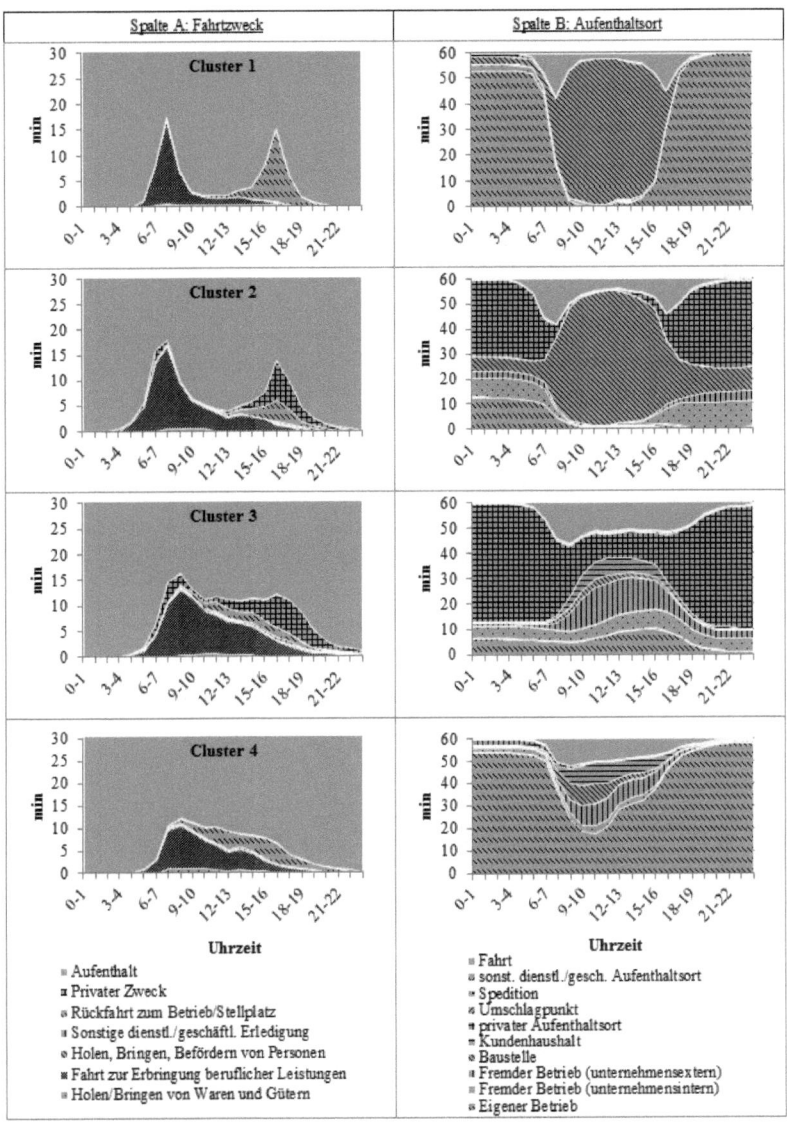

Abbildung 6-3: Tagesgänge nach Fahrtzweck und Aufenthaltsort.
Quelle: eigener Entwurf.

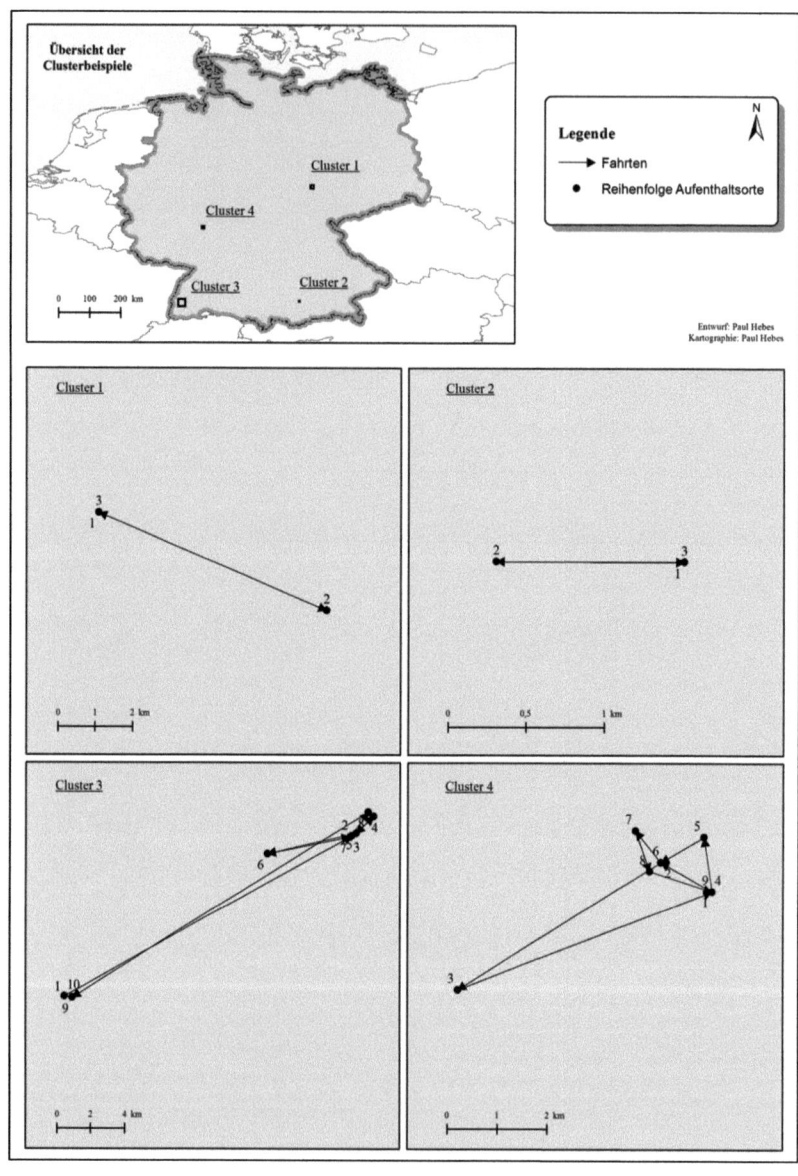

Abbildung 6-4: Räumliche Darstellung des Verkehrsverhaltens der vier Cluster-Exemplare.
Quelle: eigener Entwurf.

Die Fahrzeuge des Clusters 1 stehen bis zum Fahrtbeginn durchschnittlich über 50 min am ‚Eigenen Betrieb', womit dieser Aufenthaltsort der vorherrschende Ausgangspunkt vor Beginn der ersten Fahrt ist. Zwischen 8 Uhr und 16 Uhr befinden sich die Fahrzeuge dann am Zielort ihrer Fahrt, hier die ‚Baustelle'. Entsprechend dem Fahrtzweck ‚Rückfahrt zum Betrieb/Stellplatz' befinden sich von 17 Uhr an fast alle Fahrzeuge wieder am ‚Eigenen Betrieb'.

Das Tourenmuster des Clusters 1 repräsentiert damit diejenigen Fahrzeuge, die vor allem dienstlich eingesetzt werden und die Dienstleistung erbringende Person vom Betrieb zur Baustelle und zurück befördern. Abbildung 6-4 zeigt anhand des Cluster-Exemplars,[123] wie sich das Tourenmuster im Raum ausprägt. Es wird ersichtlich, dass es sich bei Cluster 1, vor allem im Verhältnis zum Cluster 3 und zum Cluster 4, um ein einfaches Tourenmuster handelt, das von zwei Fahrten und drei Aufenthaltsorten geprägt ist.[124]

Tabelle 6-1: Verhaltenskenngrößen der vier Verhaltenscluster.
Quelle: eigene Zusammenstellung.

Verhaltens-kenngröße	Vier Verkehrsverhaltens-Cluster							
	Cluster 1		Cluster 2		Cluster 3		Cluster 4	
	Mittel-wert	Std.-abw.	Mittel-wert	Std.-abw.	Mittel-wert	Std.-abw.	Mittel-wert	Std.-abw.
Fahrtenanzahl/d	2,8	1,6	3,4	2,0	4,7	2,3	4,1	2,4
Fahrtenketten-anzahl/d	1,0	0,2	1,8	0,8	2,3	0,9	1,1	0,3
Tagesfahr-leistung in km	64,0	81,4	109,3	127,2	152,1	171,6	81,2	115,1
Verkehrsbetei-ligungsdauer (in min/d)	83,1	66,7	125,7	106,9	164,2	127,5	108,1	100,4

---

[123] Die genutzte Software ClustanGraphics8 ermittelt das Cluster-Exemplar als denjenigen Fall, der dem berechneten Clustermittelpunkt am nächsten ist, den Cluster also am besten repräsentiert.

[124] Die optische Analyse von Abbildung 6-4 lässt kaum Unterschiede im Verkehrsverhalten zwischen den Clustern 1 und 2 bzw. 3 und 4 erkennen. Die Tourenmuster sind sehr ähnlich. Der Unterschied im Verhalten begründet sich in den Fahrtzwecken und den Zielen der Fahrten. Dies verdeutlicht die Vorteile des in dieser Arbeit gewählten Ansatzes der Tagesgänge (siehe Kapitel 3.2.3), der eine feinere Differenzierung des Verkehrsverhaltens ermöglicht.

Auch Tabelle 6-1 belegt, dass Cluster 1 im Verhältnis zu den übrigen Clustern ein weniger komplexes Tourenmuster darstellt. Cluster 1 weist mit durchschnittlich 2,8 Fahrten pro Tag die geringste Fahrtenanzahl auf.[125] Dass im Mittel nur eine Fahrtenkette am Tag entsteht, unterstreicht, dass die Fahrzeuge zum Großteil dienstlich und nicht für private Zwecke genutzt werden.[126] Die Tagesfahrleistung von durchschnittlich 64 km ist ebenfalls die geringste und korrespondiert mit der geringen Verkehrsbeteiligungsdauer, die sich bereits in Abbildung 6-3 gezeigt hat.

Mit einem Anteil von fast 90 % wird Cluster 1 von Lkw bis einschließlich 3,5 t Nutzlast, also leichten Nutzfahrzeugen, dominiert (siehe Abbildung 6-5). Pkw spielen nur eine untergeordnete und Lkw > 3,5 t Nutzlast eine vernachlässigbare Rolle.

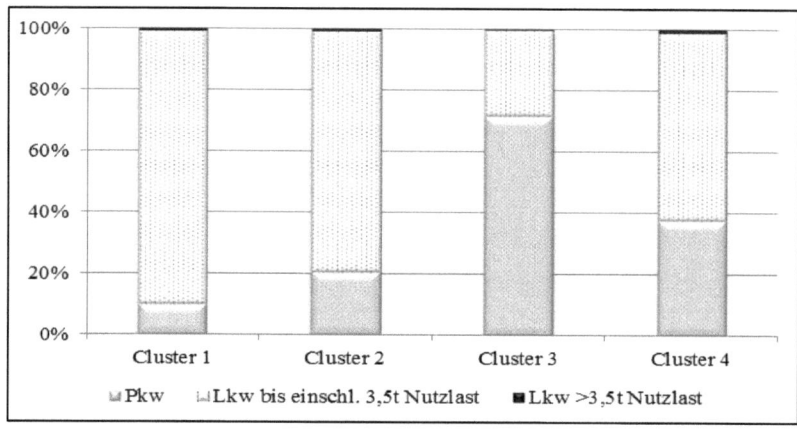

Abbildung 6-5: Anteil der Fahrzeugklassen in den vier Clustern.
Quelle: eigener Entwurf.

---

[125] Dass die durchschnittliche Fahrtenanzahl der Cluster in Tabelle 6-1 von den in Abbildung 6-4 dargestellten Fahrtenanzahlen abweicht, hängt mit der Streuung innerhalb der Cluster zusammen. Da die gefundene Clusterlösung eine Varianzaufklärung von 37 % (siehe Kapitel 5.4.2) aufweist, liegen nicht alle Fahrzeuge auf oder nahe dem Clustermittelpunkt, was zu Mittelwerten führt, die nicht deckungsgleich mit dem des Cluster-Exemplars sind. Damit erklärt sich auch die teils hohe Standardabweichung in Tabelle 6-1, die die Abweichungen von den Mittelwerten darstellt.

[126] Zur Definition einer Tour bzw. Fahrtenkette in dieser Arbeit siehe Abbildung 3-6 in Kapitel 3.2.2.

Tabelle 6-2 stellt die von der KiD 2002 abweichende Verteilung der Fahrzeuge auf die Wirtschaftsabschnitte in den vier Clustern dar. Positive Werte zeigen eine hohe, negative eine geringe Bedeutung eines Wirtschaftsabschnittes für einen Cluster an. Cluster 1 ist von Fahrzeugen geprägt, die im Baugewerbe gemeldet sind und dort eingesetzt werden. Dies deckt sich mit den bisherigen Erkenntnissen des Tourenmusters, das von LNFZ dominiert wird und die ‚Baustelle' als wichtigsten Aufenthaltsort darstellt. Alle übrigen Wirtschaftsabschnitte besitzen keine relevante Bedeutung im Cluster 1.

Tabelle 6-2: Verteilung der Fahrzeuge in den Clustern auf Wirtschaftsabschnitte.
Quelle: eigene Zusammenstellung.

Wirtschaftsabschnitt (WZ 2003)	Verteilung über alle berücksichtigten Kfz der KiD 2002 (%)	Abweichung von der Stichprobenverteilung (%)			
		Cluster 1	Cluster 2	Cluster 3	Cluster 4
A Land- und Forstwirtschaft	3,1	0,5	-0,8	-1,3	0,8
B Fischerei und Fischzucht	0,0	0,0	0,0	0,0	0,1
C Bergbau und Gewinnung von Steinen und Erden	0,6	-0,1	0,1	0,1	0,0
D Verarbeitendes Gewerbe	11,0	-3,1	-2,2	4,1	0,5
E Energie- und Wasserversorgung	5,8	-1,3	0,6	-0,9	1,7
F Baugewerbe	40,7	29,7	24,2	-24,7	-15,9
G Handel, Instandhaltung und Reparatur von Kfz und Gebrauchsgütern	11,9	-9,0	-8,0	10,0	3,1
H Gastgewerbe	0,5	-0,4	-0,5	0,3	0,3
I Verkehr und Nachrichtenübermittlung	3,7	-2,7	0,0	1,7	1,2
J Kredit- und Versicherungsgewerbe	1,4	-1,4	-1,2	2,2	0,0
K Grundstückswesen, Datenverarbeitung, F&E DL überwiegend für Unternehmen	8,8	-6,3	-5,3	8,0	1,3
L Öffentliche Verwaltung	4,6	-0,1	-1,6	-2,6	2,6
M Erziehung und Unterricht	0,5	-0,3	-0,5	0,1	0,4
N Gesundheits- und Sozialwesen	2,4	-2,2	-2,2	1,2	1,9
O Erbringung sonst. öff. und priv. DL	5,0	-3,1	-2,5	2,0	2,1
Q Exterritoriale Organisationen und Körperschaften	0,0	0,0	0,0	0,0	0,0
Gesamt	100,0	-	-	-	-

Cluster 2

Cluster 2 ähnelt in der tageszeitlichen Verteilung von Fahrten und Aufenthalten dem Cluster 1 (siehe Abbildung 6-3). Das morgendliche Maximum wird um 8 Uhr erreicht. Zu dieser Zeit sind die Fahrzeuge dieses Clusters am mobilsten. Durchschnittlich werden in diesem Zeitraum fast 20 min von 60 min fahrend verbracht. Die nachmittägliche Spitze wird zwischen 17 Uhr und 18 Uhr erreicht. Insgesamt kann dem Tourenmuster entnommen werden, dass, im Vergleich zu Cluster 1, die Fahrzeuge mobiler sind. Dies bestätigen auch die höhere Tagesfahrleistung von 110 km und die höhere Verkehrsbeteiligungsdauer von über zwei Stunden pro Tag (siehe Tabelle 6-1).

Der auffälligste Unterschied zu Cluster 1 besteht in der privaten Nutzung der Fahrzeuge. Während am Nachmittag zwar einige Fahrzeuge die ‚Rückfahrt zum Betrieb' antreten, befinden sich anteilig mehr Fahrzeuge auf einer Fahrt zum ‚Privaten Zweck'. Dies spiegelt sich auch bei den Aufenthaltsorten wider. Bis zur ersten Fahrt werden über 30 min von 60 min an einem ‚privaten Aufenthaltsort' verbracht, was bedeutet, dass ca. die Hälfte der Fahrzeuge dieses Clusters über Nacht an einer privaten Adresse, i. d. R. wohl dem eigenem Wohnsitz des Mitarbeiters, steht. Insgesamt sind die Aufenthaltsorte des Clusters 2 deutlich heterogener als die im Cluster 1 abgebildeten. Neben dem ‚privaten Aufenthaltsort' befinden sich auch zahlreiche Fahrzeuge über Nacht bereits an einer ‚Baustelle', an ‚Fremden Betrieben' sowie am ‚Eigenen Betrieb'. Alle Fahrzeuge haben dann jedoch gemein, dass sie, wie im Cluster 1, während der Arbeitszeit an der ‚Baustelle' stehen. Dort werden dann die beruflichen Leistungen erbracht, wegen derer die ‚Baustelle' am Morgen angefahren wurde. Entsprechend der privaten Nutzung der Fahrzeuge zeigen sich im Tourenmuster des Clusters 2 am Nachmittag zum Großteil die ‚privaten Aufenthaltsorte' als Ziel der Fahrten. Neben dem Verbleiben der Fahrzeuge an der ‚Baustelle', wo das Fahrzeug dann auch bis zum nächsten Tag steht, besitzen vor allem die unternehmensinternen fremden Betriebe, die nicht Heimatstandort des Fahrzeugs sind, Bedeutung als Aufenthaltsort. Das Anfahren dieser Ziele deutet auf einen flexiblen Fahrzeugeinsatz hin, der sich nach dem Bedarf des Unternehmens richtet. Dieser kann je nach Material, Mitarbeiter, Einsatzzweck und Zielort variieren.

Die heterogene Ausprägung der Aufenthaltsorte wirkt sich insgesamt nicht auf die Komplexität der Tourenmuster aus. Zwar führt die private Nutzung zu einer höheren Fahrtenkettenanzahl (1,8) als im Cluster 1. Abbildung 6-4 zeigt anhand des Cluster-Exemplars aber, dass es sich insgesamt um simple Tourenmuster handelt, die sich vor allem mit der Abfolge ‚privater Aufenthaltsort-Baustelle- privater Aufenthaltsort' beschreiben lassen. Wie im Cluster 1 dominieren auch im Cluster 2 die Lkw ≤ 3,5 t Nutzlast mit einem Anteil von knapp 80 %. Eine vergleichsweise größere Bedeutung als im ersten Cluster besitzen die Pkw (21 %, siehe Abbildung 6-5). Der höhere Pkw-Anteil kann unter Umständen auf eine andere berufliche Leistung am Zielort, der ‚Baustelle', hindeuten. Denkbar ist, dass es sich nicht um eine handwerkliche, sondern um eine planerische Leistung (Architekt, Bauleitung etc.) handelt, die durch die Fahrer der Pkw erbracht wird. Da die KiD 2002 die Fahrtzwecke nicht in entsprechender Detailtiefe erfasst, können hierzu jedoch keine sicheren Aussagen getroffen werden. Schließlich belegt Tabelle 6-2, dass auch Cluster 2 von Fahrzeugen geprägt wird, die auf den Wirtschaftsabschnitt des Baugewerbes zugelassen sind. Eine leicht überdurchschnittliche Relevanz erlangen auch die Kfz, die der Energie- und Wasserversorgung zuzuordnen sind. Dies ist plausibel, da Leistungen dieser Branche auch an einer ‚Baustelle' benötigt werden (etwa Strom- und Wasseranschlüsse).

Cluster 3

Cluster 3 weist ein gänzlich anderes Tourenmuster als Cluster 1 und 2 auf. Zwar sind auch am Morgen und am Nachmittag noch Maxima im Fahrtenaufkommen feststellbar. Insgesamt jedoch sind die Fahrzeuge über den Tag verteilt gleichmäßiger in Bewegung (siehe Abbildung 6-3). Durchschnittlich fahren die Fahrzeuge des dritten Clusters in jeder Stunde über 10 min, was bereits auf komplexere Tourenmuster mit mehr Fahrten und Stopps hindeutet. Dies bestätigen auch die Verhaltenskenngrößen in Tabelle 6-1. Im Mittel werden 2,3 Fahrtenketten mit 4,7 Fahrten am Tag von einem Fahrzeug durchgeführt. Die hohe Anzahl der Fahrten spiegelt sich auch in der hohen Tagesfahrleistung von über 150 km und der langen Verkehrsbeteiligungsdauer von über drei Stunden pro Tag wider.

Das komplexere Tourenmuster prägt sich auch im Raum deutlich diffuser aus als das der Cluster 1 und 2. Abbildung 6-4 belegt anhand des Cluster-Exemplars, dass zunächst lange Wege bis zum Zielort und daraufhin kürzere Wege im Einsatzgebiet zurückgelegt werden, wobei teilweise in zuvor besuchte Regionen zurückgekehrt wird (‚Ping-Pong-Effekt'). Dies deckt sich mit den Erkenntnissen aus den visualisierten Tourenmustern (siehe Abbildung 6-3), die zunächst eine sehr hohe Fahrtendauer am Morgen und dann ein stetiges, aber zeitlich kürzeres Fahren im Tagesverlauf darstellen.

Der dominante Fahrtzweck bis 15 Uhr ist die ‚Fahrt zur Erbringung beruflicher Leistungen', jedoch mit sukzessivem Bedeutungsverlust je länger der Tag andauert. Die

Fahrt zum ‚Privaten Zweck' spielt zunächst am Morgen und dann wieder ab Mittag eine wachsende Rolle. Einerseits sind dies häufig die letzten Fahrten am Tag, die zu einem ‚privaten Aufenthaltsort' führen (vor allem ‚Zu Hause'). Aber auch während des Tages werden die dienstlichen Fahrten durch private Fahrten unterbrochen, was zur verhältnismäßig hohen Fahrtenkettenanzahl (2,3/Tag) führt.

Die ‚Rückfahrt zum Betrieb' erlangt vor allem zwischen 11 Uhr und 17 Uhr an Bedeutung. Die Rückfahrt findet nicht erst nach Vollendung des gesamten Arbeitstages, wie etwa in Cluster 1, statt. Für wenige Fahrzeuge ist der ‚Eigene Betrieb' der letzte Aufenthaltsort am Tag. Vielmehr ist dieser nur der letzte dienstliche Aufenthaltsort, bevor das Fahrzeug für weitere ‚Private Zwecke' eingesetzt wird. Dies zeigt sich auch bei den Aufenthaltsorten (siehe Abbildung 6-3). Vor und nach der letzten Fahrt steht der Großteil der Fahrzeuge dieses Clusters am ‚privaten Aufenthaltsort'. Zwischen 9 Uhr und 18 Uhr dominieren drei Aufenthaltsorte, an denen die beruflichen Leistungen erbracht werden. Dies sind:

- der 'Kundenhaushalt',
- der ‚Fremde Betrieb (unternehmensextern)' und
- der ‚Fremde Betrieb (unternehmensintern)'.

Abbildung 6-5 zeigt, dass Cluster 3, anders als die übrigen Cluster, von Pkw bestimmt wird (71 %). LNFZ machen immer noch knapp 30 % des Clusters aus. Die LNFZ und Pkw gehören vor allem zum Handel, zum Wirtschaftsabschnitt K (Grundstückswesen, Dienstleistungen überwiegend für Unternehmen) und zum Verarbeitenden Gewerbe (siehe Tabelle 6-2). Überwiegend wird der Cluster von den Kfz beherrscht, die im tertiären Wirtschaftssektor gemeldet sind.

Mit Hinblick auf Aufenthaltsort, Fahrzeugart und Wirtschaftsabschnitt scheinen die vorherrschenden beruflichen Leistungen, die am Zielort der Fahrten erbracht werden, Besprechungen, Beratungen, Handelsvermittlungen (Verkaufsgespräch) und Schulungen zu sein. Hierfür werden in der Regel keine sperrigen Hilfsmittel oder Güter benötigt, weshalb der Pkw eingesetzt werden kann. Die LNFZ hingegen können u. a. für Reparaturen und Instandhaltung von Gebrauchsgütern (Wirtschaftsabschnitt G), aber auch für Wartungen von Industrieanlagen (Wirtschaftsabschnitt D, Verarbeitendes Gewerbe) genutzt werden.[127]

Cluster 4

Cluster 4 ähnelt mit seinem Tourenmuster stärker Cluster 3 als den ersten beiden Clustern. Am mobilsten sind die Fahrzeuge des vierten Clusters zwischen 8 Uhr und 9 Uhr. Dann fahren sie durchschnittlich 13 min in der Stunde. Bis zum Abend fahren die Fahrzeuge sukzessive weniger. Es gibt kein zweites Maximum wie in den übrigen drei Clustern (siehe Abbildung 6-3). Ähnlich wie in Cluster 3 sind auch die Fahrzeuge in Cluster 4 über den Tag gesehen konstant mobil, jedoch mit einer geringeren mittleren Verkehrsbeteiligungsdauer. Wie Tabelle 6-1 zu entnehmen ist, legen die Fahrzeuge pro Tag im Durchschnitt etwas über 80 km in ca. 108 min zurück. Die Tagesfahrleistung verteilt sich im Mittel auf vier Fahrten. Abbildung 6-4 zeigt, dass es sich bei dem Tourenmuster des Clusters 4 um eine ähnlich komplexe Fahrtenfolge handelt wie im Cluster 3. Im Laufe des Tages wird mehrfach in gleiche Räume zurückgekehrt. Insbesondere deutet Abbildung 6-4 an, dass die Fahrzeuge, anders als im Cluster 3, im Zeitverlauf zum Ausgangspunkt zurückkehren, um dann erneut zu einer Fahrt aufzubrechen. Im Durchschnitt kehrt ein Fahrzeug des vierten Clusters 1,3-mal pro Tag zum ‚Eigenen Betrieb' zurück. Im Cluster 3 geschieht dies im Mittel nur 0,5-mal pro Tag (Cluster 1: 1,1; Cluster 2: 0,5).

Einer der wesentlichen Unterschiede des vierten Clusters zu dem vorhergehend beschriebenen ist, neben der geringeren Tagesfahrleistung, die vorwiegend dienstliche Nutzung der Fahrzeuge. Dementsprechend dominieren die Fahrtzwecke ‚Erbringung beruflicher Leistungen' und ‚Rückfahrt zum Betrieb'. Die Fahrt zum ‚Privaten Zweck' spielt nur eine marginale Rolle. Das bedeutet, dass die Kfz dieses Clusters hauptsächlich für den Personenwirtschaftsverkehr eingesetzt werden. Dies spiegelt sich auch in der Verteilung der Aufenthaltsorte wider. Abgesehen vom ‚Eigenen Betrieb', sind

---

[127] Durch eine mangelnde Differenzierung der Fahrtzwecke lässt sich die tatsächlich ausgeübte berufliche Leistung am Ziel- bzw. Aufenthaltsort nur ungefähr über deskriptive Statistiken zu Fahrzeugart, Wirtschaftsabschnitt und entsprechender Reflexion in die Realität abschätzen.

- der 'Kundenhaushalt',
- die ‚Baustelle' und
- der ‚Fremde Betrieb (unternehmensextern)'

die entscheidenden Ziele der Fahrzeugfahrten im vierten Cluster.

Abbildung 6-5 zeigt, dass Cluster 4 von Lkw $\leq 3,5$ t Nutzlast geprägt wird (61%). Die Pkw folgen jedoch mit geringerem Abstand als in Clustern 1 und 2 mit 38 %. Das Tourenmuster, welches durch Cluster 4 repräsentiert wird, scheint somit in größerem Maße sowohl für Pkw als auch LNFZ zuzutreffen.

Die Verteilung der Fahrzeuge auf die Wirtschaftsabschnitte weist darauf hin, dass dieses Tourenmuster in allen Bereichen, außer dem Baugewerbe, durchschnittlich oder überdurchschnittlich oft auftritt (siehe Tabelle 6-2). Das bedeutet, dass die Einsatzmuster der Fahrzeuge branchenübergreifend ähnlich sein können und ungeachtet der wirtschaftlichen Tätigkeit des Unternehmens die erbrachten beruflichen Leistungen am Zielort zu vergleichbaren Tourenmustern führen. Die vor Ort erbrachten Dienstleistungen können, wie in Cluster 3, von Beratungen bis hin zu Installationen und Reparaturen reichen.

Zwischenfazit

Insgesamt ist zu resümieren, dass mit den KiD 2002-Daten, die für die Grundgesamtheit der in Deutschland zugelassenen Fahrzeuge repräsentativ sind, charakteristische Tourenmuster für den Personenwirtschaftsverkehrs identifizierbar sind. Die erste arbeitsleitende Fragestellung dieser Arbeit kann damit bejaht werden.

Zur abschließenden Beantwortung der zweiten arbeitsleitenden Fragestellung sind die Charakteristika der vier Cluster in Tabelle 6-3 zum Vergleich zusammengefasst. Damit und mit der detaillierten Darstellung der Cluster in diesem Kapitel ist gezeigt, dass zwischen den vier identifizierten Tourenmustern teils deutliche Unterschiede bestehen und welche dies im Einzelnen sind.

Tabelle 6-3: Zusammenfassende, qualitative Charakterisierung der vier Cluster.
Quelle: eigene Zusammenstellung.

Clustercharakteristika	Cluster 1	Cluster 2	Cluster 3	Cluster 4
Tagesgang	Zwei deutliche Spitzen (morgens und abends), tagsüber sehr geringe Beteiligung	Zwei deutliche Spitzen (morgens und abends), tagsüber geringe Beteiligung	Zwei Spitzen (morgens und abends), tagsüber konstante, sehr hohe Beteiligung	Keine deutliche Spitze, lediglich ein geringes Maximum (morgens), tagsüber konstante, hohe Beteiligung
Verkehrsaufkommen/ Verkehrsleistung	gering/gering	mittel/hoch	sehr hoch/ sehr hoch	hoch/mittel
Fahrtzweck	überwiegend dienstlich	dienstlich und privat	dienstlich und privat	überwiegend dienstlich
Aufenthaltsort	Tag: Baustelle Nacht: Eigener Betieb	Tag: Baustelle Nacht: privater Aufenthaltsort	Tag: Privat- und Unternehmenskunden Nacht: privater Aufenthaltsort	Tag: Privat- und Unternehmenskunden, Baustelle Nacht: Eigener Betrieb
Fahrzeugart	LNFZ dominieren sehr stark	LNFZ dominieren stark	Pkw dominieren stark	LNFZ dominieren
Wirtschaftsabschnitt	Baugewerbe (F)	Baugewerbe (F) und Energie- und Wasserversorgung (E)	Insbesondere Wirtschaftsabschnitte G, K, D	Vertritt alle Wirtschaftsabschnitte, außer Baugewerbe (F)

6.1.2 Diskussion

Die Ergebnisse dieser Arbeit lassen sich mit nur wenigen früheren Studien vergleichen, da bisher kaum Arbeiten zum Verkehrsverhalten im Personenwirtschaftsverkehr existieren.

Schütte (1997) hat mit einer explorativen Studie Kennzahlen zum Verkehrsverhalten im Personenwirtschaftsverkehr errechnet. Die geringe Fallzahl (17 Unternehmen) und die von dieser Arbeit verschiedenen Definitionen erschweren jedoch den direkten Vergleich. Schütte (1997) stellt bei seinen Untersuchungen der Baubranche fest, dass die Fahrleistung als gering einzustufen ist, insbesondere wenn LNFZ zum Einsatz kommen (Schütte 1997, S. 55f.). Dies deckt sich mit den Erkenntnissen dieser Arbeit, die zeigen, dass im Cluster 1 die geringste Fahrleistung pro Tag erreicht wird. Kommen Pkw zum Einsatz, die auch für private Zwecke genutzt werden, steigt die Verkehrsleistung an (vgl. Schütte 1997, S. 50f.).

Deneke (2005) erhält bei seiner Clusterung des Verkehrsverhaltens sieben homogene Gruppen, drei mehr als in dieser Arbeit. Die sieben Cluster basieren jedoch auf allen Fahrzeugen der KiD 2002. Damit werden auch Fahrzeuge in die Analyse einbezogen, die am Stichtag keinen Personenwirtschaftsverkehr durchführten. Dies und methodische Unterschiede führen zu einer abweichenden Kategorisierung und Clusteranzahl. Dennoch existieren Überscheidungen beider Studien. Komplementär zu Cluster 1 dieser Arbeit identifiziert Deneke (2005, S. 115ff.) einen Verhaltenscluster, der sich durch LNFZ auszeichnet, die morgens zum Zwecke der Leistungserbringung zur Baustelle fahren, dort tagsüber verbleiben und am Abend zum Betrieb zurückkehren. Weitere Cluster bei Deneke (2005) enthalten Elemente des Personenwirtschaftsverkehrs, mischen sich jedoch mit Elementen des Güter- und Personenverkehrs. Durch die divergierende Zielstellung und Vorgehensweise bei Deneke (2005) lassen sich die charakteristischen Tourenmuster des Personenwirtschaftsverkehrs nicht trennscharf bestimmen. Diese können nun durch die Resultate dieser Arbeit bereitgestellt werden.

Auch bei Machledt-Michael (2000a, S. 95ff.) ist die auffälligste Übereinstimmung mit dieser Arbeit der Verhaltenscluster, der die Fahrzeuge der Baubranche beinhaltet und das Tourenmuster mit zwei Verkehrsbeteiligungs-Spitzen und dem Zielort ‚Baustelle' darstellt. Die private Nutzung der Fahrzeuge sowie die Leistungserbringung bei externen Unternehmen bzw. Kundenhaushalten finden sich bei Machledt-Michael (2000a) in zwei Clustern wieder. Die von dieser Arbeit unterschiedliche Zielstellung führt zu einem Ergebnis, das den Personenwirtschaftsverkehr zwar beinhaltet, ihn jedoch nicht klar differenzieren kann.

Als Zwischenfazit kann festgehalten werden, dass die Tourencharakteristika der Fahrzeuge der Baubranche unabhängig vom Untersuchungshintergrund und -ansatz sowie des Datenmaterials in verschiedenen Studien deutlich hervortreten. Andere Verkehrsverhalten des Personenwirtschaftsverkehrs, wie sie in der vorliegenden Arbeit mit den Clustern 2 bis 4 beschrieben wurden, sind bisher nur undifferenziert in Kombination mit anderen Einsatzcharakteristika dargestellt.

Im Gegensatz zu früheren Studien (insbesondere Deneke 2005; Machledt-Michael 2000a) zeigt diese Arbeit, dass Fahrzeuge, die für den Personenwirtschaftsverkehr eingesetzt werden, nur eine geringe Mischnutzung aufweisen. Das heißt, abgesehen von der ‚Rückfahrt zum Betrieb' und der Fahrt zum ‚Privaten Zweck' spielen die übrigen Fahrtzwecke bei diesen Fahrzeugen nur eine untergeordnete Rolle. Insbesondere der Transport von Gütern tritt auch bei den Fahrzeugen, welche die ‚Baustelle' anfahren, in den Hintergrund. Dies unterstreicht die Notwendigkeit, den Personenwirtschaftsverkehr und den Güterverkehr voneinander zu unterscheiden und als selbständigen Bereich des Wirtschaftsverkehrs zu begreifen und somit auch dezidiert in Planung und Wissenschaft zu berücksichtigen.

Konsistent zu anderen Arbeiten (etwa Buliung & Kanaroglou 2006; Deneke 2005) belegen die Resultate des Kapitels 6.1.1, dass kein universelles Tourenmuster existiert, welches auf eine ganz bestimmte Fahrzeugart oder einen ganz bestimmten Wirtschaftszweig zutrifft. So gibt es im Cluster 1 neben der Vielzahl LNFZ auch Pkw, die am Morgen zur Baustelle fahren und am Abend zurück zum Betrieb. Ebenso finden sich Fahrzeuge des Wirtschaftsabschnitts K auch in den Clustern 1 und 2 und nicht ausschließlich in den für sie typischeren Verhaltensgruppen 3 und 4. Diese Heterogenität des Verkehrsverhaltens macht eine Modellierung des Verkehrs und eine exakte Bestimmung der Rolle von Unternehmen schwierig. Dies zeigt sich auch an den Ergebnissen der Modellrechnungen (siehe Kapitel 6.2 und 6.3).

Schließlich stellen die Ergebnisse dieser Arbeit die Einteilung der Verkehre bzw. die Zuordnung von einzelnen Wegen zu Verkehrsarten infrage. Diese Problematik tritt etwa im Cluster 2 deutlich hervor. Die Fahrzeuge dieser Gruppe fahren zum Großteil vom privaten Aufenthaltsort (meist dem Wohnsitz der Mitarbeiter/Fahrer) direkt zur Arbeit, der Baustelle und am Abend zurück nach Hause. Daher scheint hier viel eher der ‚Weg zur Arbeit' durchgeführt zu werden. Dieser Auffassung folgend, hieße das, dass Statistiken zu Wegezwecken und Fahrtaufkommen und -leistung den Personenwirtschaftsverkehr über- und den Personenverkehr unterschätzen. Gegen diese Auslegung spricht jedoch die Charakteristik des Personenwirtschaftsverkehrs, die insbesondere in der Baubranche zum Tragen kommt. Es ist davon auszugehen, dass die Fahrzeuge Materialien und Werkzeuge mitführen, um am Zielort die Dienstleistung zu erbringen (vgl. Menge 2011, S. 204). Im Personenverkehr ist i. d. R. hingegen anzunehmen, dass der ‚Weg zur Arbeit', etwa in das Büro, ohne zusätzliche Hilfsmittel erfolgt, die zur Arbeitserbringung benötigt werden. Dieses Kriterium erlaubt es in einer

Vielzahl der Fälle zwischen Personen- und Personenwirtschaftsverkehr zu unterscheiden.

Die Diskussion um die Tourencharakteristika des Personenwirtschaftsverkehrs zeigt, dass einerseits die getrennte Betrachtung vom Güterverkehr gerechtfertigt ist. Andererseits stellt auch diese Arbeit fest, dass eine abschließende Abgrenzung des Personenwirtschaftsverkehrs von anderen Verkehrsarten, insbesondere dem Personenverkehr, diffizil ist.

Die in Kapitel 6.1 erfolgte Interpretation der Tourencharakteristika dient neben der Beantwortung der ersten beiden arbeitsleitenden Fragestellungen als Ausgangspunkt zur Analyse der Rolle von Unternehmen beim Verkehrsverhalten im Personenwirtschaftsverkehr. Die Cluster bilden zusammen die endogene Variable für die Modellierung der methodischen Ebenen 1 und 3. Das folgende Kapitel 6.2 stellt zunächst die Güte der Regressionsmodelle dar, bevor Kapitel 6.3 die Bedeutung der vier Faktorengruppen analysiert.

6.2 Güte der Modellergebnisse

6.2.1 Ergebnis

Die Güte der Regressionsmodelle, die für die drei methodischen Ebenen berechnet wurden, ist heterogen. Zunächst zeigt sich, dass alle Modelle auf Basis des Likelihood-Quotienten-Tests bzw. des F-Tests signifikant ($\alpha \leq 0{,}05$) sind (siehe Tabelle 6-4). Das bedeutet, die vom Modell berechneten Ergebnisse sind nicht zufällig und die einbezogenen exogenen Variablen sind dazu geeignet, die endogene Variable, das Verkehrsverhalten, zu bestimmen.

Wie gut die Modelle das Verkehrsverhalten vorhersagen, geben die Werte des Pseudo-R^2 bzw. das Bestimmtheitsmaß (R^2) wieder. Das Modell für Ebene 1 erklärt mit drei exogenen Variablen 30 % der Varianz. Damit ist das Modell akzeptabel und tendiert zu einem guten Resultat (siehe Kapitel 5.5.1). In das lineare Regressionsmodell der zweiten methodischen Ebene flossen 13 exogene Faktoren ein. Das Bestimmtheitsmaß erreicht hier einen geringeren Wert von 16 % Varianzaufklärung. Den geringsten R^2-Wert erreicht das multinomiale logistische Regressionsmodell (MNL) des Fusionsdatensatzes (6 %). Tabelle 6-4 ist zu entnehmen, dass die ‚hit ratio' über der proportionalen Zufallswahrscheinlichkeit (PZW) liegt und damit die vorhergesagten Werte der Modelle die realen Werte öfter ‚treffen', als es zufällig möglich wäre. Das Gleiche tritt in noch größerem Maße für die erste methodische Ebene zu. Hier liegt das Verhältnis bei 28 % (PZW) gegenüber 50 % (hit ratio).

Tabelle 6-4: Gütemaße der Regressionsmodelle der methodischen Ebenen 1 bis 3.
Quelle: eigene Berechnungen.

Gütemaß	methodische Ebene		
	1	2	3
Likelihood-Quotienten-Test, Chi-Quadrat Wert (Signifikanz)	3032,26 (0,000)	-	570,50 (0,000)
F-Test, ANOVA (Signifikanz)	-	4,079 (0,000)	-
PZW vs. hit ratio	0,28 vs. 0,50	-	0,33 vs. 0,43
Bestimmtheitsmaß B (R^2)	-	0,16	-
Pseudo-R^2 (nach Nagelkerke)	0,30	-	0,06

6.2.2 Diskussion

Insgesamt betrachtet liefern alle drei Modelle statistisch signifikante ($\alpha \leq 0{,}05$) und damit vom Zufall verschiedene Ergebnisse. Die in Kapitel 6.3 dargestellten Ergebnisse bieten damit eine valide und verlässliche Basis, um die Rolle der Unternehmen beim Verkehrsverhalten im Personenwirtschaftsverkehr zu analysieren. Die Güte der Modelle scheint zunächst unzureichend, da maximal 30 % der Varianz erklärt werden können. Insbesondere beim MNL ist jedoch bereits ab einem Wert von 0,2 (20 %) von einem akzeptablen Modell zu sprechen (Backhaus et al. 2006, S. 456). Während das MNL der Ebene 1 mit 30 % ein sehr akzeptables Modell mit einem Trend zu einem guten Modell aufweist, muss das Ergebnis der 3. Ebene auf Basis des Pseudo-R^2 als unbefriedigend eingestuft werden. Wie in Kapitel 5.6.3 beschrieben, kann durch die Fusion jedoch nicht von validen Kovarianzen ausgegangen werden, weshalb auch das Pseudo-R^2 nur einen annähernden Wert der Varianzaufklärung darstellt. Für die vorliegende Arbeit ist dies unproblematisch, da die Durchführung der dritten methodischen Ebene aus statistischen Gründen (siehe Kapitel 5.6.3) nicht der Hypothesenverifizierung bzw. -falsifizierung dient (siehe Kapitel 5.1).

Dennoch muss konstatiert werden, dass trotz Berücksichtigung und Erfüllung der statistischen Anforderungen das MNL des fusionierten Datensatzes keine befriedigende Güte besitzt. Hierfür sind verschiedene Ursachen zu nennen. Zum einen bringt die Verknüpfungslogik (siehe Kapitel 5.6.1) mit sich, dass die Dienstleistungsverkehrsstudie künstlich vergrößert wird, da jedes Unternehmen von der KiD 2002 so viele Fahrzeuge zugespielt bekommt, wie es angibt zu besitzen. Das führt zu einer hohen Varianz des Verhaltens von Fahrzeugen innerhalb eines Unternehmens. Zwar spiegelt dies die Realität wider, führt aus statistischer Sicht aber dazu, dass ein und derselbe Wert eines exogenen Faktors (etwa die Anzahl der Mitarbeiter) verschiedene Ausprägungen der endogenen Variable (Verhalten) erklären muss. Daraus resultiert eine deutlich sinkende Varianzaufklärung gegenüber der methodischen Ebene 2, bei der einem erklärenden Wert jeweils nur ein abhängiger Wert gegenübersteht. Zum anderen werden in das MNL der dritten methodischen Ebene nur zehn exogene Faktoren aufgenommen. Die drei Faktoren, die in der ersten Ebene genutzt wurden, stehen für das MNL der dritten Ebene nicht zur Verfügung, da sie die Grundlage der Fusion bilden (siehe Kapitel 5.6.3). Entsprechend geringer fällt die Varianzaufklärung aus, wenn drei Faktoren außer Acht gelassen werden müssen, die im MNL der ersten Ebene zu 30 % der Varianzaufklärung führen.

Obwohl in der zweiten methodischen Ebene 13 Faktoren in das Modell einbezogen werden, fällt die Varianzaufklärung geringer aus als im Modell der ersten Ebene, welches nur drei Faktoren aufnimmt. Die Ursache für den niedrigeren Wert liegt einerseits in den verschiedenen Berechnungsvorschriften der Modelle und des R^2-Wertes. Andererseits sind die unterschiedlichen Modellgüten auf die Daten der KiD 2002 und der DLVS zurückzuführen. Die endogene Variable der DLVS, die logarithmierte durchschnittliche Jahresfahrleistung eines Unternehmensfahrzeugs, differenziert das Verkehrsverhalten im Personenwirtschaftsverkehr nicht so detailliert wie das geclusterte Verhalten der KiD 2002 in den Ebenen 1 und 3. Durch die geringere Aussagekraft der endogenen Variable können auch die exogenen Variablen ihr mögliches, erklärendes Potential nicht voll ausschöpfen. Dies führt sowohl zur niedrigeren Varianzaufklärung als auch zu dem Schluss, dass das Verkehrsverhalten nicht durch eindimensionale Verhaltenskenngrößen, sondern durch Tourenmuster und Tagesgänge abzubilden und in Modelle einzubinden ist (siehe Kapitel 3.2).

Dass die erklärte Varianz in allen drei Modellen so gering erscheint, ist auch auf die heterogenen Erscheinungsformen des Verkehrs zurückzuführen (vgl. Deneke 2005, S. 162; Schlich & Axhausen 2003, S. 19). Kapitel 6.1 hat gezeigt, dass sich unterschiedliche Fahrzeugarten aus verschiedenen Wirtschaftsabschnitten ähnlich verhalten und im gleichen Cluster befinden. Gleiche Fahrzeugarten gleicher Wirtschaftsabschnitte verhalten sich wiederum verschieden. Ein unterschiedliches Verhalten gleicher Einheiten führt zur gleichen Problematik, wie sie für die Datenfusion beschrieben wurde. Dieselben exogenen Faktoren müssen unterschiedliches Verhalten erklären, was im statistischen Sinne einen Widerspruch bedeutet und zu geringeren Varianzaufklärungen führt. Die Realität allerdings spiegelt dies gut wider.

Schließlich muss berücksichtigt werden, dass das Verkehrsverhalten nicht nur durch das das Fahrzeug einsetzende Unternehmen beeinflusst wird (siehe Kapitel 4.1). Würden weitere exogene Faktoren berücksichtigt werden, die außerhalb des Fokus dieser Arbeit liegen und die die Daten nur teilweise beinhalten, könnte eine höhere Varianzaufklärung erreicht werden (vgl. Deneke 2005, S. 162). Denkbar sind neben Fahrer- bzw. Personenmerkmalen auch technische Kfz-Eigenschaften.

Dennoch zeigen die Ergebnisse zur Modellgüte, dass alle drei methodischen Ebenen dieser Arbeit dazu geeignet sind, exogene Faktoren zu bestimmen, die sich auf das Verkehrsverhalten auswirken. Das Vorgehen stellt somit einen erfolgreichen Ansatz zur Erklärung der unternehmerischen Rolle beim Verkehrsverhalten dar.

6.3 Die Bedeutung der vier Faktorengruppen

Dieses Kapitel widmet sich der Analyse der Modellergebnisse. Alle vier Faktorengruppen werden nacheinander betrachtet, um deren Relevanz für das Verkehrsverhalten gesondert zu interpretieren. Sofern für eine Faktorengruppe Ergebnisse aus mehr als einer der drei methodischen Ebenen zur Verfügung stehen, werden diese Resultate nacheinander vor- und auch gegenübergestellt. Beim erstmaligen Auftreten von Modellergebnissen wird außerdem die Interpretation der entsprechenden Resultate und Kennwerte anhand von Fallbeispielen erläutert.

6.3.1 Interne Strukturfaktoren

Ergebnis

Die drei internen Strukturfaktoren (Wirtschaftsabschnitt, Unternehmensgröße und Betriebsstandort), die in das Modell der methodischen Ebene 1 aufgenommen wurden, besitzen alle eine signifikante Trennkraft ($\alpha \leq 0{,}05$). Das heißt, sie bestimmen maßgeblich die Zugehörigkeit eines Fahrzeugs zu einem Cluster. Die drei Faktoren sind somit geeignet, das Verkehrsverhalten zu erklären bzw. zu modellieren. Eine besonders große Bedeutung kommt den Faktoren ‚Wirtschaftsabschnitt' und ‚Größe des Unternehmens' zu (siehe Tabelle 6-5). Sie grenzen alle Cluster sehr gut voneinander ab. Der ‚Betriebsstandort' hingegen separiert lediglich Cluster drei und vier auf signifikantem Niveau.

Dennoch kann aus den Resultaten in Tabelle 6-5 geschlossen werden, dass entsprechend der ersten methodischen Ebene die Nullhypothesen:

- $H1_0$,
- $H2_0$ und
- $H3_0$

abzulehnen sind. Alle drei unternehmerischen Faktoren spielen eine statistisch signifikante Rolle beim Verkehrsverhalten.

Tabelle 6-5: Modellergebnisse der internen Strukturfaktoren - Ebene 1 (KiD 2002).
Quelle: eigene Berechnungen.

Faktoren-gruppe		Faktor	Indikator	Regressionskoeffizienten (B) - Referenzcluster: 4 -		
				Cluster 1	Cluster 2	Cluster 3
			Konstante	-2,15*	-2,14*	-0,43*
interne Faktoren	Struktur	Wirtschafts-abschnitt	Primärer Sektor (Wirtschaftsabschnitte A; B)	1,01*	0,72*	-0,26
			Bergbau und Energieversorgung (C; E)	0,70*	0,88*	-0,08
			Verarbeitendes Gewerbe (D)	0,78*	0,90*	0,63*
			Baugewerbe (F)	2,11*	2,20*	0,02
			Handel und Instandhaltung (G)	-0,60*	-0,08	0,76*
			Gastgewerbe, Verkehr, Kredit- und Versicherungsgewerbe (H; I; J)	-0,85*	0,61*	0,74*
			Grundstückswesen, Datenverarbeitung, F&E DL überwiegend für Unternehmen (K)	-0,31*	0,17	0,89*
			Tertiärer Sektor, übrige Dienstleistungen (L; M; N; O; Q)	a	a	a
		Größe des Unterneh-mens	1-9 Mitarbeiter	0,72*	-0,58*	-0,50*
			10-49 Mitarbeiter	1,18*	-0,10	-0,47*
			50-249 Mitarbeiter	0,89*	0,46*	-0,05
			250 und mehr Mitarbeiter	a	a	a
		Betriebs-standort	Agglomerationsräume	0,08	-0,12	0,22*
			Verstädterte Räume	0,07	-0,10	-0,09
			Ländliche Räume	a	a	a

^{a} Dieser Parameter wird auf Null gesetzt, da er Referenzkategorie ist.
* Signifikanter Einfluss der Indikatoren bei der Trennung der Cluster (basiert auf Wald-Statistik, $\alpha \leq 0,05$)
n = 9.223

Die Regressionskoeffizienten (B) geben Auskunft darüber, wie die einzelnen Faktoren auf das Verkehrsverhalten wirken. Anhand des Clusters 1 und des Indikators ‚Baugewerbe (F)' lässt sich die Interpretation verdeutlichen.[128] Der positive Wert (B) von 2,11 (siehe Tabelle 6-5) zeigt an, dass bei einer Zugehörigkeit des Fahrzeugs zu einem Unternehmen des Baugewerbes (Indikatorenwert = 1) das Fahrzeug eher das Verhalten des Clusters 1 aufweist als das des Referenzclusters 4. Gehört das Fahrzeug in den Wirtschaftsabschnitt ‚Handel und Instandhaltung (G)', deutet der negative Wert (B) von -0,60 auf ein Verhalten entsprechend dem vierten Cluster hin. Da es sich bei dem MNL um eine logarithmische Funktion handelt, können die sogenannten ‚odd ratios' (Effekt-Koeffizienten), die Auskunft über die Wirkungsstärke geben, über $e^{(B)}$

---

[128] Die Interpretation folgt der Theorie aus Backhaus et al. (2006, S. 475f.) und Bühler (2008).

berechnet werden. Für ein Fahrzeug des Baugewerbes ($e^{(2,11)}$) bedeutet dies, die Wahrscheinlichkeit steigt um das 8,2-fache, dass dieses Fahrzeug das Verhalten des Clusters 1 repräsentiert und nicht das des Clusters 4.[129]

Welchem Cluster (y) ein Fahrzeug zugeordnet wird, ergibt sich, indem die Wahrscheinlichkeiten (P) für alle vier Cluster berechnet werden. Das Fahrzeug wird dann dem Cluster mit der höchsten Wahrscheinlichkeit zugeschrieben. Für das Fahrzeug aus der KiD 2002 mit der ID 1470169 (Baugewerbe, 10-49 Mitarbeiter, Agglomerationsraum) folgt entsprechend der Gleichung (1) aus Kapitel 5.5.1:

$$P_{1470169}(y=1)=0{,}59 \tag{3}$$

$$P_{1470169}(y=2)=0{,}15 \tag{4}$$

$$P_{1470169}(y=3)=0{,}09 \tag{5}$$

$$P_{1470169}(y=4)=1-P(y=1)-P(y=2)-P(y=3)=0{,}17 \tag{6}$$

Für das Fahrzeug mit der ID 1470169 ist daher das Verhalten des Clusters 1 mit 59 % am wahrscheinlichsten.

Der Regressionskoeffizient des Indikators ‚Baugewerbe' besitzt mit Abstand die größte Bedeutung im Cluster 1. Dies ist konsistent mit den Ergebnissen der Clusterung (siehe Kapitel 6.1). Cluster 1 steht für Fahrzeuge, die für Fahrten zur Baustelle eingesetzt werden und die tagsüber am Zielort verbleiben. Diese Charakteristika treffen am ehesten auf das Baugewerbe zu. Fahrzeuge, die den Wirtschaftsabschnitten G bis Q zuzuordnen sind, haben eine geringere Chance, dass sie ein Verhalten des Clusters 1 aufweisen. Tabelle 6-5 zeigt weiter, dass nicht nur Fahrzeuge des Baugewerbes zur Baustelle fahren. Auch Fahrzeuge des primären und sekundären Sektors besitzen eine (wenn auch geringere) Wahrscheinlichkeit, dieses Verhalten zu realisieren. Bezogen auf die Unternehmensgröße ist die Wahrscheinlichkeit, dass ein Fahrzeug die Tagesgänge

---

[129] Für die dichotomen Variablen nehmen die Indikatoren nur die Werte 0 oder 1 an. Für metrisch skalierte Indikatoren wie etwa die ‚Anzahl Betriebsstandorte in Deutschland' erhöht sich der Regressionskoeffizient (B) um den Faktor des entsprechenden Messwerts (etwa: 10 Standorte = 10*B). Entsprechend potenziert sich der Effekt-Koeffizient um diesen Wert (etwa: 10 Standorte = $(\exp(B))^{10}$).

des ersten Clusters aufweist, am größten, wenn es sich um ein Kleinunternehmen mit 10-49 Mitarbeitern handelt. Wenn auch nicht signifikant, so steigt jedoch die Wahrscheinlichkeit, dass Fahrzeuge dem Cluster 1 zugehörig sind, wenn sich ihr Betriebsstandort in einer Agglomeration bzw. im Verstädterten Raum befindet.

Anders verhält sich dies im Cluster 2. Ist der Betrieb im Verstädterten Raum (B = -0,10) oder in einer Agglomeration (B = -0,12) lokalisiert, sinkt die Wahrscheinlichkeit (gegenüber Cluster 4), dass das Fahrzeug dieses Verhalten aufweist. Da Fahrzeuge des Clusters 2 eine größere mittlere Tagesfahrleistung aufweisen als die aus Cluster 4 (siehe Tabelle 6-1), lässt sich schlussfolgern, dass Fahrzeuge im Ländlichen Raum größere Distanzen je Tag zurücklegen (siehe Abbildung 6-6, Grafik d). Grafik c) in Abbildung 6-6 zeigt, dass dies plausibel ist, da in ländlichen Gebieten die Standorte von Kunden bzw. Baustellen meist räumlich weiter entfernt liegen. Unternehmen im Ländlichen Raum besitzen mit 64 % den verhältnismäßig kleinsten Anteil der Kunden innerhalb eines 50 km-Radius um den Betriebsstandort, weshalb überproportional häufig längere Wege (über 50 km zum Kunden) zurückgelegt werden müssen.

Wenn ein Fahrzeug zu einem mittelständischen Unternehmen mit 50-249 Mitarbeitern gehört, steigt die Wahrscheinlichkeit zu Gunsten des zweiten Clusters um das 1,6-fache im Verhältnis zu Cluster 4. Grafik a) in Abbildung 6-6 belegt, dass vor allem Unternehmen dieser Größenklasse (47 %) den Mitarbeitern eine private Nutzung der Fahrzeuge erlauben. Da die private Nutzung der Fahrzeuge charakteristisch für Cluster 2 ist, sind die Ergebnisse der Clusterung und der Modellierung auch in diesem Fall konsistent. Außerdem belegt das Modell, dass größere Unternehmen mehr Kunden in größerer Entfernung bedienen, weshalb die Fahrleistung ansteigt. Abbildung 6-6, Grafik b) veranschaulicht, dass Unternehmen mit mehr als 50 Mitarbeitern über 50 % der Kunden außerhalb eines 50 km-Radius um den Betriebsstandort bedienen. Ähnlich zu Cluster 1 ist auch im zweiten Cluster der Indikator ‚Baugewerbe' der mit der stärksten Wirkung (B = 2,20). Da auch das Verhalten, dass Cluster 2 repräsentiert, von Fahrten zur Baustelle geprägt ist, ist auch dieses Ergebnis schlüssig.

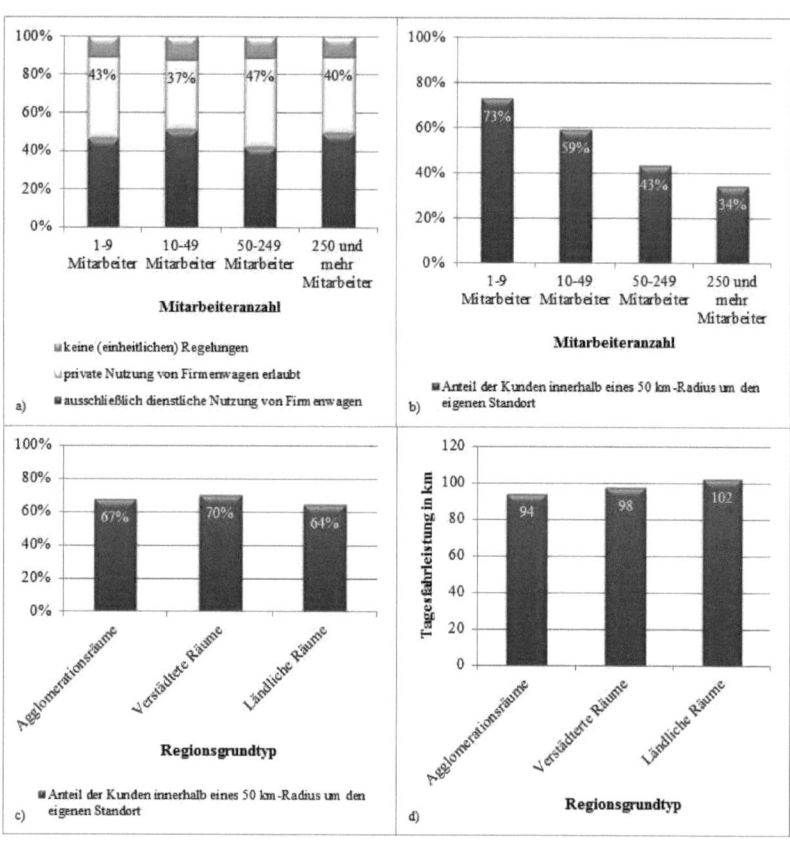

Abbildung 6-6: Ausgewählte (gewichtete) Zusammenhänge zwischen unternehmerischen Faktoren und Verkehrsverhalten.
Quelle: eigener Entwurf, Daten für a), b) und c): DLVS (n=990); für d): KiD 2002 (n=9.855).

Zum Cluster 3 (und nicht zum Referenzcluster 4) gehören Fahrzeuge mit einer steigenden Wahrscheinlichkeit dann, wenn sie dem Handel und der Instandhaltung oder auch dem Wirtschaftsabschnitt K zugehörig sind (siehe Tabelle 6-1). Insgesamt überwiegt in diesem Cluster die Bedeutung der Unternehmen des tertiären Sektors. Dies scheint im Hinblick auf die Aufenthaltsorte der Fahrzeuge dieses Clusters logisch (siehe Tabelle 6-3). In erster Linie werden andere Unternehmen bzw. Privatkunden angesteuert, um Dienstleistungen zu erbringen. Wie bei Cluster 2 sind es auch in diesem Fall die mittelständischen Unternehmen (50-249 Mitarbeiter), die durch das Verhalten der Fahrzeuge des dritten Clusters repräsentiert werden. Diese erlauben am häufigsten die private Nutzung der Fahrzeuge (siehe Grafik a) in Abbildung 6-6). Handelt es sich um Kleinst- und Kleinunternehmen, ist das Fahrzeug wahrscheinlicher dem Cluster 4 zuzuordnen. Ist der Betriebsstandort des Fahrzeugs in einer Agglomeration, steigt die Wahrscheinlichkeit, dass ein Fahrzeug dem Clusters 3 und nicht dem vierten Cluster zugeschrieben wird, um das 1,2-fache. Cluster 3 weist die höchsten Tagesfahrleistungen auf, was im Widerspruch zu Grafik d) in Abbildung 6-6 sowie den Erkenntnissen der zweiten methodischen Ebene (siehe Tabelle 6-6) steht. Demnach weisen Fahrzeuge aus Agglomerationsräumen die geringste Tagesfahrleistung auf. Der Einfluss des Indikators ‚Agglomerationsraum' kann somit nicht im Zusammenhang mit der Fahrleistung stehen. Da die Cluster das Verkehrsverhalten auf Basis von Fahrtzweck, Fahrtziel und Fahrtzeitpunkt repräsentieren, ist zu schlussfolgern, dass der Faktor ‚Betriebsstandort' eine Wirkung auf diese Parameter hat. Die Modellergebnisse lassen zwar keine abschließende Interpretation zu. Die hohe durchschnittliche Fahrtenanzahl pro Tag im Cluster 3 (4,7 Fahrten/d) ermöglicht aber den Rückschluss, dass die komplexen Tourenmuster insbesondere in Agglomerationsräumen entstehen, da dort eine hohe räumliche Konzentration privater und gewerblicher Kunden (Fahrtziele) anzutreffen ist.

Welche Fahrzeuge dem Cluster 4 zugeordnet werden, ergibt sich bereits aus der obigen Interpretation der Verhältnisse der Cluster 1 bis 3 zum Referenzcluster 4. Die Wahrscheinlichkeit, ein Verkehrsverhalten wie das des vierten Clusters zu besitzen, steigt für Fahrzeuge, die zum ‚Handel und Instandhaltung (G)' sowie zum Bereich ‚Tertiärer Sektor, übrige Dienstleistungen (L; M; N; O; Q)' gehören. Auch die Zugehörigkeit der Fahrzeuge zu Großunternehmen ($\geq$ 250 Mitarbeiter) macht ein Verhalten wahrscheinlicher, das dem des vierten Clusters entspricht. Wie für Cluster 3 gilt auch in diesem Fall, dass in erster Linie andere Unternehmen bzw. Privatkunden angesteuert werden, um Dienstleistungen zu erbringen. Entsprechend der Wirtschaftsabschnitte reichen die erbrachten Dienstleistungen von Beratungs- und Verkaufsgesprächen über Weiterbildungen bis hin zur Hauskrankenpflege. Die geringe private Nutzung der Fahrzeuge im vierten Cluster kann zum Teil auf die Unternehmensgröße zurückgeführt werden. Nur 40 % der Großunternehmen erlauben die private Nutzung (siehe Grafik a) in Abbildung 6-6). Dies ist im Verhältnis zu Kleinst- und mittelständischen Unternehmen ein geringer Wert.

Tabelle 6-6: Modellergebnisse der internen Strukturfaktoren - Ebene 2 (DLVS).
Quelle: eigene Berechnungen.

Faktorengruppe		Faktor	Indikator	Regressionskoeffizienten (B)	Änderung Jhrfhrl. (in km) ($e^{Konstante} - e^{(Konstante+B)}$)	Signifikanz (T-Test)
			Konstante	9,91	-	0,00
interne Faktoren	Struktur	Wirtschaftsabschnitt	Primärer Sektor (Wirtschaftsabschnitte A; B)	-0,05	-989	0,80
			Bergbau und Energieversorgung (C; E)	-0,46	-11.848	0,00
			Verarbeitendes Gewerbe (D)	0,08	1.547	0,42
			Baugewerbe (F)	-0,01	-124	0,97
			Handel und Instandhaltung (G)	-0,23	-5.300	0,06
			Gastgewerbe, Verkehr, Kredit- und Versicherungsgewerbe (H; I; J)	-0,02	-449	0,83
			Grundstückswesen, Datenverarbeitung, F&E DL überwiegend für Unternehmen (K)	-0,07	-1.412	0,48
			Tertiärer Sektor, übrige Dienstleistungen (L; M; N; O; Q)	a	0	a
		Größe des Unternehmens	1-9 Mitarbeiter	-0,03	-593	0,76
			10-49 Mitarbeiter	0,10	1.893	0,29
			50-249 Mitarbeiter	0,11	2.140	0,21
			250 und mehr Mitarbeiter	a		a
		Betriebsstandort	Agglomerationsräume	-0,16	-3.496	0,04
			Verstädterte Räume	-0,09	-1.946	0,24
			Ländliche Räume	a	0	a
		Anzahl Unternehmenseinheiten	Anzahl Betriebsstandorte in Deutschland	0,00	0	0,69

[a] Dieser Parameter wird auf Null gesetzt, da er Referenzkategorie ist.
n = 670

Tabelle 6-6 zeigt die Modellergebnisse der zweiten methodischen Ebene, die auf der Dienstleistungsverkehrsstudie (DLVS) basieren. Anhand des Signifikanzniveaus ($\alpha \leq 0,05$) der einzelnen Indikatoren wird gezeigt, dass die Faktoren ‚Wirtschaftsabschnitt' und ‚Betriebsstandort' eine wesentliche Rolle beim Verkehrsverhalten spielen. Anders als in Ebene 1 besitzt die ‚Größe des Unternehmens' keinen Einfluss. Auch der in Ebene 2 aufgenommene Faktor ‚Anzahl Unternehmenseinheiten' entfaltet keine signifikante Wirkung. Das heißt, es besteht kein linearer Zusammenhang zwischen der Anzahl der Betriebsstandorte in Deutschland und der durchschnittlichen Fahrleistung eines Unternehmensfahrzeugs pro Jahr.

Aus den Resultaten in Tabelle 6-6 kann geschlossen werden, dass entsprechend der zweiten methodischen Ebene die Nullhypothesen:

- $H1_0$ und
- $H3_0$

abzulehnen sind. Die Nullhypothesen $H2_0$ und $H4_0$ können hingegen nicht verworfen werden, sie haben Bestand.

Die Vorzeichen der Regressionskoeffizienten (B) zeigen, wie für die methodische Ebene 1, die Wirkungsrichtung der Indikatoren an. Ist der Koeffizient negativ, sinkt die Jahresfahrleistung. Ist (B) positiv, steigt sie hingegen. Da die endogene Variable, also die durchschnittliche Jahresfahrleistung eines Fahrzeugs pro Jahr, aus statistischen Gründen logarithmiert wurde (siehe Kapitel 5.5.2), ergibt sich die Wirkung eines Indikators auf die Fahrleistung entsprechend der Gleichung:

$$e^{Kons \tan te} - e^{(Kon \tan te + B)} = \Delta_{Fahrleistung} \tag{7}$$

Die in Tabelle 6-6 angegebene Konstante von 9,91 steht für eine Jahresfahrleistung von knapp 20.000 km/Jahr ($e^{9,91}$). Gehört ein Unternehmen zum Wirtschaftsabschnitt ‚Baugewerbe (F)', dann sinkt die durchschnittliche Jahresfahrleistung[130] eines Unternehmensfahrzeugs entsprechend der Gleichung (7) um:

$$e^{9,91} - e^{(9,91-0,01)} = 124\, km \tag{8}$$

Der einzige Indikator des Faktors ‚Wirtschaftsabschnitt', der einen signifikanten Einfluss auf die Jahresfahrleistung hat, ist ‚Bergbau und Energieversorgung (C; E)'. Fahrzeuge von Unternehmen aus dieser Branche fahren pro Jahr im Durchschnitt fast 12.000 km weniger als Fahrzeuge, die zu Unternehmen aus dem Bereich ‚Tertiärer Sektor, übrige Dienstleistungen (L; M; N; O; Q)' zählen. Die höchste Jahresfahrleistung (+ 1.500 km/Jahr) ergäbe sich (*ceteris paribus*) für Fahrzeuge aus dem

---

[130] Durch die Verwendung der in Tabelle 6-6 dargestellten, gerundeten Werte ergäbe sich ein von Gleichung (8) abweichendes Ergebnis. Die in Tabelle 6-6 abgebildeten Werte zur Änderung der Jahresfahrleistung beruhen auf ‚ungerundeten' Werten (mehr Nachkomma-Stellen) und sind exakter.

Wirtschaftsabschnitt ‚Verarbeitendes Gewerbe (D)'. Zwar ist dieser Indikator nicht von signifikanter Relevanz für das Verkehrsverhalten. Er zeigt jedoch an, dass Personenwirtschaftsverkehr in hohem Maße vom sekundären Sektor erbracht wird und Fahrten zur Erbringung von Dienstleistungen nicht nur von Unternehmen des Dienstleistungssektors durchgeführt werden.

Zwar kann $H2_0$ nicht widerlegt werden, was für die zweite methodische Ebene heißt, dass kein linearer Zusammenhang zwischen der Unternehmensgröße und der Jahresfahrleistung besteht. Tabelle 6-6 deutet aber darauf hin, dass insbesondere die Fahrzeuge von kleinen und mittelständischen Unternehmen höhere Jahresfahrleistungen erzeugen als Kfz aus Kleinst- und Großunternehmen. Dies deckt sich annähernd mit den Erkenntnissen des MNL aus der methodischen Ebene 1. Dort konnte gezeigt werden, dass Fahrzeuge aus Unternehmen mit 50-249 Mitarbeitern wahrscheinlicher zu den Verhaltensclustern gehören, die sich durch höhere Fahrleistungen auszeichnen.

Befindet sich der Betriebsstandort eines Fahrzeugs in einem Agglomerationsraum kann mit statistischer Sicherheit ($\alpha \leq 0,05$) davon ausgegangen werden, dass die Jahresfahrleistung eines Fahrzeugs um knapp 3.500 km geringer ausfällt, als würde der Standort im ländlichen Raum liegen (siehe Tabelle 6-6). Dies ist konsistent mit den in Abbildung 6-6 (Grafik c) dargestellten Zusammenhängen zwischen Betriebsstandort und Tagesfahrleistung. Demnach scheint eine hohe Kundendichte mit einer kleinen Distanz zwischen zwei aufeinander folgenden Fahrtzielen zu einer geringeren Fahrleistung zu führen. Bewegt sich das Fahrzeug in und nahe den Grenzen der Agglomeration, ist der Aktionsradius auf eine verhältnismäßig kleine Fläche begrenzt, was auch die Jahresfahrleistung einschränkt.[131]

Das MNL der dritten methodischen Ebene zeigt auf Basis des Fusionsdatensatzes, dass der Faktor ‚Anzahl Unternehmenseinheiten' eine signifikante Rolle ($\alpha \leq 0,05$) beim Verkehrsverhalten spielt (Tabelle 6-7). Durch die Fusion der KiD 2002 und der DLVS kommt es zu Verzerrungen der Kovarianzen, weshalb der Test auf Signifikanz nicht zu

---

[131] Entsprechend des Untersuchungsraumes dieser Arbeit, treffen die Überlegungen auf die Siedlungsstrukturen der Bundesrepublik Deutschland zu. Auch hier gibt es jedoch Ausnahmen, etwa die flächengroße Agglomeration Berlin.

validen Resultaten führt (siehe Kapitel 5.6.3). Daher wird an dieser Stelle auf eine Annahme oder Ablehnung der Nullhypothese $H4_0$ verzichtet.

Tabelle 6-7: Modellergebnisse der internen Strukturfaktoren - Ebene 3 (Fusionsdatensatz).
Quelle: eigene Berechnungen.

Faktoren-gruppe		Faktor	Indikator	Regressionskoeffizienten (B) - Referenzcluster: 4 -		
				Cluster 1	Cluster 2	Cluster 3
			Konstante	-0,88*	-1,29*	-0,16
interne Faktoren	Struktur	Anzahl Unternehmenseinheiten	Anzahl Betriebsstandorte in Deutschland	-0,01*	-0,003*	0,00

* Signifikanter Einfluss der Indikatoren bei der Trennung der Cluster (basiert auf Wald-Statistik, $\alpha \leq 0,05$, reduzierte Aussagekraft durch Fusionsprozess, siehe Kapitel 5.6.3)
n = 10.857

Da die Fusion als stabil zu beschreiben ist (repetitive Fusion, siehe Kapitel 5.6.3), können jedoch aus den Regressionskoeffizienten (B) Tendenzen zur Wirkungsrichtung und -intensität der Indikatoren abgeleitet werden.

Die sehr kleinen Werte der Regressionskoeffizienten verdeutlichen, dass der interne Strukturfaktor ‚Anzahl Unternehmenseinheiten' keine maßgebliche Wirkung auf das Verkehrsverhalten entfaltet.[132] Die ‚odd ratios' (e^B) erreichen maximal den Wert 0,99. Das bedeutet im Falle des Clusters 1, dass sich die Wahrscheinlichkeit um das 1,01-fache zu Gunsten des vierten Clusters ändert, wenn ein Fahrzeug zu einem Unternehmen mit nur einem Betriebsstandort in Deutschland gehört. Erst mit größerer Standortanzahl gewinnt der Strukturfaktor an Bedeutung. Wenn ein Unternehmen 50 Betriebsstandorte in Deutschland besitzt, ändert sich die Wahrscheinlichkeit um das 1,6-fache zu Gunsten des Clusters 4 (siehe Fußnote 129 zur Berechnung).

Die Vorzeichen der Regressionskoeffizienten sind konsistent mit den Ergebnissen der Clusteranalyse des Verkehrsverhaltens. Je mehr Betriebsstandorte ein Unternehmen aufweist, desto eher besitzt ein Fahrzeug das Verhalten der Cluster 3 und 4. Diese beiden Cluster haben einen größeren Anteil des Fahrtziels ‚fremder Betrieb

---

[132] Dies zeigt sich auch in der zweiten methodischen Ebene, siehe Tabelle 6-6 in diesem Kapitel.

(unternehmensintern)' als die Cluster 1 und 2, wo dieses Ziel fast keine Rolle spielt. Dies erklärt auch, weshalb die Modellierung der zweiten methodischen Ebene keinen statistischen Einfluss nachweisen konnte. Zwar wirkt die ‚Anzahl Unternehmenseinheiten' nicht auf die durchschnittliche Jahresfahrleistung. Sie spielt beim Verkehrsverhalten aber insofern eine Rolle, als dass sie die Fahrtziele beeinflusst.

Tabelle 6-8: Zusammenfassende Hypothesenbetrachtung - interne Strukturfaktoren.
Quelle: eigene Zusammenstellung.

Faktoren-gruppe		Nullhypothese H_{x0}	Faktor	Ebene 1	Ebene 2	Ebene 3
interne Faktoren	Struktur	$H1_0$	Wirtschaftsabschnitt	⊟	⊟	🚫
		$H2_0$	Größe des Unternehmens	⊟	✚	🚫
		$H3_0$	Betriebsstandort	⊟	⊟	🚫
		$H4_0$	Anzahl Unternehmenseinheiten	🚫	✚	✖

⊟	✚	✖	✖	🚫
Nullhypothese abgelehnt	Nullhypothese beibehalten	Hypothesenprüfung statistisch unzulässig, Tendenz zur Ablehnung	Hypothesenprüfung statistisch unzulässig, Tendenz zur Beibehaltung	Faktor nicht im Modell enthalten

Tabelle 6-8 liefert einen zusammenfassenden Überblick über die Ablehnung bzw. Beibehaltung der Nullhypothesen.[133] Insgesamt betrachtet zeigt sich, dass die internen Strukturfaktoren eine signifikante Rolle beim Verkehrsverhalten im Personenwirtschaftsverkehr spielen. Bei drei von vier exogenen Variablen kann ein statistischer Zusammenhang nachgewiesen werden. Insbesondere die Faktoren ‚Wirtschaftsabschnitt' und ‚Betriebsstandort' besitzen, unabhängig vom verwendeten Datensatz und der Operationalisierung der endogenen Variable, Einfluss auf das Verkehrsverhalten. Auch wenn keine statistisch valide Aussage zur Signifikanz der

---

[133] Die Nullhypothese muss beibehalten werden, da kein signifikanter Einfluss nachgewiesen werden kann. Außerdem hat die Nullhypothese die Fahrtenanzahl zum Gegenstand, die sich in der zweiten methodischen Ebene (datenbedingt) nicht wiederfindet (hier: Fahrleistung). Daher müsste selbst bei einem signifikanten Zusammenhang auf eine Ablehnung der Nullhypothese verzichtet werden.

‚Anzahl der Unternehmenseinheiten' getroffen werden kann, deutet die dritte methodische Ebene tendenziell auf einen Zusammenhang mit dem Verkehrsverhalten hin.

Diskussion

Die Diskussion stellt zum einen die aus der Literatur abgeleiteten Hypothesen den Ergebnissen dieser Arbeit gegenüber, das heißt neue und zur Literatur im Widerspruch stehende Erkenntnisse werden erörtert. Zum anderen werden Schlussfolgerungen aus der unterschiedlichen Ausprägung der Ergebnisse der drei methodischen Ebenen gezogen.

Wie bereits Steinmeyer (2004) und Rümenapp & Overberg (2003) festgestellt haben, zeigt auch diese Arbeit, dass der Fahrtzweck, die Tagesfahrleistung und die Fahrtenanzahl vom Wirtschaftsabschnitt des Unternehmens abhängen. Allerdings belegen die Resultate der vorliegenden Untersuchung, dass sich nicht alle Branchen *per se* voneinander unterscheiden, sondern nur für ausgewählte Wirtschaftsabschnitte ein signifikanter Zusammenhang zur Tagesfahrleistung besteht (siehe Tabelle 6-6). Hingegen zeigt sich, dass alle Branchen eine Rolle beim Verkehrsverhalten spielen, wenn das Verkehrsverhalten komplexer operationalisiert und das Fahrtziel und der Fahrtzweck einbezogen werden. Daher muss konstatiert werden, dass sich unterschiedliche Tätigkeitsschwerpunkte der Unternehmen insbesondere in Zweck und Ziel der Fahrt widerspiegeln. Am auffälligsten zeigt sich dies im Personenwirtschaftsverkehr beim Baugewerbe. Kein anderer Wirtschaftszweig besitzt einen derart markanten und einzigartigen Tagesgang.

Anders als Aguilera (2008) argumentiert, kann empirisch kein direkter Zusammenhang zwischen Unternehmensgröße und Fahrtenanzahl belegt werden. Zwar ist die Hypothese $H2_0$ auf Basis der ersten methodischen Ebene abzulehnen, weil ein signifikanter Einfluss zwischen Betriebsgröße und Verkehrsverhalten besteht (siehe Tabelle 6-5). Dass mit wachsender Betriebsgröße jedoch auch die Anzahl der täglich durchgeführten Fahrten steigt, zeigt sich nicht. Allerdings lassen die Ergebnisse in Teilen darauf schließen, dass größere Unternehmen aufgrund ihrer Kundenstruktur höhere Tagesfahrleistungen aufweisen.

Durch die empirischen Untersuchungen in den methodischen Ebenen 1 und 2 ist bewiesen, dass die räumliche Lage eines Betriebes ausschlaggebend für das Verkehrsverhalten ist. Erstmals zeigt diese Arbeit, dass ein Standort in einer Agglomeration eine signifikante Rolle bei der Nachfrage von Personenwirtschaftsverkehr spielt. Wie bei der Konkretisierung der arbeitsleitenden Hypothesen vermutet (siehe Kapitel 4.3.3), bestätigt sich, dass in den hochverdichteten Gebieten mit einer hohen Kundendichte eine geringere Fahrleistung bei gleichzeitig hoher Fahrtenanzahl das Verkehrsverhalten prägt.

Die Anzahl der Unternehmenseinheiten hat, anders als Aguilera (2008) vermutet, keinen Einfluss auf die Fahrleistung. Entsprechend der zweiten methodischen Ebene besteht kein signifikanter Zusammenhang. Die dritte methodische Ebene lässt auch den Schluss zu, dass die Fahrleistung nicht mit der Anzahl der Unternehmenseinheiten und damit den zentralen oder dezentralen Strukturen gekoppelt ist. Fahrzeuge von Ein- und Mehrbetriebsunternehmen weisen ähnliche Tagesfahrleistungen auf. Die empirischen Resultate (siehe Tabelle 6-7) zeigen jedoch, dass die Art des Fahrtziels von den Unternehmensstrukturen abhängt. Existiert mehr als ein Betriebsstandort, werden entsprechend häufiger die fremden, aber unternehmensinternen Betriebe von den Fahrzeugen angesteuert.

Die teils unterschiedlichen Ergebnisse der methodischen Ebenen 1 bis 3, wie etwa die Signifikanzniveaus einzelner Indikatoren, zeigen, dass die Art der Operationalisierung des Verkehrsverhaltens wesentlich für die Erkenntnisse zur Wirkung exogener Faktoren ist. Zwar stehen einige Unternehmenscharakteristika nicht im Zusammenhang mit der Fahrleistung, sie beeinflussen jedoch die Tagesgänge, die Fahrtzeit, Fahrtzweck und Fahrtziel berücksichtigen. Während etwa der Indikator ‚Baugewerbe (F)' in Ebene 1 signifikant ist ($\alpha \leq 0{,}05$), zeigen die Ergebnisse der zweiten methodischen Ebene nur einen statistisch zufälligen Zusammenhang. Bei der Betrachtung nur einer Kenngröße, wie etwa der Fahrleistung in Ebene 2, bleibt die potentielle Rolle unternehmerischer Charakteristika beim Verkehrsverhalten im Personenwirtschaftsverkehr u. U.

verdeckt.[134] Wird das Verkehrsverhalten weiter gefasst, kann die Rolle einzelner unternehmerischer Faktoren vollständiger bestimmt werden. Dies spricht für die Operationalisierung des Verkehrsverhaltens als Tagesgang (siehe Kapitel 3.2.3).

Die Operationalisierung des Verkehrsverhaltens als Tagesgang kann sich jedoch auch als problematisch erweisen. Da mehrere Parameter (Fahrtzweck, Fahrtziel etc.) in Kombination ein Verhalten definieren, stellt sich die Interpretation der Modellergebnisse als komplex dar. Es kann dazu kommen, dass die Wirkung exogener Faktoren auf einen Parameter (etwa Fahrtzweck) oder eine abgeleitete Kenngröße (etwa Tagesfahrleistung) nicht zweifelsfrei bestimmt werden kann. Ein Faktor vermag unter Umständen nur Teile des Verhaltens zu erklären, sodass andere Verhaltensmerkmale nur durch unbeobachtete (und nicht in das Modell aufgenommene) Faktoren erklärt werden können. Dies wiederum führt zu einer geringeren Varianzaufklärung der Modelle (siehe Kapitel 6.2.2). Dennoch ist festzuhalten, dass aufgrund des größeren Erkenntnisgewinns die Tagesgänge die geeignetste Operationalisierung des Verkehrsverhaltens darstellen.

6.3.2 Interne Prozessfaktoren

Ergebnis

Äquivalent zum Vorgehen im vorhergehenden Kapitel 6.3.1 werden nachfolgend die Modellergebnisse für die internen Prozessfaktoren vorgestellt.

Die Resultate der multiplen linearen Regression (zweite methodische Ebene) zeigen, dass drei von fünf internen Prozessfaktoren eine signifikante ($\alpha \leq 0,05$) Rolle beim Verkehrsverhalten spielen (siehe Tabelle 6-9). Die ‚Entscheidungsbefugnisse Verkehrsmittelwahl', die ‚Entscheidungskriterien Verkehrsmittelwahl' sowie die ‚Innerbetriebliche Touren- bzw. Fahrten- und Wegeplanung (inkl. Nutzung von IKT)' stehen in einem linearen Zusammenhang mit der durchschnittlichen Jahresfahrleistung von Firmen-Pkw.

---

[134] Dies legitimiert umso mehr die Existenz der dritten methodischen Ebene, die die Beschränkungen der DLVS kompensiert und das Verkehrsverhalten als Tagesgang operationalisiert (siehe Kapitel 5.1).

Auf Basis der zweiten methodischen Ebene müssen die Hypothesen:

- $H5_0$,
- $H6_0$ und
- $H9_0$

abgelehnt werden. Die übrigen Nullhypothesen dieser Faktorengruppe ($H7_0$ und $H8_0$) werden beibehalten.

Tabelle 6-9 zeigt, dass nur einzelne Indikatoren einen signifikanten Einfluss auf die Fahrleistung besitzen. In Bezug auf den Faktor ‚Entscheidungsbefugnisse Verkehrsmittelwahl' gilt dies für die ‚Entscheidung durch Sekretariat/Reiseorganisation'. Gleichzeitig weist dieser Indikator den höchsten Regressionskoeffizienten (B = 0,47) innerhalb des Faktors auf. Das bedeutet, entscheidet das Sekretariat bzw. eine Reiseorganisation des Betriebs, welches Verkehrsmittel genutzt wird (etwa der Pkw), erhöht sich die durchschnittliche Jahresfahrleistung um mehr als 7.500 km. Entscheidet der Vorgesetzte über das Verkehrsmittel ($\alpha > 0,05$), steigt die Jahresfahrleistung mit knapp 4.000 km geringer an. Dieses Ergebnis stimmt mit der Feststellung überein, dass mit zunehmender Unternehmensgröße eine höhere Fahrleistung erbracht wird (siehe Kapitel 6.3.1). Großen Unternehmen kann eine stärkere Strukturierung einzelner Prozesse unterstellt werden, etwa die Organisation von Reisen über ein Sekretariat oder eine Reiseorganisation. Dies belegt auch Abbildung 6-7, die zeigt, dass mit zunehmender Unternehmensgröße das Sekretariat bzw. die Reiseorganisation an Bedeutung gewinnt. Dies deutet darauf hin, dass in großen Unternehmen, die eine hohe Fahrleistung erbringen, der Bedarf besteht, eine zentrale Entscheidungsinstanz zu etablieren. Dies kann einerseits der Optimierung der verkehrlichen Prozesse dienen. Andererseits gewährleistet es Zeitersparnis für die Mitarbeiter.

Tabelle 6-9: Modellergebnisse der internen Prozessfaktoren - Ebene 2 (DLVS).
Quelle: eigene Berechnungen.

Faktorengruppe			Faktor	Indikator	Regressionskoeffizienten (B)	Änderung Jhrfhrl. (in km) ($e^{Konstante} - e^{(Konstante+B)}$)	Signifikanz (T-Test)
				Konstante	9,91	-	0,00
interne Faktoren	Prozess		Entscheidungsbefugnisse Verkehrsmittelwahl	Entscheidung durch Beschäftigten	0,31	5.326	0,06
				Entscheidung durch Sekretariat/Reiseorganisation	0,47	7.546	0,02
				Entscheidung durch Vorgesetzten	0,20	3.735	0,21
				Sonstige	a	0	a
			Entscheidungskriterien Verkehrsmittelwahl	Entscheidung aufgrund von Kosten	0,07	1.387	0,43
				Entscheidung aufgrund von Zeit	0,06	1.204	0,48
				Entscheidung aufgrund von Richtlinien	0,23	4.101	0,01
				Sonstige	a	0	a
			Regelung zur Nutzung von Firmenwagen	ausschließlich dienstliche Nutzung	-0,11	-2.822	0,15
				private Nutzung	-0,12	-2.569	0,12
				keine (einheitlichen) Regelungen	a	0	a
			Einsatz von betrieblichem Mobilitätsmanagement	Anzahl Mitarbeiter mit BahnCard	0,00	-18	0,57
			Innerbetriebliche Touren- bzw. Fahrten- und Wegeplanung (inkl. Nutzung von IKT)	Einsatz von IKT zur Touren- bzw. Fahrten- und Wegeplanung	0,21	3.757	0,00

a Dieser Parameter wird auf Null gesetzt, da er Referenzkategorie ist.
n = 670

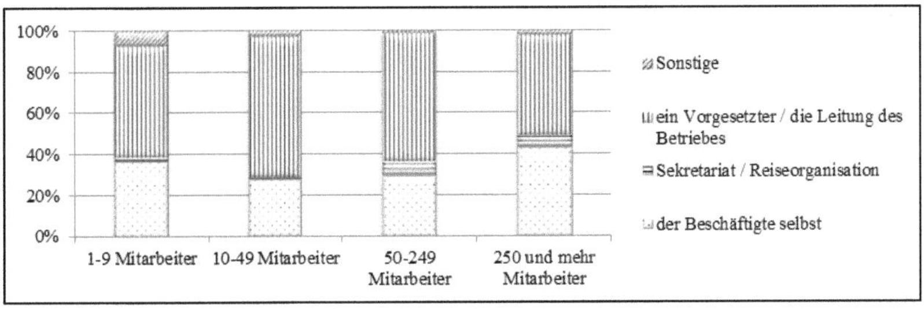

Abbildung 6-7: Entscheidungsbefugnis zur Verkehrsmittelwahl nach Unternehmensgröße.
Quelle: eigener Entwurf, Daten: DLVS (gewichtet, n = 990).

Ein weiterer interner Prozess, der die Jahresfahrleistung erhöht, ist die Entscheidung für ein Verkehrsmittel anhand von Richtlinien.[135] Wird auf Basis von betrieblichen Vorgaben entschieden, ob etwa ein Pkw oder der ÖPNV genutzt wird, steigt die durchschnittliche Jahresfahrleistung um über 4.000 km. Die Entscheidungskriterien ‚Kosten' und ‚Zeit' besitzen hingegen keinen nachweisbaren signifikanten Einfluss auf die Jahresfahrleistung. Die signifikante Bedeutung der Unternehmensrichtlinien ist mit der Relevanz des Sekretariats als Entscheider gekoppelt. Insbesondere die Sekretariate bzw. Reiseorganisationen richten sich bei der Entscheidung, welches Verkehrsmittel genutzt wird, nach den Richtlinien (siehe Abbildung 6-8). Dies unterstreicht, dass mit der Bündelung der Entscheidung zur Verkehrsmittelwahl im Sekretariat die Prozesse der Verkehrsnachfrage zusammengeführt und optimiert werden sollen.

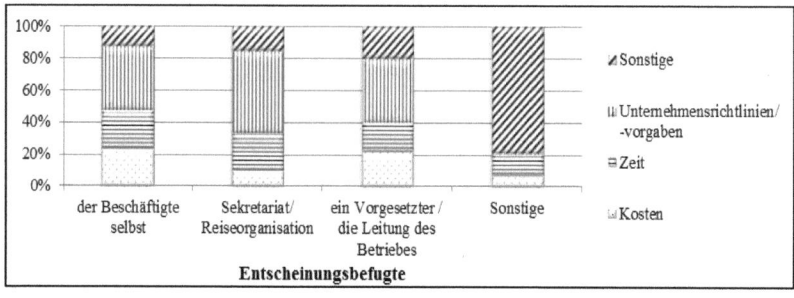

Abbildung 6-8: Entscheidungskriterium für Verkehrsmittelwahl nach Entscheidungsbefugtem.
Quelle: eigener Entwurf, Daten: DLVS (gewichtet, n = 990).

Ob ein Fahrzeug ausschließlich dienstlich genutzt oder auch für private Zwecke eingesetzt wird, besitzt gemäß der linearen Regression keinen signifikanten Einfluss auf die Fahrleistung (siehe Tabelle 6-9). Der Faktor ‚Regelung zur Nutzung von Firmenwagen' spielt damit ebenso wie der ‚Einsatz von betrieblichem Mobilitätsmanagement' keine Rolle beim Verkehrsverhalten im Personenwirtschaftsverkehr. Wenngleich nicht signifikant, so zeigt die ‚Anzahl Mitarbeiter mit BahnCard', dass ein etabliertes Mobilitätsmanagement die Verkehrsnachfrage von MIV im Personenwirtschaftsverkehr senken kann. Besitzen

---

[135] Anhand der Daten der DLVS kann nicht beurteilt werden, ob es sich ausschließlich um schriftliche Richtlinien handelt oder ob auch mündliche Vorgaben gemeint sind. Das Verständnis unterlag den antwortenden Probanden.

bspw. 50 Mitarbeiter in einem Unternehmen eine BahnCard, senkt dies die durchschnittliche Jahresfahrleistung eines Firmen-Pkw um 900 km (50*18 km, siehe Tabelle 6-9).

Wird in einem Betrieb IKT zur Touren- bzw. Wegeplanung eingesetzt, steigt die durchschnittliche Jahresfahrleistung eines Pkw um ca. 3.800 km an. Das bedeutet, die Nutzung von Informations- und Kommunikationstechnologien[136] verringert nicht die Verkehrsleistung, sondern dieser Prozess steigert sie. Abbildung 6-9 belegt, dass mit zunehmender Unternehmensgröße der Einsatz von IKT zu Tourenplanungszwecken wächst. Da große Unternehmen mehr Personenwirtschaftsverkehr erzeugen (siehe Kapitel 6.3.1), ist davon auszugehen, dass sie deshalb auch einen erhöhten Bedarf haben, diesen zu planen und zu optimieren.[137]

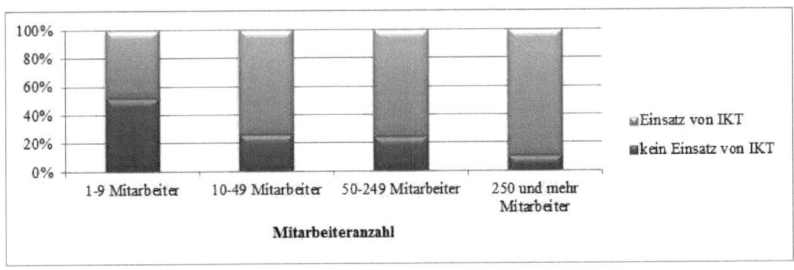

Abbildung 6-9: Einsatz von IKT zur Touren- bzw. Fahrten- und Wegeplanung nach Unternehmensgröße. Quelle: eigener Entwurf, Daten: DLVS (gewichtet, n = 990).

Wie bereits bei den internen Strukturfaktoren (siehe Kapitel 6.3.1) zeigt sich auch für die internen Prozessfaktoren, dass durch die multinomiale logistische Regressionsanalyse mehr Faktoren als relevant eingestuft werden als bei der linearen Regression. Da die Aussagen zur Signifikanz der Regressionskoeffizienten in der dritten methodischen Ebene nicht valide sind, kann aus Tabelle 6-10 nicht geschlussfolgert werden, dass alle fünf internen Prozessfaktoren eine signifikante Rolle beim

---

[136] Gemäß Kapitel 5.5.2 umfasst dieser Indikator die Verwendung von Dispositionssoftware, Navigationsgeräten, Ortungssystemen (z. B. GPS) und Tourenplanungssoftware.

[137] Eine weiterführende Erörterung dieser Erkenntnis findet sich in der unten stehenden Diskussion.

Verkehrsverhalten spielen. Da die Datenfusion als stabil zu bezeichnen ist, wird jedoch wie zuvor eine Tendenz aus den Modellergebnissen abgeleitet.

Tabelle 6-10: Modellergebnisse der internen Prozessfaktoren - Ebene 3 (Fusionsdatensatz).
Quelle: eigene Berechnungen.

Faktoren-gruppe	Faktor	Indikator	Regressionskoeffizienten (B) - Referenzcluster: 4 -		
			Cluster 1	Cluster 2	Cluster 3
		Konstante	-0,88*	-1,29*	-0,16
interne Faktoren	Prozess	Entscheidungsbefugnisse Verkehrsmittelwahl	Entscheidung durch Beschäftigten	-0,12	-0,01	0,35*
			Entscheidung durch Sekretariat/Reiseorganisation	0,30	0,20	0,66
			Entscheidung durch Vorgesetzten	-0,04	-0,02	0,27
			Sonstige	a	a	a
		Entscheidungskriterien Verkehrsmittelwahl	Entscheidung aufgrund von Kosten	-0,59*	-0,29*	0,09
			Entscheidung aufgrund von Zeit	0,02	0,06	0,09
			Entscheidung aufgrund von Richtlinien	-0,22*	-0,20	0,08
			Sonstige	a	a	a
		Regelung zur Nutzung von Firmenwagen	ausschließlich dienstliche Nutzung	0,30*	0,10	-0,04
			private Nutzung	-0,12	-0,03	-0,02
			keine (einheitlichen) Regelungen	a	a	a
		Einsatz von betrieblichem Mobilitätsmanagement	Anzahl Mitarbeiter mit BahnCard	-0,01*	0,00	0,00
		Innerbetriebliche Touren- bzw. Fahrten- und Wegeplanung (inkl. Nutzung von IKT)	Einsatz von IKT zur Touren- bzw. Fahrten- und Wegeplanung	0,18	0,30*	-0,08

a Dieser Parameter wird auf Null gesetzt, da er Referenzkategorie ist.
* Signifikanter Einfluss der Indikatoren bei der Trennung der Cluster (basiert auf Wald-Statistik, $\alpha \leq 0{,}05$, reduzierte Aussagekraft durch Fusionsprozess, siehe Kapitel 5.6.3)
n = 10.857

Anders als die lineare Regression zeigt das MNL der dritten methodischen Ebene, dass der Beschäftigte eine Rolle beim Verkehrsverhalten spielt, wenn er das Verkehrsmittel wählt. Die Wahrscheinlichkeit, dass ein Fahrzeug ein Verhalten des dritten Clusters besitzt, erhöht sich (gegenüber dem des Referenzclusters 4) um das 1,4-fache ($e^{0,35}$, siehe Tabelle 6-10). Mit Bezug auf die Tagesgänge des dritten Clusters (siehe Kapitel 6.1.1) ist dies plausibel. Der dritte Cluster ist geprägt von einem hohen Anteil privater Fahrten und Zielorte. Der Beschäftigte wählt das Verkehrsmittel (i. d. R. den Pkw) deshalb, weil er in Ergänzung zu den beruflichen Fahrten des Personenwirtschaftsverkehrs das Fahrzeug auch für private Zwecke nutzen kann (und darf). Die Wahrscheinlichkeit für Cluster 3 steigt auch, wenn das Sekretariat bzw. der Vorgesetzte über die Verkehrsmittelwahl entscheiden. Neben der privaten Nutzung zeichnet sich der dritte Cluster durch die höchste Tagesfahrleistung aus. Diese deutet erneut darauf hin, dass bei hohen Verkehrsleistungen eine Reglementierung notwendig ist. Lange Touren werden geplant und durch eine weitere Instanz freigegeben. Mit der Entscheidungsbefugnis ist demnach nicht nur eine subjektive Modalwahl verbunden, sondern ein objektives Abwägen, welchen Zweck eine Fahrt hat, wohin die Fahrt führt, welche Materialien ggf. benötigt werden und ob eine Kopplung von Wegen mit dem gewählten Verkehrsmittel möglich ist.

Neben den Unternehmensrichtlinien sind auch die ‚Kosten' relevante Entscheidungskriterien für die Verkehrsmittelwahl. Spielen Kosten eine Rolle, weisen die Fahrzeuge wahrscheinlicher die Verkehrsverhalten der Cluster 3 und 4 auf (siehe Tabelle 6-10). Dies ist plausibel, da Cluster 1 und 2 zum Großteil die Fahrten zur Baustelle mit leichten Nutzfahrzeugen (LNFZ) repräsentieren. Weil für diese Fahrten des Personenwirtschaftsverkehrs i. d. R. Werkzeuge und Materialien mitgeführt werden, besteht kaum Spielraum, ein anderes Verkehrsmittel zu wählen als das Kfz. In Unternehmen der Baubranche spielen Kostenerwägungen bei der Verkehrsmittelwahl daher tendenziell keine Rolle. Im Unterschied hierzu könnten Unternehmen, deren Fahrzeuge für Kunden- und Firmenbesuche zum Zwecke der Beratung oder des Verkaufs eingesetzt werden, eher auf alternative Verkehrsmittel zurückgreifen. Zusammengefasst bedeutet dies, dass die Kosten hinsichtlich des Fahrtzwecks und des Fahrtziels eine Rolle spielen. Sie sind vor allem relevant, wenn, wie in Cluster 3 und 4, komplexe Tagesgänge mit einer hohen Fahrten- bzw. Stoppanzahl auftreten.

Der Faktor ‚Regelung zur Nutzung von Firmenwagen' erlangt im MNL eine höhere Bedeutung als bei der multiplen linearen Regression. Die dritte methodische Ebene zeigt, dass die ausschließlich dienstliche Nutzung der Firmenwagen die Chancen um das 1,3-fache erhöht, dass ein Fahrzeug das Verkehrsverhalten des Clusters 1 besitzt, statt dem des vierten Clusters (siehe Tabelle 6-10). Eine etwas schwächere, aber gleichgerichtete Tendenz gilt für den zweiten Cluster. Dies lässt den Schluss zu, dass vor allem im Baugewerbe, das durch Cluster 1 und 2 stark repräsentiert wird, eine private Nutzung der Firmenfahrzeuge zwar vorkommt, jedoch seltener erlaubt ist als in den übrigen Wirtschaftsabschnitten. Abbildung 6-10 belegt dies und zeigt, dass die

Unternehmen des Baugewerbes (F) im Verhältnis zu den übrigen Branchen eine der geringsten privaten Kfz-Nutzungsanteile aufweisen (25 %). Die geringere private Nutzung von Fahrzeugen in den Clustern 1 und 2 ist außerdem darauf zurückzuführen, dass die in diesen Clustern bzw. im Baugewerbe dominierenden LNFZ (siehe Abbildung 6-5) seltener für private Fahrten zur Verfügung stehen. Abbildung 6-11 verdeutlicht, dass 50 % der von Unternehmen genutzten Pkw privat eingesetzt werden dürfen. Bei den leichten Nutzfahrzeugen sind es hingegen nur knapp über 30 %.

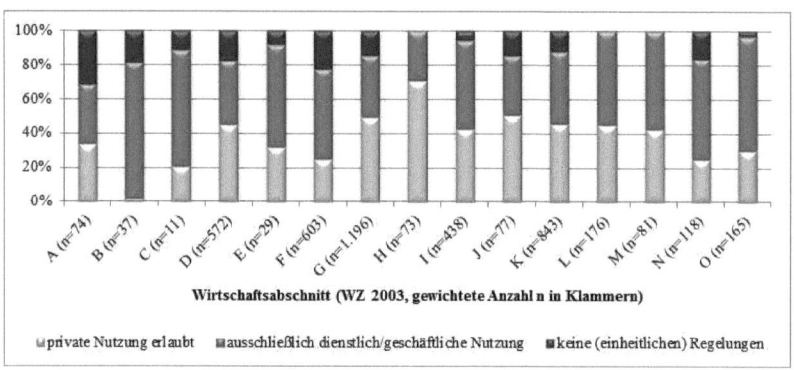

Abbildung 6-10: Fahrzeugnutzung nach Wirtschaftsabschnitten.
Quelle: eigener Entwurf, Daten: Fusionsdatensatz.

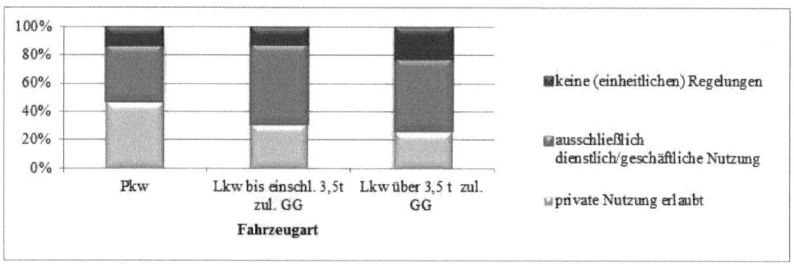

Abbildung 6-11: Fahrzeugnutzung nach Fahrzeugart.
Quelle: eigener Entwurf, Daten: Fusionsdatensatz (gewichtet, n = 10.857).

Der Indikator ‚Anzahl Mitarbeiter mit BahnCard' besitzt einen niedrigen Parameterschätzer-Wert (B = -0,01, siehe Tabelle 6-10). Dies deutet zunächst auf eine unbedeutende Rolle des betrieblichen Mobilitätsmanagements beim Verkehrsverhalten hin. Da dieser Indikator jedoch metrisch skaliert ist, gewinnt er mit zunehmender

Anzahl von Mitarbeitern mit BahnCard an Bedeutung. Besitzen in einem mittelständischen oder großen Unternehmen 50 Mitarbeiter eine Ermäßigungsberechtigung für Fahrkarten der Deutschen Bahn, erhöht sich die Wahrscheinlichkeit um das 1,6-fache ($e^{(50*0,01)}$), dass die Fahrzeuge das Verhalten des Clusters 4 besitzen und nicht das des Clusters 1. Das ist plausibel, da anzunehmen ist, dass vor allem Mitarbeiter des Dienstleistungssektors, die zu Beratungsgesprächen, Konferenzen und Messen fahren (Cluster 4), die Bahn nutzen. Für Beschäftigte des Baugewerbes scheint die Nutzung einer BahnCard nicht naheliegend, da als Fahrtziel die Baustelle dominiert (Cluster 1). Ausgewählte Tätigkeiten wie etwa Bau-Dienstleistungen begünstigen den MIV. Das notwendige, teils schwere Material und Werkzeug kann nicht mit dem ÖPNV transportiert werden. Rabattierte Fahrkarten verlieren damit an Bedeutung. Folglich deutet die dritte methodische Ebene darauf hin, dass bei fehlendem Einsatz von betrieblichem Mobilitätsmanagement in den Unternehmen kein Bedarf für regulierende Maßnahmen gesehen wird, da das realisierte Verkehrsverhalten wenig komplex ist und sich durch eine geringe Fahrten- und Fahrtenkettenanzahl beschreiben lässt.

Der ‚Einsatz von IKT zur Touren- bzw. Fahrten- und Wegeplanung' erlangt insbesondere für Cluster 2 eine Bedeutung (siehe Tabelle 6-10). Wird IKT von einem Unternehmen genutzt, erhöht sich die Wahrscheinlichkeit, dass dessen Fahrzeuge eher ein Verhalten dieses Clusters als das des vierten annehmen. Da die Tagesfahrleistung im Cluster 2 (109 km) deutlich höher liegt als im Cluster 4 (81 km, siehe Tabelle 6-1), ist das Resultat konform mit der Erkenntnis aus der zweiten methodischen Ebene. Hohe Fahrleistungen und der Einsatz von IKT sind miteinander verknüpft. Dass IKT vor allem bei komplexeren Tourenmustern genutzt wird, zeigt sich nicht. Zwar haben die Cluster 3 und 4 höhere Fahrtenanzahlen und vielfältigere Fahrtziele als Cluster 1 und 2. Die Regressionskoeffizienten (B) in Tabelle 6-10 belegen aber, dass die Nutzung von IKT für diese Cluster keine große Rolle spielen.

Tabelle 6-11 fasst die untersuchten Hypothesen zu den internen Prozessfaktoren zusammen. Es ist zu resümieren, dass auf Basis der zweiten methodischen Ebene drei von fünf Nullhypothesen abzulehnen sind. Wird zusätzlich die dritte Ebene berücksichtigt, zeigt sich eine Tendenz, dass auch hier drei von fünf unternehmerischen Faktoren eine Rolle beim Verkehrsverhalten spielen. Die methodische

Ebene 3 ergibt für die ‚Regelung zur Nutzung von Firmenwagen' zwar einen starken Einfluss auf das Verkehrsverhalten (Fahrtziel, Fahrtzweck und Fahrtenanzahl). Die Nullhypothese $H7_0$ bezieht sich jedoch auf die Fahrleistung. Da die Resultate keinen Zusammenhang zwischen Nutzungsregeln und Fahrleistung zeigen, besteht auch für die Ebene 3 eine Tendenz zur Beibehaltung der Nullhypothese (siehe Tabelle 6-11). Gleiches gilt für den ‚Einsatz von betrieblichem Mobilitätsmanagement'. Zwar ergibt sich ein Zusammenhang zwischen der Nutzung der BahnCard und der Fahrtenanzahl, jedoch keine direkte Verbindung zur Fahrleistung. Deshalb muss $H8_0$ entsprechend der beiden methodischen Ebenen 2 und 3 beibehalten werden.

Tabelle 6-11: Zusammenfassende Hypothesenbetrachtung - interne Prozessfaktoren.
Quelle: eigene Zusammenstellung.

Faktoren-gruppe	Nullhypothese H_{x0}	Faktor	Ebene 1	Ebene 2	Ebene 3
interne Faktoren / Prozess	$H5_0$	Entscheidungsbefugnisse Verkehrsmittelwahl	◎	═	✖
	$H6_0$	Entscheidungskriterien Verkehrsmittelwahl	◎	═	✖
	$H7_0$	Regelung zur Nutzung von Firmenwagen	◎	✚	✖
	$H8_0$	Einsatz von betrieblichem Mobilitätsmanagement	◎	✚	✖
	$H9_0$	innerbetriebliche Touren- bzw. Fahrten- und Wegeplanung (inkl. Nutzung von IKT)	◎	═	✖

═	✚	✖	✖	◎
Nullhypothese abgelehnt	Nullhypothese beibehalten	Hypothesenprüfung statistisch un-zulässig, Tendenz zur Ablehnung	Hypothesenprüfung statistisch un-zulässig, Tendenz zur Beibehaltung	Faktor nicht im Modell enthalten

Diskussion

Die vorhergehenden Analysen der Arbeit unterstreichen, dass die Entscheidungsbefugnisse in einem Unternehmen eine Rolle beim Verkehrsverhalten spielen. Entgegen den Annahmen von Roy & Filiatrault (1998, S. 81), zeigen die empirischen Untersuchungen aber nicht, dass bei einer Entscheidung über das Verkehrsmittel durch den Vorgesetzten die Fahrleistung sinkt. Sowohl die methodische Ebene 2 als auch Ebene 3 deuten vielmehr darauf hin, dass die Fahrleistung steigt, wenn eine vorgesetzte Person das Verkehrsmittel auswählt. Im Vergleich zu den Indikatoren ‚Entscheidung durch Beschäftigten' und ‚Entscheidung durch Sekretariat/Reiseorganisation' ist der Anstieg der Fahrleistung aber am geringsten (siehe Tabelle 6-9). Das weist darauf hin, dass Roy & Filiatrault (1998) richtig argumentieren, wenn sie davon ausgehen, dass ein Vorgesetzter mit der Verkehrsmittelwahl auch über die Zusammenlegung bzw. Kopplung von Wegen entscheidet. Dadurch werden Wege eingespart und die Fahrleistung steigt im Verhältnis nur moderat an.

Die Ergebnisse belegen, dass Unternehmensrichtlinien beim Verkehrsverhalten eine Rolle spielen. Sie senken allerdings nicht die Fahrleistung, sondern erhöhen diese deutlich (siehe Tabelle 6-9). Es ist anzunehmen, dass dieser Zusammenhang vor allem auf die hohen Fahrleistungen einzelner Unternehmen zurückzuführen ist. Besteht eine generell hohe Nachfrage nach Personenwirtschaftsverkehr, besteht auch ein hoher Bedarf, die damit in Verbindung stehenden Fahrten und Wege über Richtlinien zu formalisieren und zu kontrollieren. Es hat sich auch nicht bestätigt, dass, wie von Merckens (1984, S. 12) behauptet, die Zeit eine signifikante Rolle bei der Verkehrsmittelwahl und folglich beim Verkehrsverhalten spielt. Es muss jedoch berücksichtigt werden, dass Unternehmensrichtlinien ihrerseits Kosten- und Zeitaspekte beinhalten können, weshalb Merckens' (1984) Feststellungen nicht vollständig entkräftet werden können.

Wie in Kapitel 4.3.4 angenommen, belegen die Ergebnisse dieser Arbeit, dass die Erlaubnis zur privaten Nutzung von Firmenfahrzeugen andere Tourenmuster begünstigen als bei Kfz, die ausschließlich dienstlich genutzt werden dürfen. Hingegen konnte nicht belegt werden, dass, wie in Hypothese $H7_1$ postuliert, die private Nutzung zu einer höheren Fahrleistung führt. Ebene 2 zeigt, dass bei einer privaten Nutzung der Pkw die Jahresfahrleistung minimal geringer ausfällt als bei Fahrzeugen, die ausschließlich dienstlich eingesetzt werden. Zwar handelt es sich dabei nicht um signifikante Werte ($\alpha > 0{,}05$). Es deutet jedoch darauf hin, dass die private Nutzung nicht in Verbindung mit höheren Fahrleistungen steht. Dies bedeutet gleichzeitig, dass die höheren Anteile privater Nutzung in den Clustern 2 und 3 (siehe Kapitel 6.1.1) nicht für die höheren Tagesfahrleistungen maßgeblich sind. Dafür bestimmt die private Nutzung beim Verkehrsverhalten den Fahrtzweck und das Fahrtziel.

Frühere Einzelfallstudien haben gezeigt, dass Maßnahmen des Mobilitätsmanagements eine Wirkung auf das Verkehrsverhalten entfalten können (DfT 2002b; Hösl & Müller 2009). Der Besitz von BahnCards ist die einzig verfügbare Größe im Datensatz der DLVS und berücksichtigt somit nur einen von zahlreichen Ansätzen aus dem umfangreichen Maßnahmenspektrums des betrieblichen Mobilitätsmanagements. Dieser Indikator zeigt zwar, dass der Besitz der BahnCard zu geringeren Fahrleistungen führen kann, so wie in der Hypothese $H8_1$ formuliert. Es ist jedoch kein statistisch signifikanter (linearer) Zusammenhang nachzuweisen ($\alpha > 0{,}05$). Ob andere Maßnahmen als der Einsatz der BahnCard das Verkehrsverhalten beeinflussen können, bleibt im Rahmen dieser Arbeit aufgrund des eingeschränkten Dateninhalts offen.

Schütte (1997) kommt zu Recht zu dem Schluss, dass Tourenplanung vor allem bei komplexen, mehrzieligen Touren eingesetzt wird. Die empirischen Ergebnisse dieser Arbeit zeigen, dass Informations- und Kommunikationstechnologien für Tourenplanung und -optimierung vor allem dann genutzt werden, wenn es sich um große Unternehmen mit einer hohen Fahrleistung handelt (siehe Abbildung 6-9). Daher ergibt das lineare Regressionsmodell der zweiten methodischen Ebene, dass der Einsatz von IKT nicht etwa zur Minderung der Fahrleistung führt, etwa weil Wege optimiert werden, sondern zu einer Steigerung beiträgt. Die von Monse et al. (2007) im Einzelfall nachgewiesene Reduktion der Fahrleistung durch den Einsatz von Tourenplanungsinstrumenten kann scheinbar nicht generell realisiert werden.

Ceteris paribus wäre somit anzunehmen, dass der Einsatz von IKT mehr Verkehr verursacht als reduziert. Die Modellergebnisse dieser Arbeit zeigen jedoch, dass die Prozessfaktoren und Strukturfaktoren eng miteinander verknüpft sind. Ergibt sich aus den Strukturfaktoren eine hohe Fahrleistung, werden Prozesse etabliert, die diese hohe Fahrleistung begrenzen oder aber optimieren sollen. Beispielsweise werden Richtlinien zur Verkehrsmittelwahl erlassen und den Mitarbeitern vorgeschrieben. Darüberhinaus wird IKT eingesetzt, um die hohe Anzahl von Fahrten zu koordinieren und zu planen. Zwar zeigt die Multikollinearitätsdiagnose im Vorfeld der Modellierung keine deutlichen Zusammenhänge zwischen internen Struktur- und Prozessfaktoren (siehe Kapitel 5.5.1). Die Modellergebnisse legen aber den Schluss nahe, dass die Prozesse zum großen Teil ein Resultat der bestehenden Strukturen sind. Deshalb besteht etwa ein Zusammenhang zwischen dem Faktor ‚innerbetriebliche Touren- bzw. Fahrten- und

Wegeplanung (inkl. Nutzung von IKT)' und dem Verkehrsverhalten. Es kann nicht ausgeschlossen werden, dass das Verkehrsverhalten auf Faktoren rückkoppelt. Weisen Unternehmen aufgrund ihrer Struktur und ihrem Tätigkeitsprofil komplexe Tourenmuster bzw. Tagesgänge auf, kann es notwendig sein, IKT zu nutzen, um die eigene Verkehrsnachfrage zu optimieren. Die gleichen Annahmen treffen etwa auf das Mobilitätsmanagement und die Regelung zur Entscheidungsbefugnis hinsichtlich des Verkehrsmittels zu. Erst bei einer hohen Komplexität des selbst verursachten Personenwirtschaftsverkehrs besteht in Unternehmen die Notwendigkeit, interne Prozesse zu Regulierung der Verkehre zu etablieren. In welchem Maße das von der Unternehmensstruktur verursachte Verkehrsverhalten die Prozesse beeinflusst, kann in zukünftigen Forschungen mit anderen als in dieser Arbeit verwendeten Methoden, etwa Strukturgleichungsmodellen (siehe Kapitel 5.5.1), untersucht werden.

6.3.3 Externe Strukturfaktoren

Ergebnis

In den vorangegangenen Kapiteln 6.3.1 und 6.3.2 wurden die Ergebnisse der internen Faktoren analysiert und diskutiert. Es folgen in diesem Kapitel die Resultate zu den externen Strukturfaktoren. Kapitel 6.3.4 beschreibt und interpretiert im Anschluss die Ergebnisse der externen Prozessfaktoren.

Auf Basis der multiplen linearen Regression der zweiten methodischen Ebene (siehe Tabelle 6-12) muss die Nullhypothese $H11_0$ abgelehnt werden. Der Faktor ‚Standort der Kunden' spielt eine signifikante ($\alpha \leq 0{,}05$) Rolle beim Verkehrsverhalten im Personenwirtschaftsverkehr. Für die ‚Kundenanzahl' zeigt sich hingegen kein statistisch signifikanter, linearer Zusammenhang zur Fahrleistung. Die Nullhypothese $H10_0$ wird beibehalten.

Tabelle 6-12: Modellergebnisse der externen Strukturfaktoren - Ebene 2 (DLVS).
Quelle: eigene Berechnungen.

Faktoren-gruppe		Faktor	Indikator	Regressionskoeffizienten (B)	Änderung Jhrfhrl. (in km) ($e^{Konstante} - e^{(Konstante+B)}$)	Signifikanz (T-Test)
externe Faktoren	Struktur		Konstante	9,91	-	0,00
		Kundenanzahl	0-30 Kunden	0,04	743	0,65
			31-175 Kunden	0,01	154	0,93
			176-1500 Kunden	0,03	687	0,67
			>1.500 Kunden	a	0	a
		Standort der Kunden	Anteil der Kunden innerhalb eines 50 km-Radius um den eigenen Standort	-0,003	-51	0,00

a Dieser Parameter wird auf Null gesetzt, da er Referenzkategorie ist.
n = 670

Der Regressionskoeffizient (B) des Indikators ‚Anteil der Kunden innerhalb eines 50 km-Radius um den eigenen Standort' ist mit -0,003 gering. Die Änderung der Jahresfahrleistung beträgt -51 km (siehe Tabelle 6-12). Da es sich aber um eine metrisch skalierte Variable handelt, die einen Wert zwischen 0-100 annehmen kann, kommt der Kundenstruktur mit einem steigenden Anteil regionaler und lokaler Kunden eine größere Bedeutung zu. Befinden sich etwa alle Kunden eines Unternehmens innerhalb eines 50 km-Radius, reduziert sich die durchschnittliche Jahresfahrleistung eines Firmen-Pkw um über 5.000 km. Dies ist schlüssig, da die Fahrtweiten zum Kunden regional begrenzt sind. Das Ergebnis deutet aber gleichzeitig auch darauf hin, dass die räumlich nahe gelegenen Kunden nicht häufiger angefahren werden als weiter entfernt lokalisierte Kunden. Wäre dies der Fall, würde eine höhere Besuchsfrequenz die kürzere Fahrtstrecke kompensieren und die Jahresfahrleistung nicht sinken. Eine bivariate Korrelation (Spearman-Rho) des Anteils der Kunden innerhalb eines 50 km-Radius um den eigenen Standort mit der Anzahl der Kundenbesuche pro Jahr[138] bestätigt diese Annahme. Zwar besteht ein signifikanter ($\alpha \leq 0,05$) Zusammenhang zwischen den

---

[138] Die Anzahl Kundenbesuche pro Jahr bezieht sich auf die durchgeführten Fahrten mit dem MIV. Es werden sowohl Fahrten berücksichtigt, die direkt zum Kunden führen als auch Fahrten zu einem externen, dritten Ort an dem auf Kunden getroffen wird. Die Anzahl Kundenbesuche berechnet sich als Produkt aus Kundenanzahl und Besuchsanzahl je Kunde. Das so errechnete Produkt wird über alle 27 in der DLVS abgefragten Dienstleistungen (siehe Kapitel 5.2.2) summiert. Die Korrelation erfolgt gewichtet (n =990).

beiden Variablen. Der Korrelationskoeffizient zeigt aber, dass dieser Zusammenhang mit -0,12 nur sehr schwach ausgeprägt ist. Mit einem steigenden Anteil von Kunden in größerer Entfernung sinkt die Häufigkeit der Kundenbesuche. Befinden sich mehr Kunden innerhalb des 50 km-Radius, erhöht sich die Frequenz der Besuche. Der geringe Korrelationskoeffizient deutet aber nur auf einen schwachen Anstieg. Daher hat die Aussage Bestand, dass hinsichtlich der Fahrleistung die (leicht) höhere Besuchshäufigkeit bei nahe gelegenen Kunden die kürzeren Wege nicht ‚ausgleicht'. Die durchschnittliche Jahresfahrleistung fällt im Ergebnis geringer aus.

Die einzelnen Indikatoren des Faktors ‚Kundenanzahl' weisen ebenfalls nur kleine Regressionskoeffizienten auf. Die korrespondierende Änderung der Jahresfahrleistung beträgt jeweils unter 800 km. Der T-Test zeigt, dass keiner der Indikatoren signifikant zur Beeinflussung der Fahrleistung beiträgt. Dies lässt den Schluss zu, dass eine höhere Kundenanzahl nicht dazu führt, dass ein Fahrzeug deutlich längere oder mehr Fahrten unternimmt. Eine solche Aussage erscheint plausibel, da die Einsatzkapazitäten eines Fahrzeuges bzw. des Fahrers durch die Komponente Zeit beschränkt werden. Innerhalb eines gegebenen Zeitraums kann nur eine gewisse Höchstzahl an Kunden angesteuert werden. Steigt die Kundenanzahl, ist mit einem Einsatz zusätzlicher Fahrzeuge und Mitarbeiter zu rechnen. Damit bleibt die in der zweiten methodischen Ebene untersuchte durchschnittliche Jahresfahrleistung eines Pkw weitestgehend unverändert, während sich die gesamte Fahrleistung des Unternehmens erhöht. Abbildung 6-12 zeigt, dass in Unternehmen mit größerer Kundenanzahl die Anzahl der Firmen-Pkw steigt. Unternehmen mit mehr als 1.500 Kunden besitzen im Durchschnitt fast fünf Firmen-Pkw. Bei Unternehmen mit 30 und weniger Kunden sind es nur 2,3 Pkw. Auch die höchste Standardabweichung von 13,7 Pkw in der Unternehmensklasse > 1.500 Kunden deutet auf einen tendenziell größeren Fuhrpark hin. Bivariate und partielle Korrelationen[139] der nicht klassifizierten Daten zeigen hingegen nur sehr schwache und keine signifikanten Zusammenhänge zwischen der Kundenanzahl und der Anzahl der Firmen-Pkw (siehe Anhang 31). Daher lässt sich statistisch nicht eindeutig belegen,

---

[139] Die partielle Korrelation enthält die Kontrollvariable Unternehmensgröße (Anzahl Mitarbeiter). Der Korrelationskoeffizient fällt noch geringer aus als bei der bivariaten Korrelation und zeigt, dass die Unternehmensgröße im Zusammenhang mit der Pkw-Anzahl steht.

dass eine größere Kundenanzahl zu einem größeren Fuhrpark führt. Abbildung 6-12 und die leicht positiven Korrelationskoeffizienten der bivariaten und partiellen Korrelationen (siehe Anhang 31 und Anhang 32) lassen aber den Schluss zu, dass die konstante Fahrleistung eines Pkw zumindest in Teilen auf größere Fuhrparks bei steigender Kundenanzahl zurückzuführen ist.

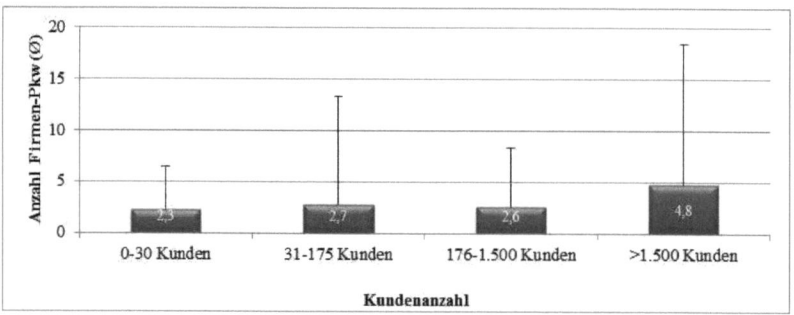

Abbildung 6-12: Durchschnittliche Anzahl Firmen-Pkw nach Kundenanzahl (Mittelwert und Standardabweichung).
Quelle: eigener Entwurf, Daten: DLVS (gewichtet, n = 990).

Als weitere Erklärungsansätze für den fehlenden Einfluss der Kundenstandorte kommen alternative Kontakt- und Kommunikationsformen infrage. Einerseits kann der Kunde persönlich am Betriebsstandort beim Anbieter erscheinen, um eine Dienstleistung direkt vor Ort zu beziehen. Andererseits können Dienstleistungen vom Anbieter (dem Unternehmen) über IKT angeboten werden. In beiden Fällen würden größere Kundenzahlen nicht zu einer starken Steigerung der Jahresfahrleistung führen. Der nachgefragte Personenwirtschaftsverkehr würde begrenzt. Abbildung 6-13 zeigt, dass die Unternehmen mit der größten Kundenanzahl auch am häufigsten IKT einsetzen (43 %), um Dienstleistungen zu erbringen.[140] Die Unternehmen mit dem kleinsten Kundenstamm setzen mit 36 % seltener Informations- und Kommunikationstechnologien ein. Ähnlich wie bei der Anzahl der Firmen-Pkw (siehe Abbildung 6-12) zeigt sich auch beim IKT-Einsatz, dass in der Gruppe der Unternehmen mit 176-1.500 Kunden eine Singularität auftritt. Nur 36 % dieser Unternehmen setzen IKT ein. Auch zeigt sich in Kapitel 6.3.4, dass der „Einsatz von

---

[140] Der Einsatz von IKT zur Erstellung einer Dienstleistung wird an dieser Stelle entsprechend der Operationalisierung des externen Prozessfaktors in Kapitel 5.5.2 verstanden.

IKT zur Erbringung von Dienstleistungen' tendenziell zu einer höheren Fahrleistung führt. Somit lässt sich auch durch die IKT-Nutzung nicht zweifelsfrei erklären, aus welchen Gründen die Kundenanzahl keine Rolle bei der Fahrleistung spielt. Festzuhalten bleibt, dass die Fahrleistung eines Fahrzeugs durch den Faktor Zeit (max. 24 h je Tag) begrenzt bleibt und nicht linear mit der Kundenanzahl wachsen kann.

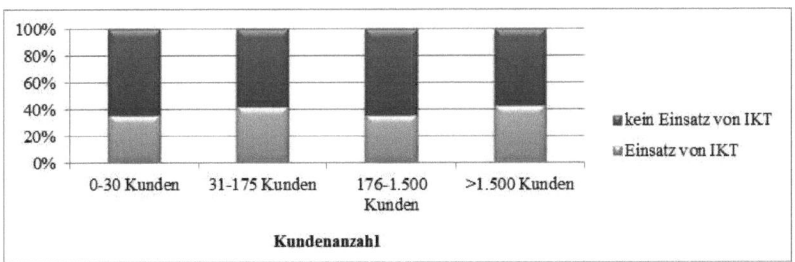

Abbildung 6-13: Einsatz von IKT zur Dienstleistungserbringung nach Kundenanzahl.
Quelle: eigener Entwurf, Daten: DLVS (gewichtet, n = 990).

Das MNL der dritten methodischen Ebene deutet darauf hin, dass der Faktor ‚Kundenanzahl' eine Rolle beim Verkehrsverhalten spielt (siehe Tabelle 6-13). Ebenso zeigt sich ein Zusammenhang zwischen dem ‚Standort der Kunden' und dem Verkehrsverhalten.

Tabelle 6-13: Modellergebnisse der externen Strukturfaktoren - Ebene 3 (Fusionsdatensatz).
Quelle: eigene Berechnungen.

Faktoren-gruppe	Faktor	Indikator	Regressionskoeffizienten (B) - Referenzcluster: 4 -		
			Cluster 1	Cluster 2	Cluster 3
		Konstante	-0,88*	-1,29*	-0,16
externe Faktoren	Struktur	Kunden-anzahl	0-30 Kunden	0,30*	0,15	-0,07
			31-175 Kunden	0,00	-0,30*	-0,14*
			176-1500 Kunden	0,60*	0,32*	0,12
			>1.500 Kunden	a	a	a
		Standort der Kunden	Anteil der Kunden innerhalb eines 50 km-Radius um den eigenen Standort	0,00	-0,001	-0,002*

ª Dieser Parameter wird auf Null gesetzt, da er Referenzkategorie ist.
* Signifikanter Einfluss der Indikatoren bei der Trennung der Cluster (basiert auf Wald-Statistik, α ≤ 0,05, reduzierte Aussagekraft durch Fusionsprozess, siehe Kapitel 5.6.3)
n = 10.857

Die Vorzeichen und Werte der Regressionskoeffizienten (B) lassen den Schluss zu, dass die Anzahl der Unternehmenskunden Einfluss darauf nehmen, ob sich die Fahrzeuge eher komplex verhalten und viele Fahrtenziele ansteuern (Cluster 3 und 4) oder ob sie ein weniger komplexes Verhalten besitzen (Cluster 1 und 2). Es zeigt sich, dass Fahrzeuge, die zu Unternehmen mit 0-30 Kunden und 176-1.500 Kunden gehören, wahrscheinlicher die Tagesgänge der Cluster 1 und 2 aufweisen. Fahrzeuge der Unternehmen mit einer mittleren Kundenanzahl von 31-175 weisen eher das Verkehrsverhalten des Clusters 4 auf. In Verbindung mit den dominanten Fahrtzwecken der Cluster (siehe Kapitel 6.1.1) deuten die Ergebnisse aus

Tabelle 6-13 darauf hin, dass Fahrzeuge von Unternehmen mit mittlerer Kundenanzahl (31-175) vor allem Kundenhaushalte und fremde, unternehmensexterne Betriebe zur Erbringung beruflicher Leistungen anfahren.

Für den Faktor ‚Standort der Kunden' bestätigen die Ergebnisse des MNL die Erkenntnisse der zweiten methodischen Ebene. Die niedrigen, negativen Regressionskoeffizienten des Clusters 2 (B = -0,001) und des Clusters 3 (B = -0,002) belegen, dass Fahrzeuge, die zu Unternehmen gehören, die einen großen Anteil lokaler und regionaler Kunden besitzen, wahrscheinlicher das Verhalten des vierten Clusters besitzen und eine geringere Fahrleistung aufweisen. Befinden sich 100 % der Kunden eines Unternehmens innerhalb eines 50 km-Radius um den eigenen Betriebsstandort, steigt die Wahrscheinlichkeit, dass ein Fahrzeug Cluster 4 und nicht Cluster 3 zugeordnet wird, um das 1,2-fache.

Tabelle 6-14 fasst die Ergebnisse der zweiten und dritten methodischen Ebene mit Hinblick auf die Nullhypothesen $H10_0$ und $H11_0$ zusammen. Sowohl die multiple lineare Regression als auch das MNL zeigen, dass der Kundenstandort die Jahresfahrleistung eines Fahrzeugs beeinflusst und so eine Rolle beim Verkehrsverhalten spielt. Die Kundenanzahl wirkt hingegen nicht auf die Fahrleistung. Ebene 3 deutet aber an, dass die Kundenanzahl die Tagesgänge im Allgemeinen und die Fahrtenanzahl im Speziellen beeinflusst.

Tabelle 6-14: Zusammenfassende Hypothesenbetrachtung - externe Strukturfaktoren.
Quelle: eigene Zusammenstellung.

Faktoren-gruppe	Nullhypothese H_{x0}	Faktor	Ebene 1	Ebene 2	Ebene 3
externe Faktoren / Struktur	$H10_0$	Kundenanzahl	🚫	➕	❌
	$H11_0$	Standort der Kunden	🚫	➖	❌

➖	➕	❌	❌	🚫
Nullhypothese abgelehnt	Nullhypothese beibehalten	Hypothesenprüfung statistisch unzulässig, Tendenz zur Ablehnung	Hypothesenprüfung statistisch unzulässig, Tendenz zur Beibehaltung	Faktor nicht im Modell enthalten

Diskussion

Anders als von Aguilera (2008) angenommen, führen höhere Kundenzahlen nicht zu einer geringeren Fahrleistung. Weder die methodische Ebene 2, noch die dritte Ebene belegen dies. Zwar zeigen die Daten dieser Arbeit, dass bei einer sehr hohen Kundenanzahl verhältnismäßig viel IKT für die Erbringung von Dienstleistungen genutzt werden (siehe Abbildung 6-13), wodurch face-to-face Kontakte ersetzt werden können. Die Resultate weisen jedoch keinen linear negativen oder positiven Zusammenhang zwischen Kundenanzahl und Fahrleistung auf. Vielmehr deuten die größeren Fuhrparks bei Unternehmen mit eine hohen Kundenanzahl (siehe Abbildung 6-12) darauf hin, dass zwar die Jahresfahrleistung des einzelnen Fahrzeugs unabhängig von der Kundenanzahl ist, die aggregierte Verkehrsleistung eines Unternehmens aber mit wachsender Kundschaft steigt.

Die Entfernung zum Kunden hat einen Einfluss auf die Fahrleistung. $H11_0$ muss deswegen verworfen werden. Aber auch der Aussage der Alternativhypothese $H11_1$ muss widersprochen werden. Es gilt nicht, dass mit wachsender Entfernung der Kundenkontakt abnimmt und die Fahrleistung eines Fahrzeugs sinkt. Die empirischen Befunde belegen, dass sich die Fahrleistung reduziert, wenn sich viele der Unternehmenskunden innerhalb eines 50 km-Radius befinden. Zwar zeigen Korrelationsanalysen, dass Kunden mit größerer Entfernung seltener besucht werden, weshalb Aguilera (2008) teilweise gefolgt werden kann (siehe Kapitel 4.3.5). Der Zusammenhang ist aber so schwach ausgeprägt, dass die geringere Besuchsfrequenz die größere Distanz zum Kunden nicht kompensieren kann. Daher gilt, dass weit vom Betriebsstandort entfernte Kunden zu einer größeren Fahrleistung beitragen.

Schließlich verdeutlicht dieses Kapitel, dass mit den in dieser Arbeit verwendeten Daten nicht in jedem Fall geklärt werden kann, warum ein vermuteter Zusammenhang zwischen exogenen Faktoren und Verkehrsverhalten nicht besteht. Dies gilt etwa im Fall der Kundenanzahl und der Fahrleistung. Zwar kann die DLVS valide belegen, dass es keine statistisch signifikante Verbindung zwischen der endogenen und exogenen Variablen gibt. Für die Erklärung, warum der theoretisch plausible Zusammenhang nicht besteht, können nach jetzigem Informationsstand aber nur Annahmen getroffen werden. Daher bedarf es zur Klärung der Ursache-Wirkungs-Beziehung weiterer Daten bzw. zukünftiger Forschung.

6.3.4 Externe Prozessfaktoren

Ergebnis

In diesem Kapitel werden die Resultate zur vierten Faktorengruppe analysiert und diskutiert. Für die externen Prozessfaktoren zeigen die Ergebnisse der multiplen linearen Regression keine signifikanten Zusammenhänge zur Fahrleistung. Die Nullhypothesen $H12_0$ und $H13_0$ sind auf Basis der zweiten methodischen Ebene beizubehalten.

Tabelle 6-15: Modellergebnisse der externen Prozessfaktoren - Ebene 2 (DLVS).
Quelle: eigene Berechnungen.

Faktorengruppe	Faktor	Indikator	Regressionskoeffizienten (B)	Änderung Jhrfhrl. (in km) ($e^{Konstante} - e^{(Konstante+B)}$)	Signifikanz (T-Test)
		Konstante	9,91		0,00
externe Faktoren	Prozess	erbrachte Dienstleistungen	Anzahl der für Dritte erbrachten Dienstleistungen	0,01	214	0,55
		Kommunikations- und Kooperationsformen mit den Kunden (inkl. Nutzung von IKT)	Einsatz von IKT zur Erbringung von Dienstleistungen	0,08	1.545	0,16
		n = 670			

Tabelle 6-15 zeigt, dass die ‚Anzahl der für Dritte erbrachten Dienstleistungen' die Fahrleistung der Unternehmens-Pkw nicht signifikant beeinflusst ($\alpha > 0{,}05$). Der Regressionskoeffizient (B) weist dessen ungeachtet darauf hin, dass je mehr Dienstleistungen ein Unternehmen für Dritte erbringt, desto höher steigt auch die durchschnittliche Jahresfahrleistung eines Firmen-Pkw. Werden bspw. fünf Dienstleistungen angeboten, erhöht sich die Jahresfahrleistung je Pkw um über 1.000 km. Daraus ist zu schließen, dass von einem Unternehmen nicht mehr Fahrzeuge eingesetzt werden, wenn mehr Dienstleistungen erbracht werden. Stattdessen ist davon auszugehen, dass ein Fahrzeug mehr Ziele (Kunden) anfährt, damit Mitarbeiter die Dienstleistungen erbringen. Die bivariate Korrelation von Pkw-Anzahl und Dienstleistungsanzahl (Spearman-Rho, gewichtet, n = 852) ergibt einen sehr geringen Wert von 0,15 ($\alpha \leq 0{,}05$). Dies unterstreicht die Erkenntnis, dass ein umfänglicheres Dienstleistungsangebot kaum zu mehr Fahrzeugen, aber zu einer höheren Fahrleistung des einzelnen Fahrzeugs führt. Zu berücksichtigen bleibt, dass mit der zweiten methodischen Ebene jedoch kein statistisch signifikanter Zusammenhang zwischen Fahrleistung und der ‚Anzahl der für Dritte erbrachten Dienstleistungen' belegt werden kann (siehe Tabelle 6-15).

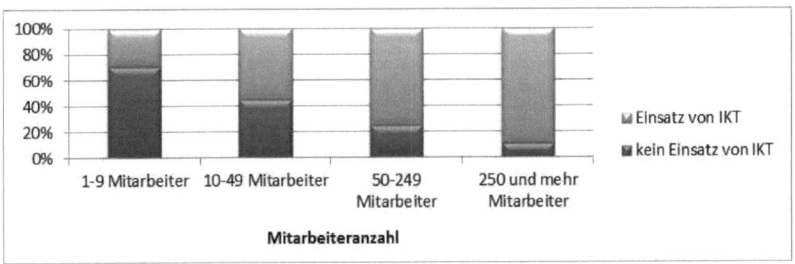

Abbildung 6-14: Einsatz von IKT zur Erbringung von Dienstleistungen nach Unternehmensgröße.
Quelle: eigener Entwurf, Daten: DLVS (gewichtet, n = 990).

Äquivalent zum IKT-Einsatz bei der Tourenplanung (siehe Kapitel 6.3.2) zeigt Tabelle 6-15, dass auch der ‚Einsatz von IKT zur Erbringung von Dienstleistungen' die Fahrleistung erhöht und es nicht zur Substitution von Fahrten und damit einer

Reduktion der Verkehrsnachfrage kommt.[141] Dieser Zusammenhang ist jedoch statistisch nicht signifikant und stellt damit nur eine Tendenz dar. Nutzt ein Unternehmen IKT zur Erbringung von Dienstleistungen (etwa Extranet und Fernwartung, siehe Kapitel 5.5.2), steigt die durchschnittliche Jahresfahrleistung eines Firmen-Pkw um über 1.500 km. Abbildung 6-14 zeigt, dass mit zunehmender Unternehmensgröße der Einsatz von IKT zur Erbringung von Dienstleistungen steigt und bietet damit eine Erklärung zum Wert des Regressionskoeffizienten (B = 0,08). Große Unternehmen mit einer hohen Verkehrsnachfrage weisen eine höhere Notwendigkeit auf, IKT einzusetzen, um den generierten Personenwirtschaftsverkehr zu minimieren und zu optimieren. So erklärt sich, warum die multiple lineare Regression eine positive Verknüpfung von IKT-Einsatz und Fahrleistung ergibt.[142]

Tabelle 6-16: Modellergebnisse der externen Prozessfaktoren - Ebene 3 (Fusionsdatensatz).
Quelle: eigene Berechnungen.

Faktoren-gruppe	Faktor	Indikator	Regressionskoeffizienten (B) - Referenzcluster: 4 -		
			Cluster 1	Cluster 2	Cluster 3
		Konstante	-0,88*	-1,29*	-0,16
externe Faktoren	Prozess	erbrachte Dienstleistungen	Anzahl der für Dritte erbrachten Dienstleistungen	-0,11*	-0,13*	-0,01
		Kommunikations- und Kooperationsformen mit den Kunden (inkl. Nutzung von IKT)	Einsatz von IKT zur Erbringung von Dienstleistungen	-0,15*	0,05	0,20*

* Signifikanter Einfluss der Indikatoren bei der Trennung der Cluster (basiert auf Wald-Statistik, α ≤ 0,05, reduzierte Aussagekraft durch Fusionsprozess, siehe Kapitel 5.6.3)
n = 10.857

Wie auch in den vorangegangenen Kapiteln 6.3.1 bis 6.3.3 zeigen die Modellresultate des Fusionsdatensatzes, dass auch Faktoren, die keinen linearen Zusammenhang zur Fahrleistung aufweisen, eine relevante Rolle beim Verkehrsverhalten spielen. Tabelle

---

[141] Dieser zunächst widersprüchliche Zusammenhang wird in der Diskussion dieses Kapitels erneut aufgegriffen.

[142] Für eine weiterführende Interpretation siehe die Diskussion in diesem Kapitel und die vorangegangenen Erläuterungen in Kapitel 6.3.2.

6-16 belegt, dass sowohl die ‚Anzahl der für Dritte erbrachten Dienstleistungen' als auch der ‚Einsatz von IKT zur Erbringung von Dienstleistungen' unterschiedliche Tagesgänge erklären können.

Je mehr Dienstleistungen erbracht werden, desto unwahrscheinlicher treten die Tagesgänge der Cluster 1 und 2 auf und desto wahrscheinlicher besitzen die Fahrzeuge das Verkehrsverhalten des Clusters 4. Dies ist plausibel und konsistent zur Clusteranalyse. Die Fahrzeuge des ersten und zweiten Clusters fahren in der Regel pro Tag ein Ziel, meist die Baustelle, an. Die Kfz des vierten Clusters weisen deutlich komplexere Tourencharakteristika mit diversifizierten Fahrtzielen auf. Das bedeutet, je mehr Dienstleistungen ein Unternehmen erbringt, desto mehr Kundenhaushalte und externe Betriebe werden je Tag angesteuert. Die Fahrtenanzahl steigt und die Tagesgänge werden komplexer. Ein Zusammenhang zwischen Dienstleistungsanzahl und der Fahrleistung ist jedoch in der dritten methodischen Ebene nicht ersichtlich.

Die in Tabelle 6-16 dargestellten Ergebnisse zeigen weiter, dass der ‚Einsatz von IKT zur Erbringung von Dienstleistungen' tendenziell dazu führt, dass Unternehmensfahrzeuge Tagesgänge der Cluster 3 und 4 aufweisen. Das weist darauf hin, dass auf der einen Seite in der Baubranche diese Technologien wenig eingesetzt werden, da Dienstleistungen nur vor Ort (an der Baustelle) erbracht werden können. Auf der anderen Seite nutzen die Unternehmen des tertiären Sektors IKT zur Erbringung von Dienstleistungen. Die Bereitstellung von Informationen für Kunden über Extranet oder die Fernwartung von technischen Systemen ist charakteristisch für die Unternehmen, deren Fahrzeuge die Tagesgänge der Cluster 3 und 4 aufweisen. Die Regressionsfaktoren des Clusters 1 (B = -0,15) und des Clusters 2 (B = 0,05) zeigen, dass der IKT-Einsatz zu komplexeren Verkehrsverhalten mit einer höheren Fahrtenanzahl und im Sinne der Hypothese H13$_1$ auch zu einer höheren Fahrleistung führt. Dies ist konsistent mit den (nicht signifikanten) Ergebnissen der zweiten methodischen Ebene (siehe Tabelle 6-15). Auch dort zeigt sich, dass eine Nutzung von IKT zu einer höheren Fahrleistung führt.

Tabelle 6-17 fasst die Erkenntnisse der externen Prozessfaktoren zusammen. Bei den hier betrachteten Faktoren kann kein statistisch valider Zusammenhang mit der

Fahrleistung nachgewiesen werden. Die dritte methodische Ebene lässt aber die Tendenz erkennen, dass die ‚Kommunikations- und Kooperationsformen mit den Kunden (inkl. Nutzung von IKT)' eine Rolle bei der Fahrleistung spielen. Außerdem geben die Modellrechnungen mit dem Fusionsdatensatz einen Hinweis darauf, dass beide externen Prozessfaktoren auf das Verkehrsverhalten wirken, indem sie die Fahrtenanzahl mitbestimmen.

Tabelle 6-17: Zusammenfassende Hypothesenbetrachtung - externe Prozessfaktoren.
Quelle: eigene Zusammenstellung.

Faktorengruppe	Nullhypothese H_{x0}	Faktor	Ebene 1	Ebene 2	Ebene 3
externe Faktoren / Prozess	$H12_0$	erbrachte Dienstleistungen	◎	✚	✖
externe Faktoren / Prozess	$H13_0$	Kommunikations- und Kooperationsformen mit den Kunden (inkl. Nutzung von IKT)	◎	✚	✖

=	✚	✖	✖	◎
Nullhypothese abgelehnt	Nullhypothese beibehalten	Hypothesenprüfung statistisch unzulässig, Tendenz zur Ablehnung	Hypothesenprüfung statistisch unzulässig, Tendenz zur Beibehaltung	Faktor nicht im Modell enthalten

Diskussion

Bisher gibt es in der Verkehrsforschung kaum Hinweise auf den Zusammenhang zwischen den erbrachten Dienstleistungen und dem Verkehrsverhalten von Unternehmen. Menge (2011, S. 189) kommt zu dem Schluss, dass die Aktionsradien von Unternehmensfahrzeugen unabhängig von der Art der erbrachten Dienstleistung (Qualität) sind. Aguilera (2008) geht aber davon aus, dass je nach Dienstleistungsangebot (Quantität) auch das Verkehrsverhalten variiert. Dem ist zu folgen.

Während die qualitativen Studien von Kesselring & Vogl (2010, S. 89f.) nahelegen, dass das Outsourcen von Dienstleistungen zu einem erhöhten Koordinationsaufwand führt und Mitarbeiter häufiger zu Besprechungen mit den externen Anbietern reisen, belegt die vorliegende quantitative Arbeit empirisch das Gegenteil. Werden zahlreiche, verschiedene Dienstleistungen für Dritte selbst erbracht, muss ein Pkw mehr Ziele am Tag ansteuern. Konzentriert sich ein Unternehmen hingegen auf eine oder wenige

Kompetenzen und Leistungen, sind die Verkehrsverhalten weniger komplex. Zu beachten ist jedoch, dass bei der DLVS alle vier Dienstleistungsbereiche, die für Produktionsprozesse benötigt werden, berücksichtigt sind (upstream, onstream, downstream, onstream parallel; Dicken 1998, S. 390f. siehe Anhang 21). Kesselring & Vogl (2010, S. 89f.) legen in ihrer Argumentation einen Fokus auf die „onstream parallel eingehenden Dienstleistungen" (Menge 2011, S. 29). Da keine Deckungsgleichheit zwischen dieser und der Arbeit von Kesselring & Vogl (2010) besteht, lässt sich auch anhand der empirischen Analysen der vorliegenden Studie nicht widerlegen, dass das Outsourcen bestimmter Dienstleistungen, vor allem der onstream parallel (etwa Lohnbuchhaltung) zu mehr Fahrten führt.

Im Hinblick auf einzelne Dienstleistungen, wie etwa die Hauskrankenpflege, müssen die Resultate der vorliegenden Arbeit kritisch hinterfragt werden. Die Fahrzeuge, die bspw. für soziale Dienste eingesetzt werden, finden sich vermehrt im Cluster 4 wieder (siehe Kapitel 6.1.1). Das ist plausibel, da sie zahlreiche Ziele (private Kundenhaushalte) am Tag ansteuern. Es kann jedoch davon ausgegangen werden, dass ambulante Pflegedienste größtenteils ‚nur' eine Dienstleistung, die Krankenpflege, anbieten. Der aus den empirischen Befunden zulässige Umkehrschluss, dass ein geringeres Dienstleistungsangebot zu weniger Fahrten führt, trifft demnach nicht zu. Die Ursache hierfür ist vor allem in der Modellgüte zu suchen. Wie in Kapitel 6.2 vorgestellt, ist die Modellgüte, insbesondere für die dritte methodische Ebene, nicht befriedigend. Die geringe Varianzaufklärung belegt, dass ein in das Modell aufgenommener Faktor nicht für alle Fälle das Verhalten erklären kann (siehe auch die Diskussion in Kapitel 6.3.1). Es ist durchaus plausibel, dass das Fahrzeug eines Unternehmens, welches sowohl steuerliche, rechtliche als auch kaufmännische Beratungsdienstleistungen erbringt, mehrere Ziele an einem Tag anfahren muss. Aber auch Fahrzeuge von Unternehmen mit nur einer angebotenen Dienstleistung werden mehr als ein Ziel am Tag ansteuern. Daraus ist zu schließen, dass die in Kapitel 6.3 analysierten Zusammenhänge zwischen exogenen und endogenen Variablen Bestand haben und auch mit Beispielen aus der Praxis belegt werden können. Da sich Modelle der Realität aber ‚nur' annähern und neben den hier untersuchten Faktoren zahlreiche weitere Parameter auf das Verkehrsverhalten wirken (siehe Kapitel 4.1), existieren auch Fälle, für die die getroffenen Aussagen keine Gültigkeit besitzen.

Die wissenschaftliche Diskussion zeigt bisher zwei mögliche Richtungen, wie die Nutzung von IKT zur Kommunikation mit Kunden auf die Verkehrsnachfrage wirkt. Einerseits gibt es Untersuchungen, die auf eine verringertes Fahrtenaufkommen hinweisen (Hildebrand & Klostermann 2007, S. 227f.; Monse et al. 2007, S. 31f.). Andererseits wird den IKT eine verstärkende Wirkung zugesprochen, die zu einer höheren Verkehrsleistung führen kann (Mokhtarian & Meenakshisundaram 1999). Die empirischen Resultate auf Basis der zweiten methodischen Ebene zeigen, dass beide Meinungen vertretbar sind. Dass keine statistisch belegbaren Zusammenhänge zwischen der Fahrleistung und der IKT-Nutzung zur Kommunikation mit den Kunden bestehen, heißt nicht, dass die IKT keine Rolle spielen. Die nicht signifikanten Modellergebnisse sind darauf zurückzuführen, dass es sowohl Unternehmen gibt, die in der DLVS angaben, IKT zu nutzen und eine geringe Fahrleistung aufweisen als auch solche, die IKT einsetzen, jedoch eine hohe Verkehrsleistung nachfragen. Eine pauschale Aussage zur Rolle von IKT kann somit nicht getroffen werden.

Die Ergebnisse der dritten methodischen Ebene lassen den Schluss nahe liegen, dass der IKT-Einsatz zu einer höheren Fahrleistung führt. Wie bereits in der Diskussion des Kapitels 6.3.2 argumentiert, ist davon auszugehen, dass die Struktur der Unternehmen (Kundenanzahl, Wirtschaftszweig etc.) komplexe Tagesgänge bedingen und nur als Folge dessen Prozesse implementiert werden, die die Verkehrsnachfrage mindern und optimieren. Ein Ansatz der Optimierung stellt die Erbringung von Dienstleistungen mittels IKT dar. Da auf diese Weise Fahrten vermieden werden können, werden Ressourcen (Zeit und Material) eingespart. Der Einsatz von IKT vermag jedoch die Verkehrsnachfrage der Unternehmen nicht so stark zu reduzieren, als dass ein Modell einen negativen Zusammenhang zwischen IKT und Fahrleistung errechnet.

Als Fazit ist festzuhalten, dass in dieser Arbeit kein statistisch valider und gleichzeitig signifikanter Zusammenhang zwischen IKT-Nutzung zur Kundenkommunikation bzw. Dienstleistungserstellung und Fahrleistung nachgewiesen werden kann.

6.3.5 Zusammenfassung der Ergebnisse der vier Faktorengruppen

Dieses Kapitel dient der zusammenfassenden Darstellung der Ergebnisse der vier Faktorengruppen. Eine Zusammenfassung der gesamten Arbeit und die entsprechende Würdigung der Resultate erfolgt in Kapitel 7.

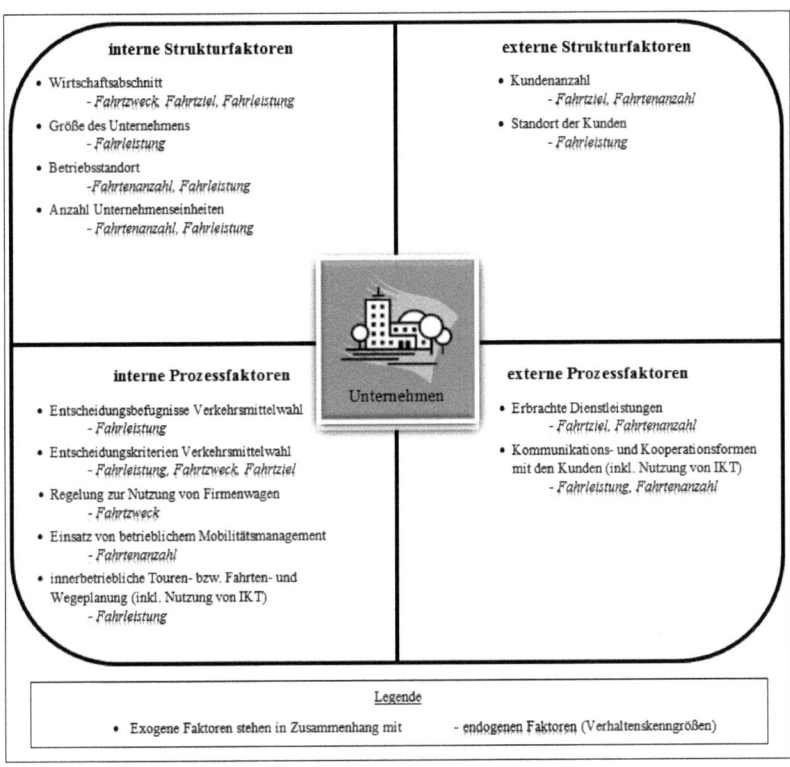

Abbildung 6-15: Faktorenmodell zur Rolle exogener Faktoren beim Verkehrsverhalten im Personenwirtschaftsverkehr.
Quelle: eigener Entwurf.

Als Synthese der vorangegangenen vier Kapitel 6.3.1 bis 6.3.4 wird ein Faktorenmodell gebildet, welches die Rolle der exogenen Faktoren beim Verkehrsverhalten im Personenwirtschaftsverkehr wiedergibt. Abbildung 6-15 zeigt, welche Kenngrößen des Verkehrsverhaltens mit den 13 Faktoren der vier Faktorengruppen zusammenhängen.[143]

Die Resultate aller drei methodischen Ebenen bilden die Basis für diese Zusammenfassung. Die Ergebnisse der drei Ebenen sind nicht nur konsistent mit den Erkenntnissen aus der Clusteranalyse, sondern sind auch untereinander weitestgehend widerspruchsfrei. Damit sind valide Aussagen zur Rolle von Unternehmen beim Verkehrsverhalten im Personenwirtschaftsverkehr möglich.

Für drei Faktorengruppen können mittels der empirischen Ergebnisse statistisch signifikante Zusammenhänge ($\alpha \leq 0{,}05$) zwischen exogenen und endogenen Faktoren belegt werden. Die Erkenntnisse zur Rolle der externen Prozessfaktoren beruhen ausschließlich auf der dritten methodischen Ebene, die keine validen Signifikanztests erlaubt. Die Ergebnisse dieser Ebene lassen sich jedoch durchgehend stringent interpretieren. Dies ermöglicht nicht nur weitergehende Erkenntnisse zur Rolle der Unternehmen beim Verkehrsverhalten als mit den Ebenen 1 und 2 möglich. Die Resultate belegen auch, dass die Fusion zweier Datensätze unter Berücksichtigung der statistischen Anforderungen für die Analyse von verkehrswissenschaftlichen Fragestellungen genutzt werden kann.

Die arbeitsleitenden Fragestellungen 3 und 4 dieser Arbeit (siehe Kapitel 1.2) sind eindeutig zu beantworten:

- ja, die Unternehmen spielen ein Rolle beim Verkehrsverhalten und
- exogene Faktoren, die die Unternehmensstrukturen als auch -prozesse repräsentieren, sind ausschlaggebend für das Verkehrsverhalten.

---

[143] Das in diesem zusammenfassenden Kapitel und in Abbildung 6-15 ‚nur' von einem ‚Zusammenhang' und nicht von einer ‚Wirkung' die Rede ist, ist den Erkenntnissen aus den vorhergehenden Kapiteln geschuldet. Diese haben gezeigt, dass es u. U. eine Wechselwirkung zwischen Struktur, Verkehr und Prozess gibt. Da dieser Umstand in der vorliegenden Arbeit nicht abschließend geklärt werden kann, muss allgemeiner von einem ‚Zusammenhang' gesprochen werden (siehe unten und die Diskussion in Kapitel 6.3.2).

Sieben Faktoren stehen mit mindestens zwei Verhaltenskenngrößen im Zusammenhang, die übrigen sechs mit einer (siehe Abbildung 6-15). Dies belegt zum einen, dass Unternehmen eine Rolle beim Verkehrsverhalten im Personenwirtschaftsverkehr spielen. Zum anderen zeigt sich dadurch, dass verschiedene Verhaltenskenngrößen nicht vollständig losgelöst voneinander betrachtet werden können. Die Zusammenfassung der Ergebnisse der vier Faktorengruppen offenbart, dass die Fahrleistung am häufigsten (9-mal) von exogenen Faktoren abhängt. Dies ist auch auf die Formulierung der Alternativhypothesen dieser Arbeit zurückzuführen, die datenbedingt vor allem die Fahrleistung zum Gegenstand haben (siehe Kapitel 4.3). Die exogenen Faktoren spielen am zweithäufigsten eine Rolle bei der Fahrtenanzahl (6-mal), gefolgt vom Fahrtziel (4-mal) und vom Fahrtzweck (3-mal).

Zusammenfassend ist festzustellen, dass Unternehmen auf vielfältige Art eine Rolle beim Verkehrsverhalten im Personenwirtschaftsverkehr spielen. Dies zeigt sich durch die Relevanz aller vier Faktorengruppen und wird anhand der empirisch nachgewiesenen Rolle von 13 exogenen Faktoren belegt. Die unternehmerischen Prozesse scheinen jedoch eine von den Unternehmensstrukturen abgeleitete Größe darzustellen, die nur bedingt auf das Verkehrsverhalten wirken. Die berechneten Modelle zeigen zwar, dass Prozessfaktoren in Zusammenhang mit den endogenen Variablen stehen. Ob dieser Zusammenhang aber nicht auch auf eine Rückkopplung des Verhaltens auf die Prozesse zurückzuführen ist, muss in zukünftiger Forschungsarbeit untersucht werden. Die Ergebnisse dieser Arbeit lassen in jedem Fall den Schluss zu, dass die internen und externen Strukturfaktoren für das im Raum beobachtbare Verkehrsverhalten der Firmenfahrzeuge maßgeblich sind.

7 Zusammenfassung und Ausblick

Eine steigende Anzahl Beschäftigter ist im Berufsalltag mobil. Zur Erbringung von Dienstleistungen und zum Zwecke von Geschäftsreisen verlassen Mitarbeiter regelmäßig ihr Unternehmen oder ihren Wohnsitz und fahren zu Kundenhaushalten, fremden Unternehmen, Baustellen und Konferenzen. Es entsteht Personenwirtschaftsverkehr. Zum Großteil werden die Fahrten des Personenwirtschaftsverkehrs mit dem Motorisierten Individualverkehr (MIV) durchgeführt. Dies führt, vor allem in den hochverdichteten Innenstadtbereichen, zu einer zusätzlichen hohen Belastung von Infrastruktur, Umwelt und Gesellschaft.

In der deutschen wie in der internationalen Forschung ist bislang wenig darüber bekannt, wie sich der Personenwirtschaftsverkehr im Straßenraum manifestiert, d. h. welches Verkehrsverhalten zu beobachten ist. Ebenso wenig existieren umfangreiche Betrachtungen dazu, welche Faktoren das Verkehrsverhalten im Personenwirtschaftsverkehr bestimmen. Der Mangel an Informationen erschwert die notwenige Planung und Lenkung kommunaler (städtischer) Verkehre. Erst wenn Kenntnisse darüber existieren, wie sich die Fahrzeuge im Raum bewegen und welche Faktoren für das jeweilige Verhalten maßgeblich sind, kann der Personenwirtschaftsverkehr in Verkehrsmodellen und -planungen berücksichtigt werden.

Aus diesem Grund hatte die vorliegende Arbeit das Ziel, zunächst charakteristische Tourenmuster von Firmenfahrzeugen zu identifizieren, die im Personenwirtschaftsverkehr eingesetzt werden. Darauf aufbauend wurde in einem zweiten Schritt bestimmt, ob und wenn ja, wie Unternehmen als hauptsächliche Quelle des Personenwirtschaftsverkehrs diese Verkehre beeinflussen.

Zur Erreichung der Ziele wurden zwei empirische Datensätze herangezogen, die Studie ‚Kraftfahrzeugverkehr in Deutschland, KiD 2002' und die ‚Dienstleistungsverkehrsstudie, DLVS'. Dieses sekundärstatistische Material wurde in drei methodischen Ebenen genutzt, um mittels Clusteranalyse und multivariaten Regressionsmodellen das Verkehrsverhalten und die Rolle der Unternehmen im Personenwirtschaftsverkehr zu bestimmen. Im Vordergrund stand dabei die Überprüfung von 13 Hypothesen.

Zur Generierung der Hypothesen wurde eine breite Literaturzusammenschau genutzt. Sowohl theoretische Arbeiten als auch regionale Studien ermöglichten es, vier unternehmensbezogene Faktorengruppen zu identifizieren, denen 13 Faktoren zugeordnet werden konnten. Die vier Gruppen sind:

- interne Strukturfaktoren,
- interne Prozessfaktoren,
- externe Strukturfaktoren und
- externe Prozessfaktoren.

Die Ergebnisse dieser Arbeit haben bewiesen, dass zwischen vier unterschiedlichen Tagesgängen unterschieden werden kann. Zunächst gibt es die Fahrzeuge, die vor allem im Baugewerbe eingesetzt werden und die am Morgen zur Baustelle fahren, dort tagsüber verbleiben und nachmittags zum Betrieb zurückkehren. Ein ähnliches Muster weisen die Fahrzeuge der zweiten Verhaltensgruppe auf. Am Nachmittag werden die Fahrzeuge jedoch für private Zwecke, i. d. R. für die Heimfahrt zum Wohnsitz genutzt. Komplexere Verkehrsverhalten besitzen die Fahrzeuge der Gruppen drei und vier. Die Fahrzeuge des Clusters drei sind durch eine hohe ganztägige Verkehrsbeteiligung und eine hohe Fahrtenanzahl gekennzeichnet. Durch die dienstliche und private Nutzung dieser Fahrzeuge zählen neben den Kundenhaushalten und fremden Betrieben auch die privaten Orte zu den Zielen. Fahrzeuge des vierten Clusters werden fast ausschließlich dienstlich genutzt, fahren zum Zwecke der ‚Erbringung beruflicher Leistungen' aber auch zu Kundenhaushalten und zu fremden Betrieben. Ihre Verkehrsbeteiligung nimmt im Laufe des Tages ab.

Die statistischen Analysen dieser Arbeit haben belegt, dass Unternehmen eine Rolle beim Verkehrsverhalten im Personenwirtschaftsverkehr spielen und gehen damit weit über das bisher bestehende Wissen hinaus. Unternehmensbezogene Faktoren sind mit ausschlaggebend dafür, welchen der vier oben skizzierten Tagesgänge die Firmenfahrzeuge aufweisen. Demnach können innerbetriebliche Veränderungen zu einem gänzlich verschiedenen Verkehrsverhalten führen. Für drei der vier Faktorengruppen konnte eine statistisch signifikante Bedeutung nachgewiesen werden. Die ermittelten Zusammenhänge zwischen externen Prozessfaktoren und Verkehrsverhalten beruhen ausschließlich auf der dritten methodischen Ebene, die keine statistisch valide Überprüfung von Hypothesen, jedoch die Ableitung solider Tendenzen erlaubt.

Allgemein zeigte sich, dass die Rolle der internen und externen Strukturfaktoren besser in Zusammenhang mit dem Verkehrsverhalten gebracht werden kann als die der Prozessfaktoren. Zwar zeigen auch die internen Prozessfaktoren, dass sie eine signifikante Rolle beim Verkehrsverhalten im Personenwirtschaftsverkehr spielen. Die Analyse und Interpretation der Ergebnisse legten aber den Schluss nahe, dass die unternehmerischen Prozesse stark von der Struktur der Unternehmen abhängen. Da in dieser Arbeit keine finalen Schlüsse zur Wechselwirkung zwischen Prozessfaktoren, Strukturfaktoren und Verkehrsverhalten gezogen werden können, eröffnet sich in diesem Gebiet weiterer Forschungsbedarf. Mit Hilfe von Strukturgleichungsmodellen könnten Verknüpfungen, Rückkopplungen und gegenseitige Abhängigkeiten untersucht werden.

Die Anwendung von drei methodischen Ebenen in dieser Arbeit hat sich als zielführend erwiesen. Die zunächst unabhängige Nutzung der zwei verwendeten Datensätze in Ebene 1 und 2 erlaubte, die Vorteile beider Studien getrennt zu nutzen. Sowohl die KiD 2002 als auch die DLVS trugen zur Erreichung der Ziele dieser Arbeit bei. Die dritte methodische Ebene, die Fusion beider Datensätze, belegte, dass auch zwei separat erhobene Datensätze gekoppelt zur Beantwortung verkehrswissenschaftlicher Studien herangezogen werden können. Die Verschneidung der Studien erlaubte nicht nur die Überprüfung der durch die Ebenen 1 und 2 gewonnenen Erkenntnisse. Da durch die Fusion die Nachteile der jeweiligen Datensätze beseitigt wurden, konnten auch weiterführende Zusammenhänge erkannt werden, die ohne die Fusion nicht entdeckt worden wären. Trotz der Berücksichtigung aller statistischen Anforderungen an eine Fusion bleibt die Aussagekraft der Ergebnisse der dritten methodischen Ebene aufgrund verzerrter Kovarianzen beschränkt.

Um die Restriktionen einer Datenfusion zu umgehen und weiterführende Kenntnisse zur Rolle der Unternehmen zu erlangen, ist für die Zukunft eine umfassende nationale Befragung von Betrieben anzustreben. Dabei müssten sowohl die gesamtbetrieblichen Hintergründe als auch die Fahrten der für das Unternehmen genutzten Fahrzeuge über einem längeren Zeitraum erfasst werden. Idealerweise entstünde auf diese Art eine intra-unternehmerische Erhebung, die Informationen vereint, die bisher getrennt in den beiden Studien KiD 2002 und DLVS vorliegen. Derartige Ansätze wurden bereits verfolgt, fanden ihre Begrenzung aber in zu knappen finanziellen Budgets oder in der ‚Überfragung' der Unternehmen, so dass nur kleine Stichproben entstanden. Eine neue Erhebung könnte außerdem den Fokus erweitern und ebenso die Privatfahrzeuge, die für den Personenwirtschaftsverkehr eingesetzt werden sowie die übrigen Verkehrsmittel (Umweltverbund und Flugzeug) mit in die Untersuchung einbeziehen. Dies würde sowohl ein vollständigeres Bild des Verkehrsverhaltens im Personenwirtschaftsverkehr als auch der Rolle der Unternehmen ergeben.

Bis ein solcher Ansatz bundesweite, valide und repräsentative Ergebnisse liefert, können Politik und Planung auf die Resultate dieser Arbeit zurückgreifen. Die berechneten Verhaltenskenngrößen der Clusteranalyse und die Parameterschätzer der multiplen linearen und multinomialen logistischen Regressionsmodelle können zukünftig für die mikroskopische und makroskopische Modellierung des Personenwirtschaftsverkehrs genutzt werden. Damit können bisherige Wirtschaftsverkehrsmodelle, die sich auf den Güterverkehr stützen, sinnvoll ergänzt werden. Insbesondere die in dieser Arbeit berücksichtigten Strukturfaktoren erlauben eine dynamische Modellierung, da Veränderungen in der deutschen Unternehmenslandschaft (Branchenverschiebungen, Wachstum etc.) abgebildet werden können.

Das aus dieser Arbeit resultierende Faktorenmodell sowie die tageszeitlich differenzierten Einsatzmuster von Unternehmensfahrzeugen bieten der Politik Ansatzpunkte, Maßnahmen so zu gestalten, dass bestimmte Verkehrsverhalten seltener oder häufiger auftreten. Dadurch können ggf. die Verkehrsleistung und Luft- sowie Lärmemissionen gesenkt werden. Denkbar sind etwa besondere Anreize für ein betriebliches Mobilitätsmanagement, die Förderung der Ansiedlung bestimmter Unternehmensgrößen sowie die Schaffung von Einfahrverboten in stark belasteten Gebieten für Fahrzeuge, die im Personenwirtschaftsverkehr im Einsatz sind.

Sowohl für die Modellierung als auch für die gerichtete Anwendung von politischen Maßnahmen ist es jedoch notwendig, die Strukturdaten zur Verfügung zu haben, die in dieser Arbeit genutzt wurden. Erst, wenn Planung, Politik und Wissenschaft, eine valide

Datenbasis besitzen, die etwa die Unternehmensstandorte, die Unternehmensgröße und den Wirtschaftszweig beinhaltet, können die Erkenntnisse dieser Arbeit zielführend angewendet werden.

Literaturverzeichnis

Aguilera, A. (2008). Business travel and mobile workers. Transportation Research Part A: Policy and Practice (42), Nr. 8, (S. 1109-1116).

Ahrens, G.-A. (2009). Sonderauswertung zur Verkehrserhebung ‚Mobilität in Städten - SrV 2008'. Städtevergleich. Im Auftrag von Städten, Verkehrsunternehmen, Verkehrsverbünden und Bundesländern, Dresden.

Alexander, B.; Dijst, M. und Ettema, D. (2010). Working from 9 to 6? An analysis of in-home and out-of-home working schedules. Transportation (37), Nr. 3, (S. 505-523).

Allen, J.; Anderson, S.; Browne, M. und Jones, P. (2000a). A framework for considering policies to encourage sustainable urban freight traffic and goods/service flows. Report 1: Approach taken to the project. A research project funded by the EPSRC as part of the Sustainable Cities Programme, London.

Allen, J.; Anderson, S.; Browne, M. und Jones, P. (2000b). A framework for considering policies to encourage sustainable urban freight traffic and goods/service flows. Report 2: Current goods and service operations in urban areas. A research project funded by the EPSRC as part of the Sustainable Cities Programme, London.

Allen, J. und Browne, M. (2008). Using official data sources to analyse the light goods vehicle fleet and operations in Britain. Report produced as part of the Green Logistics Project. Work Module 9 (Urban Freight Transport), London: Transport Studies Group University of Westminster

Allen, J.; Browne, M.; Cherret, T. und McLeod, F. (2008). Review of UK Urban Freight Studies. Report produced as part of the Green Logistics Project: Work Module 9 (Urban Freight Transport), London und Southampton.

Anderson, R. (2006). LCV Scoping Study. Phase 1: Review of Published Literature. Report to DfT Logistics Policy Division: AEA

AZ - AstraZeneca (2006). Driving Progress Through Performance. Annual Report and Form 20-F Information 2005. URL: astrazeneca.com [Zuletzt geprüft am 16.04.2010].

Bacher, J. von (2002). Statistisches Matching. Anwendungsmöglichkeiten, Verfahren und ihre praktische Umsetzung in SPSS. ZA-Informationen *(51)*, (S. 38-66).

Backhaus, K. (2006). Multivariate Analysemethoden. Eine anwendungsorientierte Einführung, Springer-Lehrbuch, 11. Auflage, Berlin [u.a.]: Springer.

Bahrenberg, G.; Giese, E. und Nipper, J. (1999). Statistische Methoden in der Geographie. Univariate und bivariate Statistik, Teubner-Studienbücher der Geographie (Band 1), 4., überarb. Auflage, Stuttgart: Teubner.

Bahrenberg, G.; Giese, E. und Nipper, J. (2003). Multivariate Statistik. Statistische Methoden in der Geographie, Teubner Studienbücher der Geographie, Stuttgart: Teubner.

Bayart, C.; Bonnel, P. und Morency, C. (2009). Survey Mode Integration and Data Fusion. Methods and Challenges. In Bonnel, P.; Lee-Gosselin, M.; Zmud, J. und Madre, J.-L. (Hrsg.), Transport Survey Methods, (S. 587-611): Emerald Group Publishing Limited.

Beaverstock, J. V.; Derudder, B.; Faulconbridge, J. R. und Witlox, F. (2009). INTERNATIONAL BUSINESS TRAVEL: SOME EXPLORATIONS. Geografiska Annaler: Series B, Human Geography (91), *Nr. 3*, (S. 193-202).

Beckmann, K. J.; Langweg, A.; Wehmeier, T.; Witte, A. und Wulfhorst, G. (2004). Verkehrsaufwandsmindernde Strukturen und Dienste zur Förderung einer nachhaltigen Stadtentwicklung. Endbericht zum Forschungsfeld "Stadtentwicklung und Stadtverkehr", Bonn. URL: http://www.stuttgart.de/europa/moviman/downloads/dokumente/BBR_Stadtentwicklung_Stadtverkehr_DE.pdf [Zuletzt geprüft am 27.05.2009].

BFS - Bundesamt für Statistik (2005). Reiseverhalten der schweizerischen Wohnbevölkerung 2003. Modul Tourismus der Einkommens- und Verbrauchserhebung 2003 (EVE03). Methodik und Hauptergebnisse, Nauchâtel.

BFS - Bundesamt für Statistik (2007). Mobilität in der Schweiz. Ergebnisse des Mikrozensus 2005 zum Verkehrsverhalten, Nauchâtel.

Binnenbruck, H. H. (2006). BESTUFS WP 3.1. Report on urban freight data collection in Germany, Gappenach-Maifeld.

BMVBW-Bundesministerium für Verkehr, B.-u. W. (o. J.). Kernelemente von Haushaltsbefragungen zum Verkehrsverhalten. Empfehlungen zur abgestimmten Gestaltung von Verkehrserhebungen, Bonn. URL: www.tu-dresden.de/srv [Zuletzt geprüft am 07.05.2010].

BMVBW-Bundesministerium für Verkehr, B.-u. W. (2003). Kontinuierliche Befragung des Wirtschaftsverkehrs in unterschiedlichen Siedlungsräumen. Phase 2, Hauptstudie. Schlussbericht Band 1, Braunschweig.

Bochynek, C.; Menge, J.; Schneider, S. und Venus, M. (2009). Erstellung und Verwendung einer synthetischen Wirtschaftsstruktur zur disaggregierten Modellierung der Wirtschaftsverkehrsnachfrage. In Clausen, U. (Hrsg.), Wirtschaftsverkehr 2009, (S. 23-37), Dortmund: Verl. Praxiswissen.

Brown, M. L. und Kros, J. F. (2003). Data mining and the impact of missing data. Industrial Management & Data Systems (103), *Nr. 8*, (S. 611-621).

Browne, M. und Allen, J. (2006). Best Urban Freight Solutions II. D 3.1 BESTUFS Best Practice in data collection, modelling approaches and application fields for urban commercial transport models I. Theme: Urban freight data collection - synthesis report, London.

Browne, M.; Allen, J.; Anderson, S. und Wigan, M. (2002). Understanding the growth in service trips and developing transport modelling approaches to commercial, service and light goods movements, European Transport Conference, 9.-11. September 2002, Cambridge.

Bruns, H.-L.; Vennefrohne, K. und Welk, L. (2007). Mobilitätsmanagement in der betrieblichen Praxis. BGW Ratgeber, Hamburg.

Bühler, R. (2008). Transport Policies, Travel Behavior, and Sustainability. A Comparison of Germany and the U.S. Dissertation: Rutgers, The State University of New Jersey, Brunswick.

Bühler, R. (2009). Determinants of Automobile Use. A Comparison of Germany and the U.S., Transportation Research Board 88th Annual Meeting, Washington.

Bühler, R. und Kunert, U. (2008). Trends und Determinanten des Verkehrsverhaltens in den USA und in Deutschland. Endbericht. Forschungsprojekt im Auftrag des Bundesministeriums für Verkehr, Bau und Stadtentwicklung, Berlin.

Buliung, R.; Roorda, M. und Remmel, T. (2008). Exploring spatial variety in patterns of activity-travel behaviour: initial results from the Toronto Travel-Activity Panel Survey (TTAPS). Transportation (35), Nr. 6, (S. 697-722).

Buliung, R. N. und Kanaroglou, P. S. (2006). A GIS toolkit for exploring geographies of household activity/travel behavior. Journal of Transport Geography (14), Nr. 1, (S. 35-51).

Bundesamt für Bauwesen und Raumordnung (2010). Laufende Raumbeobachtung - Raumabgrenzungen. Siedlungsstrukturelle Kreistypen. URL: http://www.bbr.bund.de/nn_103086/BBSR/DE/Raumbeobachtung/Werkzeuge/Raumabgrenzungen/SiedlungsstrukturelleGebietstypen/Kreistypen/kreistypen.html [Zuletzt geprüft am 01.10.2010].

Cairns, S.; Newson, C. und Davis, A. (2010). Understanding successful workplace travel initiatives in the UK. Transportation Research Part A: Policy and Practice (44), Nr. 7, (S. 473-494).

Chikaraishi, M.; Fujiwara, A.; Zhang, J. und Axhausen, K. W. (2009). Exploring Variation Properties of Departure Time Choice Behavior Using a Multilevel Analysis Approach, Transportation Research Board 88th Annual Meeting, Washington.

Commins, N. und Nolan, A. (2011). The determinants of mode of transport to work in the Greater Dublin Area. Transport Policy (18), Nr. 1, (S. 259-268).

Cooper, B. (2003). Travel behaviour change - extending the theory to workplaces, European Transport Conference, 8.-10. Oktober 2003, Straßburg.

Davidov, E.; Schmidt, P. und Bamberg, S. (2003). Time and Money. An Empirical Explanation of Behaviour in the Context of Travel-Mode Choice with the German Microcensus. European Sociological Review (19), Nr. 3, (S. 267-280).

Deneke, K. (2005). Nutzungsorientierte Fahrzeugkategorien im Straßenwirtschaftsverkehr. Eine multidimensionale Analyse kraftfahrzeugbezogener Mobilitätsstrukturen. Zugl.: Braunschweig, Techn. Univ., Diss., 2004, Schriftenreihe (Band 53), Herzogenrath: Shaker.

Denstadli, J. M. (2004). Impacts of videoconferencing on business travel: the Norwegian experience. Journal of Air Transport Management (10), Nr. 6, (S. 371-376).

Destatis - Statistisches Bundesamt (2010). Genesis Online Datenbank. Personalisierte Datenabfrage. URL: https://www-genesis.destatis.de/genesis/online [Zuletzt geprüft am 29.09.2010].

DfT - Department for Transport (2002a). Making travel plans work. Research Report. URL: http://www.dft.gov.uk/pgr/sustainable/travelplans/work/ngtravelplansworkresearc5784.pdf [Zuletzt geprüft am 13.07.2011].

DfT - Department for Transport (2002b). Making travel plans work. Lessons from UK case studies. URL: http://www.dft.gov.uk/pgr/sustainable/travelplans/work/ngtravelplansworklessons5783.pdf [Zuletzt geprüft am 13.07.2011].

Diana, M. und Mokhtarian, P. L. (2009). Grouping travelers on the basis of their different car and transit levels of use, Transportation Research Board 88th Annual Meeting, Washington.

DIW - Deutsches Institut für Wirtschaftsforschung (2009). Verkehr in Zahlen, 38. Jg., Hamburg: Dt. Verkehrs-Verl.

Dornier Consulting GmbH (2004). Leitfaden Wirtschaftsverkehr. Zur Unterstützung des innerstädtischen Straßengüterverkehrs. Abschlussbericht, Berlin.

El Esawey, M. und Ghareib, A. (2009). Analysis of Mode Choice Behavior in Greater Cairo Region, Transportation Research Board 88th Annual Meeting, Washington.

Enoch, M. und Potter, S. (2003). Encouraging the commercial sector to help employees to change their travel behaviour. Transport Policy (10), Nr. 1, (S. 51-58).

Europäische Kommission (2005). The new SME definition. User guide and model declaration, Enterprise and industry publications, Luxembourg: Publ. Off.

Figliozzi, M. A. (2007). Analysis of the efficiency of urban commercial vehicle tours: Data collection, methodology, and policy implications. Behavioural insights into the Modelling of Freight Transportation and Distribution Systems. Transportation Research Part B: Methodological (41), Nr. 9, (S. 1014-1032).

Franken, V. und Lenz, B. (2005). Influence of mobility information services on travel behavior, Research Symposium on Societies and Cities in the Age of Instant Access, 10.-12. November 2005, Salt Lake City.

Glejser, H. (1969). A New Test for Heteroskedasticity. Journal of the American Statistical Association (64), Nr. 325, (S. 316-323).

Golob, T. F. (2003). Structural equation modeling for travel behavior research. Transportation Research Part B: Methodological (37), Nr. 1, (S. 1-25).

Göthlich, S. E. (2007). Zum Umgang mit fehlenden Daten in großzahligen empirischen Erhebungen. In Albers, S.; Walter, A.; Konradt, U.; Klapper, D. und Wolf, J. (Hrsg.), Methodik der empirischen Forschung, (S. 119-134), Wiesbaden: Gabler Verlag.

Götz, K. (2007). Mobilitätsstile. In Schöller, O. (Hrsg.), Handbuch Verkehrspolitik, (S. 759-784), Wiesbaden: VS Verl. für Sozialwiss.

Goulias, K. G. (2002). Multilevel analysis of daily time use and time allocation to activity types accounting for complex covariance structures using correlated random effects. Transportation (29), (S. 31-48).

Grömping, U.; Pfeiffer, M. und Stock, W. (2007). Statistical Methods for Improving the Usability of Existing Accident Databases. Deliverable 7.1. Project No. 027763 - TRACE. URL: www.trace-project.org/[Zuletzt geprüft am 14.07.2011].

GSK - GlaxoSmithKline (2006a). Annual Report 2005. human being. URL: www.gsk.com [Zuletzt geprüft am 16.04.2010].

GSK - GlaxoSmithKline (2006b). GSK Corporate Responsibility Report 2005. URL: www.gsk.com [Zuletzt geprüft am 16.04.2010].

Gu, L. und Baxter, R. (2006). Decision Models for Record Linkage. Lecture Notes in Computer Science, Nr. 3755, (S. 146-160).

Hamann, R.; Jansen, T. und Reinkober, N. (2007). Nachfrageorientierter Ansatz. Mobilitätsmarketing ist mehr als alter Wein in neuen Schläuchen: Unternehmerisches Denken und koordiniertes Handeln machen den kommunalen Nahverkehr attraktiver. Regionalverkehr (10), Nr. 5, (S. 42-44).

Harms, S.; Lanzendorf, M. und Prillwitz, J. (2007). Mobilitätsforschung in nachfrageorientierter Perspektive. In Schöller, O. (Hrsg.), Handbuch Verkehrspolitik, (S. 735-758), Wiesbaden: VS Verl. für Sozialwiss.

Hebes, P.; Menge, J. und Lenz, B. (2010). Service Traffic: an entrepreneurial view on travel behaviour, 12th World Conference on Transport Research, Lissabon, Portugal.

Hertkorn, G. (2004). Mikroskopische Modellierung von zeitabhängiger Verkehrsnachfrage und von Verkehrsflußmustern. Dissertation: Universität Köln, Köln.

Hildebrand, W.-C. und Klostermann, T. (2007). Dienstleistungsverkehr in industriellen Wertschöpfungsprozessen. In Bruhn, M. und Stauss, B. (Hrsg.), Wertschöpfungsprozesse bei Dienstleistungen, (S. 215-238), Wiesbaden: Gabler.

Hornberg, C.; Ilmenau-Otto, M. und Wolf, L. (2006). Betriebliches Mobilitätsmanagement und Gesundheitsförderung, Bielefeld.

Hösl, R. und Müller, U. (2009). Betriebliches Mobilitätsmanagement München. Veröffentlichung des Referates für Arbeit und Wirtschaft, Nr. 242, München.

Hunt, J. D. und Stefan, K. J. (2007). Tour-based microsimulation of urban commercial movements. Behavioural insights into the Modelling of Freight Transportation and Distribution Systems. Transportation Research Part B: Methodological (41), Nr. 9, (S. 981-1013).

Iddink, U. (2010). Erklärungsmodell zur Ableitung des Wirtschaftsverkehrs in Produktionsnetzwerken, München: Verlag Dr. Hut.

ILS (2000). Mobilitätsmanagement. Handbuch, 1. Auflage, Dortmund: Inst. für Landes- und Stadtentwicklungsforschung des Landes Nordrhein-Westfalen.

ILS; Universität Dortmund und PGN (2007). Weiterentwicklung von Produkten, Prozessen und Rahmenbedingungen des betrieblichen Mobilitätsmanagements. Abschlussbericht. FOPS-Projekt FE 70.748/04, Dortmund.

INFAS und DIW (2004). Mobilität in Deutschland 2002. Ergebnisbericht, Bonn und Berlin.

INFAS und DLR (2010). Mobilität in Deutschland 2008. Ergebnisbericht. Struktur - Aufkommen - Emissionen - Trends, Bonn und Berlin.

ISB und IVV (2003). Mobilitätsmanagement-Handbuch. Ziele, Konzepte und Umsetzungsstrategien. Projekt 70.657/01: Mobilitätsmanagement in Deutschland und im Ausland, Stand von Theorie und Praxis, Aachen. URL: http://www.fachportal.nahverkehr.nrw.de/fahrgast_mobil/mobilman/MMHandbuch.pdf [Zuletzt geprüft am 03.09.2009].

IVT; DLR; FTK; Fraunhofer IAO und TU Berlin (2008). Dienstleistungsverkehr in industriellen Wertschöpfungsprozessen. Schlussbericht, Mannheim.

Janssen, J. und Laatz, W. (2007). Statistische Datenanalyse mit SPSS für Windows. Eine anwendungsorientierte Einführung in das Basissystem und das Modul Exakte Tests, Sechste, neu bearbeitete und erweiterte Auflage., Berlin, Heidelberg: Springer-Verlag Berlin Heidelberg.

Joubert, J. W. und Axhausen, K. W. (2011). Inferring commercial vehicle activities in Gauteng, South Africa. Journal of Transport Geography (19), *Nr. 1*, (S. 115-124).

Kesselring, S. und Vogl, G. (2010). Betriebliche Mobilitätsregime. Die sozialen Kosten mobiler Arbeit, Forschung aus der Hans-Böckler-Stiftung (Band 117), Berlin: Ed. Sigma.

Kettenring, J. R. (2009). A patent analysis of cluster analysis. Appl. Stochastic Models Bus. Ind. (25), *Nr. 4*, (S. 460-467).

Kiesl, H. und Rässler, S. (2005). Techniken und Einsatzgebiete von Datenintegration und Datenfusion. In König, C.; Stahl, M. und Wiegand, E. (Hrsg.), Datenfusion und Datenintegration, (S. 17-32), Bonn: Informationszentrum Sozialwiss.

Kish, L. (1990). Weighting: Why, When, and How? In American Statistical Association (Hrsg.), Proceedings of the Survey Research Methods Section, (S. 121-130).

Kitamura, R. (2009). Life-style and travel demand. Transportation (36), Nr. 6, (S. 679-710).

Klostermann, T. und Hildebrand, W.-C. (2006). Management of service traffic in industrial value-added process chains, 7th Asia Pacific Industrial Engineering and Management Systems Conference, Bangkok.

Kulke, E. (2009). Wirtschaftsgeographie, Grundriss Allgemeine Geographie, 3. Auflage, Paderborn, München [u.a.]: Schöningh.

Kutter, E. (2002). Innovative räumliche Planung. Kernpunkt regionaler Verkehrsgestaltung, ECTL working paper (Band 14), Hamburg-Harburg: ECTL.

Kwan, M.-P.; Dijst, M. und Schwanen, T. (2007). The interaction between ICT and human activity-travel behavior. Guest Editorial. Transportation Research Part A: Policy and Practice (41), Nr. 2, (S. 121-124).

Lakshminarayan, K.; Harp, S. A. und Samad, T. (1999). Imputation of Missing Data in Industrial Databases. Applied Intelligence (11), Nr. 3, (S. 259-275).

Lassen, C. (2009). NETWORKING, KNOWLEDGE ORGANIZATIONS AND AEROMOBILITY. Geografiska Annaler: Series B, Human Geography (91), Nr. 15, (S. 229-243).

Lenz, B. (2010). AK Verkehr Page. Special Issue on Comparative North American and European gateway logistics. Journal of Transport Geography (18), Nr. 4, (S. 588-589).

Lenz, B. und Nobis, C. (2007). The changing allocation of activities in space and time by the use of ICT-"Fragmentation" as a new concept and empirical results. The Interaction Between ICT and Human Activity-Travel Behavior. Transportation Research Part A: Policy and Practice (41), Nr. 2, (S. 190-204).

Lian, J. I. und Denstadli, J. M. (2004). Norwegian business air travel-segments and trends. Journal of Air Transport Management (10), Nr. 2, (S. 109-118).

Liedtke, G.; Babani, J. und Friedrich, H. (2011). Identifikation von Tourtypen in Fahrzeugtagebüchern. In Clausen, U. (Hrsg.), Wirtschaftsverkehr 2011, (S. 55-75), Dortmund: Verl. Praxiswissen.

Limtanakool, N.; Dijst, M. und Schwanen, T. (2006). The influence of socioeconomic characteristics, land use and travel time considerations on mode choice for medium- and longer-distance trips. Journal of Transport Geography (14), Nr. 5, (S. 327-341).

Lin, H.-Z.; Lo, H.-P. und Chen, X.-J. (2009). Lifestyle classifications with and without activity-travel patterns. Transportation Research Part A: Policy and Practice (43), Nr. 6, (S. 626–638).

Lleras, G. C.; Simma, A.; Ben-Akiva, M.; Schafer, A.; Axhausen, K. W. und Furutani, T. (2003). Fundamental relationships specifying travel behaviour. An international travel survey comparision, Transportation Research Board 82nd Annual Meeting, Washington.

Lois, D. und López-Sáez, M. (2009). The relationship between instrumental, symbolic and affective factors as predictors of car use: A structural equation modeling approach. Transportation Research Part A: Policy and Practice (43), Nr. 9-10, (S. 790-799).

Lu, J.-L. und Peeta, S. (2009). Analysis of the factors that influence the relationship between business air travel and videoconferencing. Transportation Research Part A: Policy and Practice (43), Nr. 8, (S. 709-721).

Luley, T.; Menge, J. und Lenz, B. (2004). Ttraditional „homogenous behavioural groups". still valid analysing-tool or scientific anachronism?, 2nd International Symposium "Networks for Mobility", 29. September 2004, Stuttgart.

Machledt-Michael, S. (2000a). Fahrtenkettenmodell für den städtischen und regionalen Wirtschaftsverkehr. Dissertation: Technische Universität Carolo Wilhelmina, Braunschweig.

Machledt-Michael, S. (2000b). Fahrtenkettenmodell für den städtischen und regionalen Wirtschaftsverkehr. In Beckmann, K. J. (Hrsg.), Tagungsband zum 1. Aachener Kolloquium "Mobilität und Stadt", Aachen, (S. 217-223).

Madre, J.-L.; Axhausen, K. W. und Brög, W. (2007). Immobility in travel diary surveys. Transportation (34), Nr. 1, (S. 107-128).

McGuckin, N. und Murakami, E. (1999). Examining Trip-Chaining Behavior: Comparison of Travel by Men and Women. Transportation Research Record: Journal of the Transportation Research Board, Nr. 1693, (S. 79-85).

Mendigorin, L. und Peachman, J. (2005). Estimation of Small-Area Commercial Vehicle Movements in the Sydney Greater Metropolitan Area. Development, Estimation Issues Addressed and Enhancements to the Estimation Method, 28th Australasian Transport Research Forum, 28.-30. September, Sydney.

Menge, J. (2011). Personenwirtschaftsverkehr im Prozess der Dienstleistungserstellung. Ursachen, Strukturen und räumliche Muster. Dissertation (in Veröffentlichung), Geographisches Institut: Humboldt-Universität zu Berlin, Berlin.

Menge, J. und Hebes, P. (2008). Intermodal Service Traffic. State of the practice or scientific demand? In Gronau, W. (Hrsg.), Passenger intermodality, (S. 53-70), Mannheim: Verl. MetaGIS-Infosysteme.

Menge, J. und Lenz, B. (2008). Services and Service Traffic - A Reappraisal from the Perspective of Transportation Geography. In Martin, U. (Hrsg.), Networks for mobility, Stuttgart: FOVUS [Zuletzt geprüft am 27.08.2010].

Merckens, R. (1984). Analyse des Verkehrsmittelwahlverhaltens von Geschäftsreisenden, Forschung Strassenbau und Strassenverkehrstechnik (Band 414), Bonn-Bad Godesberg: Bundesminister für Verkehr, Abt. Strassenbau.

Mokhtarian, P. L. und Meenakshisundaram, R. (1999). Beyond tele-substitution: disaggregate longitudinal structural equations modeling of communication impacts. Transportation Research Part C: Emerging Technologies (7), Nr. 1, (S. 33-52).

Mokhtarian, P. L. (1988). An empirical evaluation of the travel impacts of teleconferencing. Transportation Research Part A: General (22), Nr. 4, (S. 283-289).

Monse, K.; Klostermann, T.; Straube, F.; Bäumer, M. und Menge, J. (2007). Dienstleistungsverkehr in industriellen Wertschöpfungsprozessen. Praxisleitfaden, Aachen: Shaker.

MOST (2003). Mobilty Management Strategies for the Next Decades. Final Report. URL: http://www.ils-forschung.de/down/most-fr.pdf [Zuletzt geprüft am 14.07.2011].

Müller, G. (2001). Betriebliches Mobilitätsmanagement. Status Quo einer Innovation in Deutschland und Europa. Unter besonderer Berücksichtigung der Kooperation von Unternehmen und Kommune, Dortmund.

Nesbitt, K. und Sperling, D. (2001). Fleet purchase behavior: decision processes and implications for new vehicle technologies and fuels. Transportation Research Part C: Emerging Technologies (9), Nr. 5, (S. 297-318).

Nobis, C. und Luley, T. (2005). Bedeutung und gegenwärtiger Stand von Verkehrsdaten in Deutschland. In Nobis, C. und Luley, T. (Hrsg.), Mobilitätsforschung: Fragestellung und empirische Analyse von Mobilitätsdaten: Ergebnisse eines Projektseminars zum Mobilitätsverhalten der Berliner Bevölkerung, (S. 1-19), Berlin.

Nordholt, E. S. (1998). Imputation: Methods, Simulation Experiments and Practical Examples. International Statistical Review (66), Nr. 2, (S. 157-180).

Nuhn, H. und Hesse, M. (2006). Verkehrsgeographie, UTB (Band 2687 : Geographie), Paderborn , München [u.a.]: Schöningh.

O'Fallon, C. und Sullivan, C. (2006). Understanding light and medium commercial vehicle movements in urban corridors, 29th Australasian Transport Research Forum, Queensland.

Patier, D. und Routhier, J. L. (2008). Best Urban Freight Solutions II. D 3.2. BESTUFS Best Practice in data collection, modelling approaches and application fields for urban commercial transport models, Lyon.

Peachman, J. und Mu, S. (2001). Estimating Commercial Travel Movements in an Urban Environment. The Commercial Transport Study (CTS). URL:

http://www.bts.nsw.gov.au/ArticleDocuments/82/cp2001-03-commercial-travel-movements.pdf.aspx [Zuletzt geprüft am 13.07.2011].

Primerano, F.; Taylor, M.; Pitaksringkarn, L. und Tisato, P. (2008). Defining and understanding trip chaining behaviour. Transportation (35), Nr. 1, (S. 55-72).

Puttan, P. Van Der; Kok, J. N. und Gupta, A. (2002). Data Fusion Through Statistical Matching. MIT Sloan, Nr. 185. URL: http://ebusiness.mit.edu [Zuletzt geprüft am 16.02.2011].

Rand, W. (1971). Objective Criteria for the Evaluation of Clustering Methods. Journal of the American Statistical Association (66), Nr. 336, (S. 846-850).

Rangosch-du Moulin, S. (1997). Videokonferenzen als Ersatz oder Ergänzung von Geschäftsreisen, Wirtschaftsgeographie und Raumplanung (Band 26), Zürich.

Rässler, S. (2004). Data Fusion: Identification Problems, Validity, and Multiple Imputation. Austrian Journal of Statistics (33), Nr. 1&2, (S. 153-171).

Recker, W. W.; McNally, M. G. und Root, G. S. (1985). Travel/activity analysis. Pattern recognition, classification and interpretation. Transportation Research Part A: General (19), Nr. 4, (S. 279-296).

Roby, H. (2010). Workplace travel plans. Past, present and future. Journal of Transport Geography (18), Nr. 1, (S. 23-30).

Roth, I. (2010). Mobile Beschäftigte in der IKT-Branche. Eine Sonder- und Zusatzauswertung des DGB-Index Gute Arbeit. In Brandt, C. (Hrsg.), Mobile Arbeit - Gute Arbeit?, (S. 117-128), Berlin.

Roy, J. und Filiatrault, P. (1998). The impact of new business practices and information technologies on business air travel demand. Journal of Air Transport Management (4), Nr. 2, (S. 77-86).

Ruan, M.; Lin, J. und Kawamura, K. (2010). Modeling Urban Commercial Vehicle Daily Tour Choice Using the Texas Commercial Vehicle Survey Data, Transportation Research Board 89th Annual Meeting, Washington.

Rümenapp, J. und Overberg, P. (2003). Straßenverkehrsbefragung im Dresdner Südost-Korridor, ECTL working paper (Band 13), Hamburg-Harburg: ECTL.

Rye, T. (2002). Travel plans: do they work? Transport Policy (9), Nr. 4, (S. 287-298).

Saporta, G. (2002). Data fusion and data grafting. Computational Statistics & Data Analysis (38), Nr. 4, (S. 465-473).

Sasaki, K. und Nishii, K. (2010). Measurement of intention to travel: Considering the effect of telecommunications on trips. Information/Communication Technologies and Travel Behaviour; Agents in Traffic and Transportation. Transportation Research Part C: Emerging Technologies (18), Nr. 1, (S. 36-44).

Schlich, R. (2001). Analysing intrapersonal variability of travel behaviour using the sequence alignment method, European Transport Conference, 10.-12. September 2001, Cambridge.

Schlich, R. und Axhausen, K. W. (2003). Habitual travel behaviour: Evidence from a six-week travel diary. Transportation (30), Nr. 1, (S. 13-36).

Schneider, S. (2011). A methodology for the spatial extrapolation of trip chain data. Dissertation (unveröffentlicht): Technische Universität Berlin, Berlin.

Schütte, F. P. (1997). Mobilitätsprofile im städtischen Personenwirtschaftsverkehr, Schriftenreihe des IÖW (Band 110), Berlin: Inst. für Ökolog. Wirtschaftsforschung.

SenStadt - Senatsverwaltung für Stadtentwicklung (2003). mobil2010. Stadtentwicklungsplan Verkehr Berlin, Berlin.

SIBIS - Statistical Indicators Benchmarking the Information Society (2003). SIBIS Pocket Book 2002/03. Measuring the Information Society in the EU, the EU Accession Countries, Switzerland and the US. URL: www.sibis-eu.org [Zuletzt geprüft am 17.09.2010].

Spissu, E.; Pinjari, A.; Bhat, C.; Pendyala, R. und Axhausen, K. W. (2009). An analysis of weekly out-of-home discretionary activity participation and time-use behavior. Transportation (36), Nr. 5, (S. 483-510).

Statistik Austria (2006). Urlaubs- und Geschäftsreisen. Kalenderjahr 2005. Ergebnisse aus den vierteljährlichen Haushaltsbefragungen. Schnellbericht 3.4, Wien.

Stauffacher, M.; Schlich, R.; Axhausen, K. W. und Scholz, R. W. (2005). The diversity of travel behaviour. Motives and social interactions in leisure time activities, Arbeitsberichte Verkehr- und Raumplanung, IVT, ETH Zürich (Band 30x), Zürich.

Steinmeyer, I. (2002). Betriebsbefragung zum Personenwirtschaftsverkehr. Erste Erkenntnisse aus Dresden, ECTL working paper (Band 7), Hamburg-Harburg: ECTL.

Steinmeyer, I. (2004). Kenndaten der Verkehrsentstehung im Personenwirtschaftsverkehr. Analyse der voranschreitenden Ausdifferenzierung von Mobilitätsmustern in der Dienstleistungsgesellschaft. Zugl.: Hamburg, Techn. Univ., Diss., Harburger Berichte zur Verkehrsplanung und Logistik (Band 3), 1. Auflage, München: Huss.

Steinmeyer, I. und Wagner, T. (2006). Using National Behavioral Data on Commercial Traffic for Local and Regional Applications: Experiences from Germany with Data Sources and Gaps, Opportunities and Limits, Transportation Research Board 85th Annual Meeting, Washington.

StVO (2010). Straßenverkehrsordnung, Bundesgesetzblatt, Teil I, S. 1737. URL: http://www.bmvbs.de/cae/servlet/contentblob/33640/publicationFile/31567/stras senverkehrs-ordnung-stand-Dezember-2010.pdf [Zuletzt geprüft am 14.07.2011].

Targa, F.; Clifton, K. J. und Mahmassani, H. S. (2005). Economic Activity and Transportation Access. An Econometric Analysis of Business Spatial Patterns. Transportation Research Record: Journal of the Transportation Research Board, *Nr. 1932*, (S. 61-71).

Temme, J. (2007). Discrete-Choice-Modelle. In Albers, S.; Walter, A.; Konradt, U.; Klapper, D. und Wolf, J. (Hrsg.), Methodik der empirischen Forschung, (S. 327-342), Wiesbaden: Gabler Verlag.

Toledo, T.; Koutsopoulos, H. N. und Ben-Akiva, M. (2009). Estimation of an integrated driving behavior model. Transportation Research Part C: Emerging Technologies (17), *Nr. 4*, (S. 365-380).

van Acker, V. und Witlox, F. (2010). Car ownership as a mediating variable in car travel behaviour research using a structural equation modelling approach to identify its dual relationship. Journal of Transport Geography (18), Nr. 1, (S. 65-74).

Varschen, C. und Wagner, P. (2006). Mikroskopische Modellierung der Personenverkehrsnachfrage auf Basis von Zeitverwendungstagebüchern. In Beckmann, K. J. (Hrsg.), Integrierte Mikro-Simulation von Raum- und Verkehrsentwicklung, Aachen. Band 81, (S. 63-69).

Venigalla, M. (2004). Household Travel Survey Data Fusion Issues. Resource Paper, National Household Travel Survey Conference: Understanding Our Nation's Travel, 1.-2. November 2004, Washington.

Verron, H.; Huckestein, B.; Penn-Bressel, G.; Röthke, P.; Bölke, M. und Hülsmann, W. (2005). Determinanten der Verkehrsentstehung. URL: http://www.umweltbundesamt.de [Zuletzt geprüft am 24.01.2007].

Wagner, T. (2008). Analysen der Logistikbrance in der Metropolregion Hamburg. Teil II: Charakteristik und Verkehrsbedarf von Logistikflächennutzungen. Ergebnisse einer Betriebsbefragung, ECTL working paper (Band 38), Hamburg-Harburg: ECTL.

Wang, D. und Law, F. (2007). Impacts of Information and Communication Technologies (ICT) on time use and travel behavior: a structural equations analysis. Transportation (34), Nr. 4, (S. 513-527).

Wermuth, M. (2007). Personen- und Personenwirtschaftsverkehr. In Schöller, O. (Hrsg.), Handbuch Verkehrspolitik, (S. 323-346), Wiesbaden: VS Verl. für Sozialwiss.

Wermuth, M.; Binnenbruck, H. H.; Machledt-Michael, S.; Wirth; Rommerskirchen und Sonntag (2002). Bestandsaufnahme notwendiger und verfügbarer Daten zum Wirtschaftsverkehr als Grundlage pragmatischer Datenergänzungen, Forschung Straßenbau und Straßenverkehrstechnik (Band 860): Wirtschaftsverlag N. W. Verlag für neue Wissenschaft.

Wessel, K. (1996). Empirisches Arbeiten in der Wirtschafts- und Sozialgeographie. Eine Einführung, Uni-Taschenbücher (Band 1956), Paderborn , München [u.a.]: Schöningh.

Wiedenbeck, M. (2005). Techniken der Datenfusion. In König, C.; Stahl, M. und Wiegand, E. (Hrsg.), Datenfusion und Datenintegration, (S. 33-43), Bonn: Informationszentrum Sozialwiss.

Wiedenbeck, M. und Züll, C. (2001). Klassifikation mit Clusteranalyse. Grundlegende Techniken hierarchischer und K-means-Verfahren, ZUMA How-to-Reihe (Band 10), Mannheim.

Wishart, D. (2000). FocalPoint Clustering. User Guide, Edinburgh: Clustan Limited.

Wishart, D. (2006). ClustanGraphics Primer. A guide to cluster analysis, Fourth Edition, Edinburgh: Clustan Limited.

Wittwer, R. (2008). Raumstrukturelle Einflüsse auf das Verkehrsverhalten. Nutzbarkeit der Ergebnisse großräumiger und lokaler Haushaltsbefragungen für makroskopische Verkehrsplanungsmodelle. *Dissertation:* Technische Universität Dresden, Dresden.

Zumkeller, D. (1999). Verhaltensmodelle in den Verkehrswissenschaften. In Nehring, M. und Steierwald, M. (Hrsg.), Verhaltensänderungen im Verkehr: Restriktionen versus Soft-Policies, Stuttgart: Akademie für Technikfolgenabschätzung in Baden-Württemberg, (S. 13-42).

Zumkeller, D.; Chlond, B. und Lipps, O. (2001). Konstanz/Variabilität des Verkehrsverhaltens bei gleichen Personen. Endbericht, Karlsruhe.

Zumkeller, D.; Chlond, B.; Ottmann, P.; Kagerbauer, M. und Kuhnimhof, T. (2007). Panelauswertung 2007. Deutsches Mobilitätspanel (MOP) - Wissenschaftliche Begleitung und erste Auswertungen. Zwischenbericht, Karlsruhe.

Anhang

Anhang 1: Wegezweck der regelmäßigen beruflichen Wege nach Wirtschaftsabschnitt, MiD 2008.
Quelle: eigene Zusammenstellung, Daten: MiD 2008.

Wirtschaftszweig (WZ 2008)	Hauptzweck der regelmäßigen beruflichen Wege am Stichtag (Anteile in %)							
	Personenwirtschaftsverkehr	davon:					anderer Zweck	Gesamt
		Besuch, Besichtigung, Besprechung	Kundendienst, Erledigung	Sozialdienst, Betreuung	Transport, Abholung, Zustellung von Waren	Personenbeförderung		
Land- und Forstwirtschaft, Fischerei	46,1	7,4	38,2	0,5	26,6	0,0	27,3	100,0
Bergbau und Gewinnung von Steinen und Erden	.	.	.	.	.	.	.	.
Verarbeitendes Gewerbe	71,0	17,0	53,9	0,0	13,3	0,0	15,8	100,0
Energieversorgung	86,3	15,5	70,8	0,0	1,8	0,0	11,9	100,0
Wasserversorgung, Abwasser, Abfallentsorgung etc.	59,0	16,0	43,0	0,0	20,2	0,0	20,7	100,0
Baugewerbe	57,6	16,5	41,1	0,0	14,7	1,1	26,4	100,0
Handel, Instandhaltung und Reparatur von Kraftfahrzeugen	67,4	26,2	41,2	0,0	20,7	0,7	11,2	100,0
Verkehr und Lagerei	8,0	2,8	3,5	1,7	70,8	18,0	3,2	100,0
Gastgewerbe	28,9	10,9	18,0	,0	61,8	7,5	1,9	100,0
Information und Kommunikation	78,0	40,2	35,8	2,0	8,5	0,0	13,5	100,0
Erbringung von Finanz- und Versicherungsdienstleistungen	94,2	49,6	42,9	1,8	0,2	0,0	5,5	100,0
Grundstücks- und Wohnungswesen	67,9	30,1	33,0	4,8	12,9	0,0	19,2	100,0
Erbringung von freiberufl., wiss. und techn. Dienstleistungen	68,5	31,1	31,5	5,9	4,8	3,1	23,6	100,0
Erbringung von sonstigen wirtschaftlichen Dienstleistungen	49,7	12,1	34,5	3,1	34,4	5,4	10,5	100,0
öffentliche Verwaltung, Verteidigung, Sozialversicherung	40,0	21,9	12,9	5,2	12,8	5,4	38,2	100,0
Erziehung und Unterricht	49,1	24,0	4,7	20,5	0,0	2,0	48,9	100,0
Gesundheits- und Sozialwesen	80,5	24,3	7,6	48,6	4,1	6,3	9,1	100,0
Kunst, Unterhaltung und Erholung	38,2	15,8	21,6	0,9	33,9	0,0	27,9	100,0

Wirtschaftszweig (WZ 2008)	Hauptzweck der regelmäßigen beruflichen Wege am Stichtag (Anteile in %)							
	Personenwirtschaftsverkehr	davon:			Transport, Abholung, Zustellung von Waren	Personenbeförderung	anderer Zweck	Gesamt
		Besuch, Besichtigung, Besprechung	Kundendienst, Erledigung	Sozialdienst, Betreuung				
Erbringung von sonstigen Dienstleistungen	56,1	2,6	52,9	0,6	23,0	5,3	15,6	100,0
priv. HH m. Personal, Herst. Waren/Dienstl. f. priv. Bedarf	100,0	0,0	76,8	23,2	0,0	0,0	0,0	100,0
exterritoriale Organisationen und Körperschaften	100,0	49,4	50,6	0,0	0,0	0,0	0,0	100,0
andere Branche	46,6	8,8	36,2	1,5	25,0	5,9	22,6	100,0
Gesamt	56,1	18,0	30,6	7,5	20,6	4,1	18,9	100,0

Anhang 2: Gegenüberstellung sozialversicherungspflichtig Beschäftigter und Fahrzeugbesatz nach Wirtschaftsabschnitten.
Quelle: eigene Zusammenstellung, Daten: Destatis 2010; KiD 2002.

	Sozialvers.pfl. Beschäftigte am 31.12.2002 (WZ 2003 - Abschnitte)	Sozialvers.pfl. Beschäftigte 31.12.2002	Fahrzeuge in KiD 2002 nach ZFZR
		Anteile (%)	
A	Land- und Forstwirtschaft	1,1	2,6
B	Fischerei und Fischzucht	0,0	0,0
C	Bergbau und Gewinnung von Steinen und Erden	0,4	0,8
D	Verarbeitendes Gewerbe	25,9	9,2
E	Energie- und Wasserversorgung	0,9	1,8
F	Baugewerbe	6,4	9,1
G	Handel, Instandhaltung u. Rep. v. Kfz u. Gebrauchsgütern	15,2	11,3
H	Gastgewerbe	2,7	0,8
I	Verkehr und Nachrichtenübermittlung	5,5	5,8
J	Kredit- und Versicherungsgewerbe	3,9	0,6
K	Grundst.-, Wohnungswesen, Verm. bewegl. Sachen usw.	11,4	2,4
L	Öff. Verwaltung, Verteidigung, Sozialversicherung	6,3	5,0
M	Erziehung und Unterricht	3,9	0,0
N	Gesundheits-, Veterinär- und Sozialwesen	11,4	1,0
O	Erbringung sonst. öff. u.persönl. Dienstleistungen	4,6	33,9
P	Private Haushalte mit Hauspersonal	0,1	15,7
Q	Exterritoriale Organisationen und Körperschaften	0,1	0,0
OA	Ohne Angabe	0,0	.
	Gesamt	100,0	100,0

Zur Anmeldung gewerblicher Fahrzeuge werden bei:
- beruflich Selbstständigen die Angaben zum Wirtschaftszweig/ zur Branche in das dafür vorgesehene Feld des Zulassungs-/ Umschreibungsformulars eingetragen,
- Unternehmen/Firmen Unterlagen zum Gewerbe (Handelsregisterauszug, Gewerbeanmeldung) vorgelegt, aus denen die Tätigkeit (etwa Tischler, Wasserinstallation) hervorgeht (für Details zur Vorlage der Unterlagen siehe: http://www.berlin.de/labo/kfz/dienstleistungen/kraftfzulassungfirmen.html).

Auf Basis dieser Informationen zur Tätigkeit/ Branche wird dann eine Zuordnung zum Berufsschlüssel des KBA vorgenommen, der sich an der Wirtschaftszweigklassifikation des Statistischen Bundesamtes ausrichtet.

Häufig meldet ein Dritter die gewerblichen Fahrzeuge an. Wenn ein Dritter (mit Vollmacht) bei der Zulassungsstelle vorspricht, können u.U. keine Nachfragen zur Branche erfolgen, da der Bevollmächtigte keine Informationen zum meldenden Auftraggeber besitzt. Dann sind die Sachbearbeiter ausschließlich auf die schriftlichen Angaben aus dem Formular oder dem Handelsregisterauszug angewiesen. Ein Abgleich mit dem Unternehmensregister (mittels Firmennamen) findet nicht statt, da dies datenschutzrechtlich nicht möglich ist.

Eine Zuordnung der gewerblichen Fahrzeuge zu einem Wirtschaftsabschnitt fällt schwer, da die Sachbearbeiter(innen) nur den (oft weit gefassten) Text zur Tätigkeitsbeschreibung des Unternehmens nutzen können. Eine Zuordnung zum KBA-Schlüssel ist so mitunter schwierig, insbesondere dann, wenn mehrere Tätigkeiten in der vorgelegten Gewerbeanmeldung genannt werden, z.B. Handel mit Kraftfahrzeugen und Vermietung. Dass der zugeordnete Schlüssel tatsächlich dem Wirtschaftsabschnitt des anmeldenden Unternehmens entspricht, ist das Ziel, aber nicht in jedem Fall möglich.

Die Zuordnung vom Fahrzeug zum KBA-Schlüssel wird von einer Person durchgeführt. Eine (Qualitäts-) Kontrolle der Zuordnung durch eine weitere Person findet aus Praxisgründen nicht statt. Die Sachbearbeiter(innen) haben eine hohe Routine bei der Zuordnung, da dies ihre tägliche Arbeit ist. Die Zuordnung findet bei allen Mitarbeitern bundesweit unter den selben Voraussetzungen statt (gleiche KBA-Schlüssel, gleiche Formulare und Unterlagen).

Mit der Einführung neuer KBA-Schlüssel (etwa bei Umstellung entsprechend Wechsel von WZ03 auf WZ08) werden die Mitarbeiter eingewiesen. Eine gesonderte Schulung für Zuordnungen der Fahrzeuge zum KBA-Schlüssel findet jedoch nicht statt.

Für Fahrzeuge des Einzelgewerbes ist nicht nachvollziehbar, ob die privat angemeldeten Fahrzeuge gewerblich genutzt werden. Hier kann es folglich zu differierenden Angaben zwischen ZFZR und Halter kommen.

Die Speicherung der Daten ergibt sich aus § 33 StVG. Seit Anfang 2007 werden die Daten zu gewerblichen Fahrzeugen direkt an das KBA gemeldet (in das ZFZR übernommen). Vorher fand eine (zunächst) lokale Speicherung der Daten statt.

Anhang 3: Geprüftes und bestätigtes Telefonprotokoll des Gesprächs mit einer Gruppenleiterin einer Kfz-Zulassungsstelle.

Quelle: eigener Entwurf.

Anhang 4: Anzahl Fahrzeuge, die innerhalb von 60 min mehr als eine Fahrt zum gleichen Zweck durchführten.
Quelle: eigene Zusammenstellung, Daten: KiD 2002.

Anzahl Fahrtzweck-wiederholungen je 60 min	Fahrzeuganzahl	Prozent	Kumulierte Prozente
0	57.911	97,9	97,9
1	952	1,6	99,5
2	217	0,4	99,9
3	47	0,1	100,0
4	3	0,0	100,0
Gesamt	59.130	100,0	

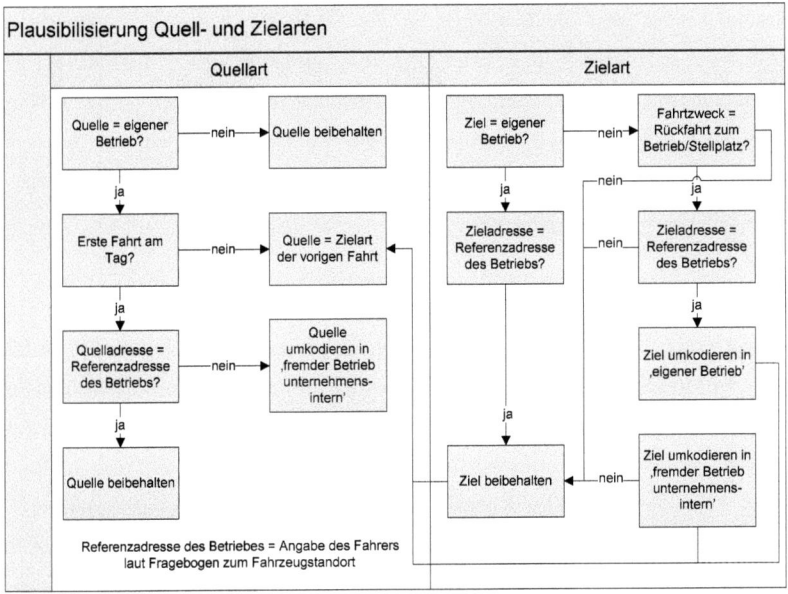

Anhang 5: Vorgehen zur Plausibilisierung der Quell- und Zielarten in der KiD 2002.
Quelle: eigener Entwurf.

Anhang 6: Überprüfung der Modellannahmen für die KiD 2002, Korrelationsanalysen.
Quelle: eigene Zusammenstellung, Daten: KiD 2002.

nominal bezüglich nominal (Cramér V)	Zugehörigkeit zu WZ-Abschnitten 2003	Mitarbeiteranzahl (klassiert)	Regionsgrundtyp gemäß BBR
Zugehörigkeit zu WZ-Abschnitten 2003	.		
Mitarbeiteranzahl (klassiert)	0,15	.	
Regionsgrundtyp gemäß BBR	0,09	0,01	.

n = [9.223;9.850]

Die methodische Ebene 1 greift auf Daten der KiD 2002 zurück. Die darin enthaltenen drei Indikatoren sind die Grundlage für die MNL. Die multinomiale logistische Regression setzt voraus, dass unter den verwendeten exogenen Variablen keine Multikollinearität herrscht. Die paarweise Korrelation zeigt, dass der Cramér V-Wert nicht über 0,15 hinausgeht (siehe Anhang 6). Die Variablen weisen nur einen geringen statistischen Zusammenhang auf. Folglich liegt keine Multikollinearität vor, weshalb die Ergebnisse des MNL valide sind.

Überprüfung der Modellannahmen für die DLVS - Multikollinearität

Für die methodischen Ebenen 2 und 3 dienen die exogenen Faktoren der DLVS als Basis der Modellrechnungen. Entsprechend werden die dort enthaltenen Indikatoren für die Prüfung der Modellannahmen berücksichtigt. Zunächst findet die Überprüfung auf Multikollinearität statt. Die durchgeführten Tests (Eta, *Cramér V* und Spearman-Rho) zeigen keine auffällig hohen Korrelationen der 78 Variablenpaare (siehe Anhang 7, Anhang 8 und Anhang 9). Größtenteils liegen die Zusammenhangsmaße unter einem Wert von 0,3. Dies impliziert eine geringe gegenseitige Abhängigkeit. Zwar erreicht das höchste Eta einen Wert von 0,4 (Zugehörigkeit zu einem WZ-Abschnitt*Anzahl der für Dritte erbrachten Dienstleistungen). Selbst dieser Wert ist jedoch nicht als kritisch hoch einzustufen. Um die multiplen Korrelationen zu berücksichtigen, werden die von SPSS angebotenen Kollinearitätsstatistiken Varianzinflationsfaktor (VIF) und Toleranz herangezogen (Backhaus et al. 2006, S. 90f., siehe Anhang 10). Insgesamt zeigen sich die gewählten Indikatoren auch hier als weitestgehend unabhängig. Lediglich der Indikator ‚Entscheidungsbefugter der Verkehrsmittelwahl' weist in einer Ausprägung einen kritischen Schwellenwert >10 auf. Da die Werte jedoch genau an der Grenze zu Multikollinearität liegen, die bivariaten Korrelationen keine Auffälligkeiten zeigen und die Prüfung der Hypothese H5 wesentlich ist, wird der Indikator im Modell belassen. Zusammenfassend ist festzustellen, dass die einbezogenen Indikatoren keine Multikollinearität aufweisen und das Modell damit diese Bedingung erfüllt.

Anhang 7: Überprüfung auf Multikollinearität in der DLVS, nominal zu nominal skalierte Variablen.
Quelle: eigene Zusammenstellung, Daten: DLVS.

	Zugehörigkeit zu WZ-Abschnitten 2003	Mitarbeiteranzahl (klassiert)	Regionsgrundtyp gemäß BBR	Entscheidungsbefugter der Verkehrsmittelwahl	Entscheidungskriterium der Verkehrsmittelwahl	Rege Nutz Firm
	0,19					
	0,09	0,07				
	0,11	0,08	0,04			
	0,12	0,10	0,02			
w.	0,18	0,04	0,05	0,14		
v.	0,22	0,25	0,06	0,09	0,06	
tzten	0,27	0,16	0,04	0,09	0,04	
von	0,17	0,33	0,07	0,06	0,10	
				0,07	0,09	

Anhang 8: Überprüfung auf Multikollinearität in der DLVS, metrisch zu nominal skalierten Variablen.
Quelle: eigene Zusammenstellung, Daten: DLVS.

	Mitarbeiter-anzahl (klassiert)	Regions-grundtyp gemäß BBR	Entscheidungs-befugter der Verkehrsmittel-wahl	Entscheidungs-kriterium der Verkehrsmittel-wahl
	0,05	0,05	0,05	0,06
	0,19	0,08	0,05	0,06
	0,21	0,04	0,07	0,09
	0,11	0,07	0,10	0,08

Anhang 9: Überprüfung auf Multikollinearität in der DLVS, metrisch zu metrisch skalierten Variablen.
Quelle: eigene Zusammenstellung, Daten: DLVS.

metrisch bezüglich metrisch (Spearman-Rho)		Anzahl deutscher Betriebsstandorte des Unternehmens	Anzahl Mitarbeiter, für die eine BahnCard bereitgestellt wird	Anteil der regionalen (bis zu 50 km Entfernung) Kunden an allen Kunden
Anzahl Mitarbeiter, für die eine BahnCard bereitgestellt wird	Korrelations-koeffizient	0,16	.	
	Sig. (2-seitig)	0,00	.	
	n	887	.	
Anteil der regionalen (bis zu 50 km Entfernung) Kunden an allen Kunden	Korrelations-koeffizient	-0,11	-0,25	.
	Sig. (2-seitig)	0,00	0,00	.
	n	863	976	.
Anzahl der für andere erbrachten Dienstleistungen	Korrelations-koeffizient	-0,03	0,11	-0,12
	Sig. (2-seitig)	0,38	0,00	0,00
	n	896	1012	985

Anhang 10: Überprüfung auf Multikollinearität in der DLVS mittels Kollinearitätsdiagnose.
Quelle: eigene Zusammenstellung, Daten: DLVS.

Indikator	Koeffizient	Kollinearitätsstatistik	
		Toleranz	VIF
Zugehörigkeit zu WZ-Abschnitten 2003	Primärer Sektor (A; B)	0,83	1,20
	Bergbau und Energieversorgung (C; E)	0,73	1,37
	Verarbeitendes Gewerbe (D)	0,40	2,48
	Baugewerbe (F)	0,70	1,42
	Handel und Instandhaltung (G)	0,66	1,52
	Gastgewerbe, Verkehr, Kredit- und Versicherungsgewerbe (H; I; J)	0,51	1,98
	Grundstückswesen, Datenverarbeitung, F&E DL überwiegend für Unternehmen (K)	0,29	3,43
Mitarbeiteranzahl (klassiert)	1-9 Mitarbeiter	0,31	3,18
	10-49 Mitarbeiter	0,36	2,74
	50-249 Mitarbeiter	0,43	2,35
Regionsgrundtyp gemäß BBR	Agglomerationsraum	0,44	2,27
	Verstädterter Raum	0,45	2,24
Anzahl deutscher Betriebsstandorte des Unternehmens	Anzahl Betriebsstandorte in Deutschland	0,96	1,04
Entscheidungsbefugter der Verkehrsmittelwahl	Entscheidung durch Beschäftigten	0,10	9,78
	Entscheidung durch Sekretariat	0,38	2,66
	Entscheidung durch Vorgesetzten	0,10	10,19
Entscheidungskriterium der Verkehrsmittelwahl	Entscheidung aufgrund von Kosten	0,40	2,48
	Entscheidung aufgrund von Zeit	0,40	2,52
	Entscheidung aufgrund von Richtlinien	0,39	2,56
Regelung zur Nutzung von Firmenwagen	ausschließlich dienstliche Nutzung	0,43	2,31
	private Nutzung	0,44	2,28
Anzahl Mitarbeiter, für die eine BahnCard bereitgestellt wird	Anzahl Mitarbeiter mit BahnCard	0,91	1,10
Einsatz von IKT zur Touren- bzw. Fahrten- und Wegeplanung bzw. -steuerung	Einsatz von IKT zur Touren- bzw. Fahrten- und Wegeplanung	0,78	1,28
Anzahl Kunden innerhalb der letzten 12 Monate	0-30 Kunden	0,46	2,18
	31-175 Kunden	0,49	2,02
	176-1500 Kunden	0,52	1,91
Anteil der regionalen (bis zu 50 km Entfernung) Kunden an allen Kunden	Anteil der Kunden innerhalb eines 50km-Radius um den eigenen Standort	0,76	1,32
Anzahl der für andere erbrachten Dienstleistungen	Anzahl der für Dritte erbrachten Dienstleistungen	0,71	1,41
Einsatz von IKT zur Erbringung von Dienstleistungen	Einsatz von IKT zur Erbringung von Dienstleistungen	0,81	1,24

Überprüfung der Modellannahmen für die DLVS – Homoskedastizität

Zum Testen der Homoskedastizität wird zunächst eine optische Überprüfung des Streudiagramms der standardisierten Residuen und der standardisierten vorhergesagten Werte betrachtet (siehe Anhang 11). Das Diagramm zeigt zwar, dass ein linearer Zusammenhang der Residuen besteht, dass aber vor allem im zentralen Bereich (standardisierte geschätzte Werte zwischen 0 und 2,5) die Varianzen zunehmen. Es besteht somit Heteroskedastizität. Dies wird auch durch den korrespondierenden Glejser Test bestätigt (siehe Anhang 12). Dieser geht in der Nullhypothese davon aus, dass Homoskedastizität vorliegt (Backhaus et al., S. 88; Glejser 1969). Das lineare Regressionsmodell erreicht jedoch signifikante Werte ($\alpha \leq 0{,}05$), die eine Ablehnung der Nullhypothese erfordern.

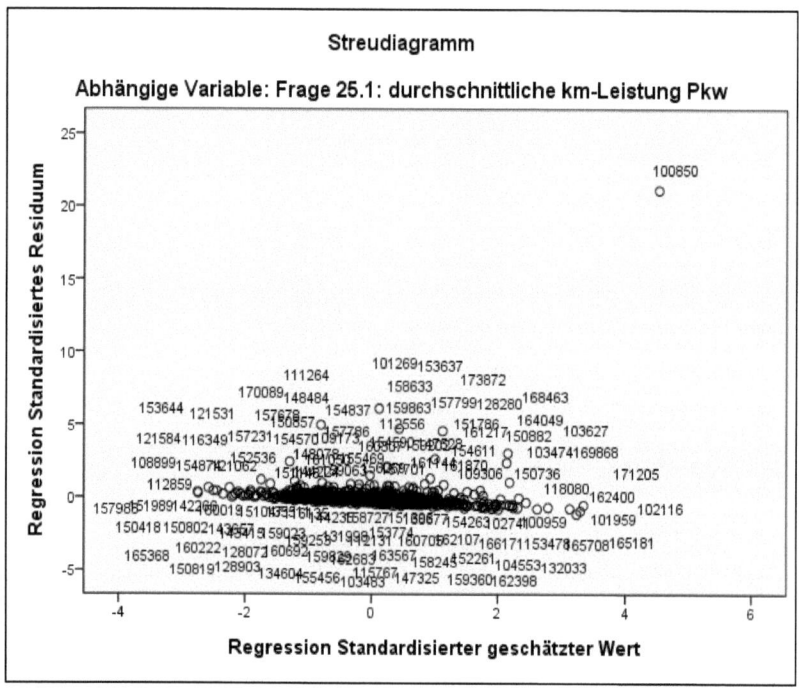

Anhang 11: Streudiagramm der standardisierten Residuen (mit Ausreißern) zur Testung auf Heteroskedastizität.
Quelle: eigener Entwurf, Daten: DLVS.

Anhang 12: Glejser Test (Ursprungsmodell mit Ausreißern) zur Testung auf Homoskedastizität.
Quelle: eigene Zusammenstellung, Daten: DLVS.

ANOVA[b]						
	Modell	Quadratsumme	df	Mittel der Quadrate	F	Sig.
1	Regression	2,271E11	1	2,271E11	50,768	,000[a]
	Nicht standardisierte Residuen	3,078E12	688	4,474E9		
	Gesamt	3,305E12	689			
[a.] Einflußvariablen: (Konstante), Unstandardized Predicted Value						
[b.] Abhängige Variable: RES_abs						

Koeffizienten[a]						
		Nicht standardisierte Koeffizienten		Standardisierte Koeffizienten		
	Modell	Regressionsko-effizient B	Standardfehler	Beta	T	Sig.
1	(Konstante)	-17739,416	6567,950		-2,701	,007
	Unstandardized Predicted Value	1,140	,160	,262	7,125	,000
[a.] Abhängige Variable: RES_abs						

Da Homoskedastizität vorliegt, muss das Modell angepasst werden. Zunächst bietet sich eine Transformation der endogenen Variable an (Backhaus et al. 2006, S. 88). Hier wird das Logarithmieren (ln) gewählt. Dies gewährleistet eine nachvollziehbare Interpretation der Modellergebnisse. Zusätzlich zur Transformation werden die in Anhang 11 identifizierten Ausreißer aus dem angepassten Modell ausgeschlossen. Nach einer inhaltlichen Prüfung der Fälle, die das ursprüngliche Modell als Ausreißer identifiziert hat, werden alle Unternehmen, die angaben durchschnittlich ≤ 100 km im Jahr bzw. >150.000 km im Jahr mit einem Pkw zu fahren, aus dem Modell ausgeschlossen. Im Kontext der weiteren Unternehmensangaben sind Werte jenseits dieser Schwellen unplausibel. Zu vermuten ist, dass es zur falschen Dateneingabe bzw. missverständlicher Beantwortung der Frage kam, sodass die interviewten Probanden die durchschnittliche Jahresfahrleistung aller Pkw angaben. Insgesamt fallen so 25 Fälle aus dem ursprünglichen Modell heraus. Der Glejser Test des angepassten Modells belegt die positive Wirkung der beschriebenen Maßnahmen. Die Nullhypothese kann bei einem Signifikanzniveau von $\alpha \leq 0{,}05$ nicht verworfen werden (siehe Anhang 13). Es herrscht Homoskedastizität.

Anhang 13: Glejser Test (angepasstes Modell, logarithmiert und ohne Ausreißer) zur Testung auf Homoskedastizität.
Quelle: eigene Zusammenstellung, Daten: DLVS.

ANOVA[b]						
	Modell	Quadratsumme	df	Mittel der Quadrate	F	Sig.
1	Regression	,648	1	,648	3,591	,059[a]
	Nicht standardisierte Residuen	120,614	668	,181		
	Gesamt	121,262	669			
a. Einflußvariablen : (Konstante), Unstandardized Predicted Value						
b. Abhängige Variable: RES2_abs						

Koeffizienten[a]						
		Nicht standardisierte Koeffizienten		Standardisierte Koeffizienten		
	Modell	Regressionskoeffizient B	Standardfehler	Beta	T	Sig.
1	(Konstante)	1,629	,611		2,668	,008
	Unstandardized Predicted Value	-,114	,060	-,073	-1,895	,059
a. Abhängige Variable: RES2_abs						

Überprüfung der Modellannahmen für die DLVS – Normalverteilung der Residuen

Die dritte formulierte Bedingung für eine multiple lineare Regression ist die Normalverteilung der Residuen. Sowohl der Kolmogorov-Smirnov- als auch der Shapiro-Wilk-Test zeigen, dass die Residuen nicht normalverteilt sind. Beide Tests liefern signifikante Werte ($\alpha \leq 0{,}05$, siehe Anhang 14). Dies kann bei hohen Fallanzahlen (hier: n=670) schnell auftreten. Backhaus et al. (2006, S. 93f.) weisen entsprechend darauf hin, dass die Normalverteilung für eine korrekte Anwendung der t- und
F-Tests zur Bestimmung der Signifikanz der einzelnen Koeffizienten bei einer Fallanzahl >40 keine notwenige Bedingung mehr darstellt. Wichtig sei eine weitgehend symmetrische Verteilung der Residuen (Backhaus et al. 2006, S. 93f.). Da im angepassten Modell mit 670 Unternehmen deutlich mehr als 40 Fälle berücksichtigt werden und Anhang 15 zeigt, dass die Residuen des angepassten Modells eine hohe Symmetrie aufweisen, ist davon auszugehen, dass auch die dritte Bedingung erfüllt ist.

Zusammengefasst bedeutet dies, dass die Ergebnisse der multiplen linearen Regression valide sind.

Anhang 14: Test auf Normalverteilung der Residuen.
Quelle: eigene Zusammenstellung, Daten: DLVS.

	Tests auf Normalverteilung					
	Kolmogorov-Smirnov[a]			Shapiro-Wilk		
	Statistik	df	Signifikanz	Statistik	df	Signifikanz
Standardized Residual	,059	670	,000	,958	670	,000
[a.] Signifikanzkorrektur nach Lilliefors						

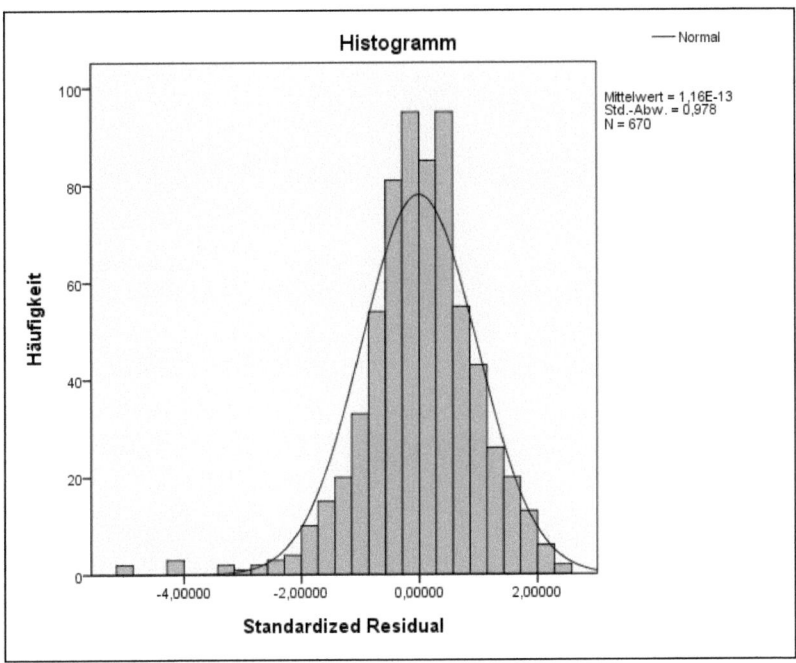

Anhang 15: Histogramm zur Verteilung der Residuen.
Quelle: eigene Zusammenstellung, Daten: DLVS.

Überprüfung der Modellannahmen für den Fusionsdatensatz – Multikollinearität

Wie bei den methodischen Ebenen 1 und 2 wird auch für die dritte Ebene eine Prüfung auf Multikollinearität durchgeführt (siehe Anhang 16 bis Anhang 18). Da durch die Fusion die DLVS ‚künstlich' erweitert wurde, jedoch die Variablenstruktur weitestgehend beibehalten wurde (siehe Anhang 27), entstehen auch im Fusionsdatensatz keine Vorkommen von kritischer Multikollinearität, sodass die Modellvoraussetzungen für ein MNL erfüllt sind. Da die Korrelationswerte nur gering von denen der zweiten Ebene abweichen, sei für eine nähere Interpretation auf die Erläuterungen zu Anhang 7, Anhang 8 und Anhang 9 verwiesen.

Anhang 16: Überprüfung auf Multikollinearität im Fusionsdatensatz, nominal zu nominal skalierten Variablen.
Quelle: eigene Zusammenstellung, Daten: Fusionsdatensatz.

näher V)	Zugehörigkeit zu WZ-Abschnitten 2003	Mitarbeiteranzahl (klassiert)	Regionsgrundtyp gemäß BBR	Entscheidungsbefugter der Verkehrsmittelwahl	Entscheidungskriterium der Verkehrsmittelwahl	Regeln Nutzn Firmen
)	.					
R	0,29					
.	0,20	0,10				
.	0,23	0,10	0,07			
zw. bw. -	0,24	0,09	0,08	0,18		
	0,28	0,10	0,11	0,12	0,11	
etzen	0,20	0,15	0,04	0,13	0,23	
von	0,25	0,14	0,14	0,11	0,17	
	0,17	0,20	0,19	0,06	0,08	

Anhang 17: Überprüfung auf Multikollinearität im Fusionsdatensatz, metrisch zu nominal skalierten Variablen.

Quelle: eigene Zusammenstellung, Daten: Fusionsdatensatz.

R. N. Fi	Entscheidungs-kriterium der Verkehrsmittel-wahl	Entscheidungs-befugter der Verkehrsmittel-wahl	Regions-grundtyp gemäß BBR	Mitarbeiter-anzahl (klassiert)
	0,06	0,05	0,05	0,05
	0,06	0,05	0,08	0,19
	0,09	0,07	0,04	0,21
	0,08	0,10	0,07	0,11

Anhang 18: Überprüfung auf Multikollinearität im Fusionsdatensatz, metrisch zu metrisch skalierten Variablen.
Quelle: eigene Zusammenstellung, Daten: Fusionsdatensatz.

metrisch bezüglich metrisch (Spearman-Rho)		Anzahl deutscher Betriebsstandorte des Unternehmens	Anzahl Mitarbeiter, für die eine BahnCard bereitgestellt wird	Anteil der regionalen (bis zu 50 km Entfernung) Kunden an allen Kunden
Anzahl Mitarbeiter, für die eine BahnCard bereitgestellt wird	Korrelationskoeffizient	0,12	.	
	Sig. (2-seitig)	0,00	.	
	n	13.512	.	
Anteil der regionalen (bis zu 50 km Entfernung) Kunden an allen Kunden	Korrelationskoeffizient	-0,12	-0,14	.
	Sig. (2-seitig)	0,00	0,00	.
	n	12.687	15.095	.
Anzahl der für andere erbrachten Dienstleistungen	Korrelationskoeffizient	0,05	0,13	0,01
	Sig. (2-seitig)	0,00	0,00	0,39
	n	13.839	16.309	15.428

Multikollinearitätsdiagnose mit Hinblick auf die overlap variables

Anhang 19: Überprüfung auf Multikollinearität der overlap variables, metrisch zu metrisch skalierten Variablen.
Quelle: eigene Zusammenstellung, Daten: Fusionsdatensatz.

metrisch bezüglich metrisch (Spearman-Rho)		Fuhrpark am Standort/im Haushalt - Pkw	Fuhrpark am Standort - Lkw (kleiner und größer 3,5 t Nutzlast)
Fuhrpark am Standort - Lkw (kleiner und größer 3,5 t Nutzlast)	Korrelationskoeffizient	0,10	.
	Sig. (2-seitig)	0,00	.
	n	9.015	.
Anzahl Mitarbeiter/ Haushaltsmitglieder	Korrelationskoeffizient	0,72	0,40
	Sig. (2-seitig)	0,00	0,00
	n	8.859	8.720

Anhang 20: Überprüfung auf Multikollinearität der overlap variables, metrisch zu nominal skalierten Variablen.
Quelle: eigene Zusammenstellung, Daten: Fusionsdatensatz.

metrisch bezüglich nominal (Eta)	Mitarbeiteranzahl (klassiert)
Fuhrpark am Standort/im Haushalt - Pkw abhängig	0,46
Fuhrpark am Standort - Lkw (kleiner und größer 3,5t Nutzlast)	0,45

Anhang 21: Erfasste Dienstleistungen der Vertiefungserhebung der DLVS.
Quelle: eigene Zusammenstellung.

Forschung und Entwicklung (F&E)
Projektierung
Montage
Instandhaltung: Produktionsmittel/Maschinen
Softwareentwicklung
Werbung/Öffentlichkeitsarbeit/PR/Verkaufsförderung
Marktforschung
Einkauf/Beschaffung
Vertrieb
Lagerhaltung
Kommissionierung
Versand
Kundenschulung
Reinigung
Sicherheitsdienst/Werkschutz
Kantine
Datenverarbeitung/IT
Rechnungswesen/Buchhaltung
Rechtsberatung
Unternehmensberatung
Versicherungen
Finanzdienstleistung
Wirtschaftsprüfung/Steuer
Personalwesen
Weiterbildung/Mitarbeiterqualifizierung
Gebäudemanagement (Facility Management)/Instandhaltung Gebäude
Abfallentsorgung

Anhang 22: Anzahl Pkw der KiD 2002 in den Zellen der Fusions-Kontingenztabelle.
Quelle: eigene Zusammenstellung.

Wirtschaftssektor	Betriebsstandort (Regionsgrundtyp)	Mitarbeiteranzahl klassifiziert		
		1-9 Mitarbeiter	10-49 Mitarbeiter	50 und mehr Mitarbeiter
Primärer Sektor	Agglomerationsräume	15	11	6
	Verstädterte Räume	11	9	5
	Ländliche Räume	8	3	0
Sekundärer Sektor	Agglomerationsräume	211	247	277
	Verstädterte Räume	136	134	124
	Ländliche Räume	67	61	59
Tertiärer Sektor	Agglomerationsräume	558	388	327
	Verstädterte Räume	191	148	97
	Ländliche Räume	106	79	57

Anhang 23: Anzahl Lkw der KiD 2002 in den Zellen der Fusions-Kontingenztabelle.
Quelle: eigene Zusammenstellung.

Wirtschaftssektor	Betriebsstandort (Regionsgrundtyp)	Mitarbeiteranzahl klassifiziert		
		1-9 Mitarbeiter	10-49 Mitarbeiter	50 und mehr Mitarbeiter
Primärer Sektor	Agglomerationsräume	66	46	16
	Verstädterte Räume	49	24	2
	Ländliche Räume	16	9	3
Sekundärer Sektor	Agglomerationsräume	963	906	320
	Verstädterte Räume	577	531	229
	Ländliche Räume	230	214	114
Tertiärer Sektor	Agglomerationsräume	331	345	210
	Verstädterte Räume	169	191	111
	Ländliche Räume	96	83	37

Anhang 24: Anzahl Pkw der Unternehmen der DLVS in den Zellen der Fusions-Kontingenztabelle.
Quelle: eigene Zusammenstellung.

Wirtschaftssektor	Betriebsstandort (Regionsgrundtyp)	Mitarbeiteranzahl klassifiziert		
		1-9 Mitarbeiter	10-49 Mitarbeiter	50 und mehr Mitarbeiter
Primärer Sektor	Agglomerationsräume	5	3	211
	Verstädterte Räume	4	4	180
	Ländliche Räume	2	0	0
Sekundärer Sektor	Agglomerationsräume	43	123	1694
	Verstädterte Räume	16	95	1517
	Ländliche Räume	16	36	423
Tertiärer Sektor	Agglomerationsräume	210	705	3777
	Verstädterte Räume	165	395	1759
	Ländliche Räume	45	80	555

Anhang 25: Anzahl Lkw der Unternehmen der DLVS in den Zellen der Fusions-Kontingenztabelle.
Quelle: eigene Zusammenstellung.

Wirtschaftssektor	Betriebsstandort (Regionsgrundtyp)	Mitarbeiteranzahl klassifiziert		
		1-9 Mitarbeiter	10-49 Mitarbeiter	50 und mehr Mitarbeiter
Primärer Sektor	Agglomerationsräume	9	0	17
	Verstädterte Räume	3	20	45
	Ländliche Räume	8	4	0
Sekundärer Sektor	Agglomerationsräume	52	85	673
	Verstädterte Räume	16	67	690
	Ländliche Räume	24	33	219
Tertiärer Sektor	Agglomerationsräume	78	153	931
	Verstädterte Räume	50	137	699
	Ländliche Räume	30	76	496

Güte der Datenfusion

Wie in Kapitel 5.2.2 dargestellt, wurde die Stichprobe der DLVS bewusst disproportional geschichtet, wobei besonders große Unternehmen und Unternehmen aus den Wirtschaftsabschnitten ‚D', ‚I' und ‚K' gezogen wurden. Da sowohl die Unternehmensgröße als auch der Wirtschaftszweig zu den overlap variables gehören, kann dies zu Verzerrungen bei der Fusion und der Prüfung der Stabilität führen. Da die großen Unternehmen in der DLVS überproportional repräsentiert sind, existieren in der Empfängerstichprobe sehr viele Firmenfahrzeuge im Bereich der großen Unternehmen. In der KiD 2002 hingegen stehen im Verhältnis weniger Fahrzeuge in dem Bereich der großen Unternehmen als Spender zur Verfügung, da große Unternehmen entsprechend der Grundgesamtheit weniger zahlreich abgebildet wurden. Da die Ergebnisse dieser Arbeit zeigen, dass sowohl die Unternehmensgröße als auch der Wirtschaftszweig signifikanten Einfluss auf das Verkehrsverhalten haben, kann es bei einer überproportionalen Berücksichtigung einzelner Wirtschaftsabschnitte und Unternehmensgrößen-Klassen in der Spenderstichprobe zu Verzerrungen in der Fusion bzw. der Randverteilung der fusionierten Variable (y) kommen. Dies kann teilweise durch die Berücksichtigung der Gewichtung aus der DLVS kompensiert werden, da die Gewichtung die disproportionale Schichtung ausgleicht (vgl. Rässler 2004, S. 160). Demnach sind die folgenden Berechnungen zur Güte der Fusion gewichtet erfolgt (im Fusionsdatensatz). Trotz der Gewichtung zeigt sich in Anhang 26, dass die Verteilungen der endogenen Variablen (y) in Fusions- und Spenderstichprobe nur mit Abweichungen eine gleiche Tendenz zeigen.

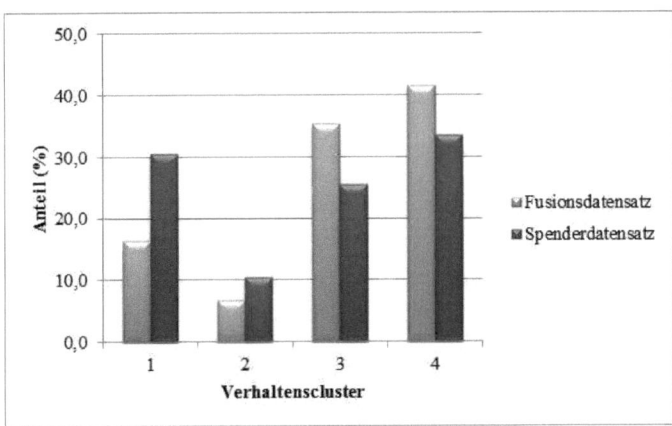

Anhang 26: Verteilung der endogenen Variable (y) in Spender- und Fusionsstichprobe.
Quelle: eigener Entwurf.

Die Berechnung zur durchschnittlichen Abweichung der Korrelationen $P_{(y,z)}$ im Spender- und Fusionsdatensatz zeigt hingegen, dass die gemeinsame Verteilung $f_{(y,z)}$ der spezifischen Variable (y) und den overlap variables nach der Fusion erhalten blieb (siehe Anhang 27). Die mittlere Abweichung der Korrelationen beträgt nur 0,017.

Anhang 27: Durchschnittliche Abweichung der Korrelationen P(y,z) in Fusions- und Spenderstichprobe.
Quelle: eigene Zusammenstellung.

Fusions-durchgang	Cramér V	Verhalten		Differenz (Spender - Fusion)
		Spenderdatensatz	Fusionsdatensatz	
Fusion 1 - Basis	Mitarbeiteranzahl	0,11	0,08	0,04
	Regionstyp	0,06	0,07	-0,01
	Wirtschaftssektor	0,31	0,28	0,02
	Mittelwert ± Standardabweichung			0,02±0,02
Fusion 2	Mitarbeiteranzahl	0,11	0,06	0,05
	Regionstyp	0,06	0,09	-0,03
	Wirtschaftssektor	0,31	0,28	0,03
	Mittelwert ± Standardabweichung			0,02±0,04
Fusion 3	Mitarbeiteranzahl	0,11	0,08	0,04
	Regionstyp	0,06	0,09	-0,03
	Wirtschaftssektor	0,31	0,29	0,02
	Mittelwert ± Standardabweichung			0,01±0,03
Fusion 4	Mitarbeiteranzahl	0,11	0,07	0,05
	Regionstyp	0,06	0,07	-0,01
	Wirtschaftssektor	0,31	0,31	0,00
	Mittelwert ± Standardabweichung			0,01±0,03
Fusion 5	Mitarbeiteranzahl	0,11	0,08	0,03
	Regionstyp	0,06	0,07	-0,01
	Wirtschaftssektor	0,31	0,31	0,00
	Mittelwert ± Standardabweichung			0,01
Fusion 6	Mitarbeiteranzahl	0,11	0,07	0,05
	Regionstyp	0,06	0,07	-0,01
	Wirtschaftssektor	0,31	0,31	0,00
	Mittelwert ± Standardabweichung			0,01±0,03
Fusion 7	Mitarbeiteranzahl	0,11	0,07	0,04
	Regionstyp	0,06	0,08	-0,02
	Wirtschaftssektor	0,31	0,28	0,03
	Mittelwert ± Standardabweichung			0,02±0,03
Fusion 8	Mitarbeiteranzahl	0,11	0,06	0,05
	Regionstyp	0,06	0,06	0,00
	Wirtschaftssektor	0,31	0,29	0,02
	Mittelwert ± Standardabweichung			0,02±0,03
Fusion 9	Mitarbeiteranzahl	0,11	0,07	0,05
	Regionstyp	0,06	0,09	-0,03
	Wirtschaftssektor	0,31	0,28	0,03
	Mittelwert ± Standardabweichung			0,01±0,04
Fusion 10	Mitarbeiteranzahl	0,11	0,07	0,05
	Regionstyp	0,06	0,08	-0,02
	Wirtschaftssektor	0,31	0,29	0,02
	Mittelwert ± Standardabweichung			0,02±0,03

Anhang 28: Stabilität des Fusionsdatensatzes anhand der Regressionskoeffizienten des MNL.
Quelle: eigene Zusammenstellung.

Cluster (Referenzcluster: 4)	Indikator	Regressionskoeffizienten (B) der 10 Fusionen										stabil (max. 1 Vorzeichenwechs.)
		1	2	3	4	5	6	7	8	9	10	
1	Konstante	-0,883	-0,664	-1,181	-1,115	-0,746	-0,846	-1,063	-0,815	-1,402	-0,913	ja
	Anzahl Betriebsstandorte in Deutschland	-0,005	-0,006	0,001	-0,004	0,000	-0,002	-0,002	-0,002	-0,004	-0,002	nein
	Einsatz von betrieblichem Mobilitätsmanagement	-0,006	-0,003	-0,002	-0,003	-0,003	0,000	-0,001	-0,002	-0,003	-0,005	ja
	innerbetriebliche Touren- bzw. Fahrten- und Wegeplanung (inkl. Nutzung von IKT)	0,175	0,180	0,201	0,302	0,116	0,173	0,304	0,114	0,334	-0,012	ja
	Standort der Kunden	0,001	0,002	0,001	0,001	0,001	0,002	0,003	0,001	0,002	0,002	ja
	erbrachte Dienstleistungen	-0,114	-0,080	-0,109	-0,107	-0,117	-0,093	-0,125	-0,116	-0,125	-0,135	ja
	Kommunikations- und Kooperationsformen mit den Kunden (inkl. Nutzung von IKT)	-0,154	-0,053	-0,146	-0,220	-0,057	-0,111	-0,146	-0,126	-0,173	-0,008	ja
	Entscheidung durch Beschäftigten	-0,120	-0,420	0,092	0,215	-0,264	0,157	0,005	-0,067	0,119	0,018	nein
	Entscheidung durch Sekretariat	0,300	-0,092	0,192	0,433	-0,215	-0,035	0,167	0,093	0,267	0,468	nein
	Entscheidung durch Vorgesetzten	-0,041	0,322	0,237	0,228	-0,273	-0,197	0,064	0,121	0,237	0,002	nein
	Sonstige	0,000	0,000	0,000	0,000	0,000	0,000	0,000	0,000	0,000	0,000	
	Entscheidung aufgrund von Kosten	-0,592	-0,398	-0,552	-0,459	-0,509	-0,483	-0,428	-0,644	-0,281	-0,528	ja
	Entscheidung aufgrund von Zeit	-0,023	-0,032	-0,127	0,059	-0,056	0,009	-0,097	-0,185	-0,098	0,117	nein
	Entscheidung aufgrund von Richtlinien	-0,222	-0,131	-0,099	-0,208	-0,148	-0,278	-0,196	-0,391	-0,051	-0,227	ja
	Sonstige	0,000	0,000	0,000	0,000	0,000	0,000	0,000	0,000	0,000		
	ausschließlich dienstliche Nutzung	0,296	0,228	0,116	0,089	0,083	0,165	-0,032	0,187	0,145	0,157	ja
	private Nutzung	0,123	0,381	0,236	0,266	0,327	0,258	0,295	0,150	0,219	0,187	ja
	keine (einheitlichen) Regelungen	0,000	0,000	0,000	0,000	0,000	0,000	0,000	0,000	0,000		
	0-30 Kunden	0,303	0,458	0,469	0,451	0,686	0,546	0,482	0,502	0,456	0,599	ja
	31-175 Kunden	0,003	0,040	0,067	0,013	0,266	0,124	0,117	-0,089	0,080	0,099	ja
	176-1500 Kunden	0,601	0,566	0,598	0,435	0,785	0,685	0,555	0,580	0,627	0,669	ja
	>1.500 Kunden	0,000	0,000	0,000	0,000	0,000	0,000	0,000	0,000	0,000		
2	Konstante	-1,285	-1,816	-1,110	-2,157	-1,628	-1,364	-1,856	-1,551	-1,506	-1,706	ja
	Anzahl Betriebsstandorte in Deutschland	-0,003	-0,005	-0,003	-0,004	-0,002	-0,007	0,001	-0,004	-0,004	-0,003	ja

Cluster (Referenzcluster: 4)	Indikator	Regressionskoeffizienten (B) der 10 Fusionen										stabil (max. 1 Vorzeichenwechs.)
		1	2	3	4	5	6	7	8	9	10	
	Einsatz von betrieblichem Mobilitätsmanagement	-0,003	0,000	-0,001	-0,002	0,000	0,000	0,001	-0,002	-0,003	0,000	nein
	innerbetriebliche Touren- bzw. Fahrten- und Wegeplanung (inkl. Nutzung von IKT)	0,302	0,183	0,213	0,304	0,284	0,209	0,329	0,183	0,232	0,315	ja
	Standort der Kunden	-0,001	0,000	-0,001	0,001	0,000	0,000	0,000	0,001	-0,001	0,000	nein
	erbrachte Dienstleistungen	-0,130	-0,075	-0,104	-0,095	-0,125	-0,073	-0,155	-0,055	-0,105	-0,081	ja
	Kommunikations- und Kooperationsformen mit den Kunden (inkl. Nutzung von IKT)	0,050	0,121	0,134	0,106	0,081	0,153	0,063	0,138	0,168	0,031	ja
	Entscheidung durch Beschäftigten	-0,007	0,360	-0,084	0,565	0,172	0,087	0,289	0,116	-0,029	0,193	nein
	Entscheidung durch Sekretariat	0,204	0,504	0,302	0,973	0,320	0,529	0,506	0,297	0,520	0,722	ja
	Entscheidung durch Vorgesetzten	-0,022	0,342	-0,184	0,413	0,171	0,075	0,331	0,051	-0,066	0,244	nein
	Sonstige	0,000	0,000	0,000	0,000	0,000	0,000	0,000	0,000	0,000	0,000	
	Entscheidung aufgrund von Kosten	-0,295	-0,427	-0,451	-0,455	-0,203	-0,522	-0,330	-0,322	-0,291	-0,510	ja
	Entscheidung aufgrund von Zeit	-0,057	-0,143	-0,253	0,052	-0,057	0,039	-0,152	-0,056	-0,253	-0,077	ja
	Entscheidung aufgrund von Richtlinien	-0,201	-0,111	-0,096	-0,178	-0,218	-0,214	0,141	-0,012	-0,053	-0,233	ja
	Sonstige	0,000	0,000	0,000	0,000	0,000	0,000	0,000	0,000	0,000	0,000	
	ausschließlich dienstliche Nutzung	0,103	0,295	-0,066	0,126	-0,037	0,155	0,001	-0,072	-0,022	0,131	nein
	private Nutzung	-0,031	-0,035	-0,346	-0,120	-0,127	-0,139	-0,117	-0,177	-0,090	-0,122	ja
	keine (einheitlichen) Regelungen	0,000	0,000	0,000	0,000	0,000	0,000	0,000	0,000	0,000	0,000	
	0-30 Kunden	0,154	0,238	0,271	0,405	0,438	0,249	0,355	0,451	0,379	0,501	ja
	31-175 Kunden	-0,297	-0,256	-0,155	0,106	-0,001	-0,220	-0,138	-0,058	-0,019	-0,183	ja
	176-1500 Kunden	0,319	0,291	0,284	0,543	0,319	0,197	0,240	0,415	0,428	0,410	ja
	>1.500 Kunden	0,000	0,000	0,000	0,000	0,000	0,000	0,000	0,000	0,000	0,000	
3	Konstante	0,165	0,128	0,064	-0,186	-0,147	0,233	0,111	0,314	-0,172	-0,099	nein
	Anzahl Betriebsstandorte in Deutschland	0,000	0,000	0,001	0,000	0,000	0,000	0,001	0,001	0,000	0,000	nein
	Einsatz von betrieblichem Mobilitätsmanagement	0,001	0,002	0,003	0,002	0,001	0,003	0,002	0,003	0,003	0,002	ja
	innerbetriebliche	-	-	0,033	-	-	-	0,013	-	-	-	nein

Cluster (Referenzcluster: 4)	Indikator	Regressionskoeffizienten (B) der 10 Fusionen										stabil (max. 1 Vorzeichenwechs.)
		1	2	3	4	5	6	7	8	9	10	
	Touren- bzw. Fahrten- und Wegeplanung (inkl. Nutzung von IKT)	0,081	0,092		0,038	0,123	0,139		0,185	0,016	0,133	
	Standort der Kunden	-0,002	-0,002	-0,002	-0,002	-0,002	-0,003	-0,001	-0,002	-0,001	-0,002	ja
	erbrachte Dienstleistungen	-0,007	0,005	0,040	0,008	-0,006	0,000	0,014	0,014	0,011	-0,005	nein
	Kommunikations- und Kooperationsformen mit den Kunden (inkl. Nutzung von IKT)	0,197	0,249	0,222	0,288	0,316	0,320	0,171	0,249	0,379	0,331	ja
	Entscheidung durch Beschäftigten	0,352	0,060	0,101	0,198	0,142	-0,187	0,003	-0,060	0,104	0,187	nein
	Entscheidung durch Sekretariat	0,657	0,381	0,362	0,544	0,350	0,162	0,135	-0,077	0,403	0,673	ja
	Entscheidung durch Vorgesetzten	0,270	0,011	0,075	0,104	0,008	-0,229	0,078	-0,122	0,053	0,149	nein
	Sonstige	0,000	0,000	0,000	0,000	0,000	0,000	0,000	0,000	0,000	0,000	
	Entscheidung aufgrund von Kosten	0,087	0,072	0,009	0,072	0,280	0,129	0,077	0,008	-0,010	0,055	ja
	Entscheidung aufgrund von Zeit	0,085	0,080	0,183	0,034	0,313	0,226	0,169	0,039	-0,014	0,052	ja
	Entscheidung aufgrund von Richtlinien	0,080	0,103	0,131	0,106	0,224	0,155	0,139	0,016	0,047	0,072	ja
	Sonstige	0,000	0,000	0,000	0,000	0,000	0,000	0,000	0,000	0,000	0,000	
	ausschließlich dienstliche Nutzung	-0,042	-0,154	-0,257	-0,042	-0,188	-0,066	-0,194	-0,150	-0,107	-0,151	ja
	private Nutzung	-0,023	-0,115	-0,226	-0,060	-0,102	-0,107	-0,116	-0,050	-0,025	-0,074	ja
	keine (einheitlichen) Regelungen	0,000	0,000	0,000	0,000	0,000	0,000	0,000	0,000	0,000	0,000	
	0-30 Kunden	-0,073	-0,001	-0,071	0,011	0,172	-0,048	-0,069	0,086	0,107	0,135	nein
	31-175 Kunden	-0,144	-0,127	-0,163	-0,112	-0,093	-0,093	-0,140	-0,158	-0,065	-0,036	ja
	176-1500 Kunden	0,117	0,043	0,003	0,124	0,163	0,071	0,038	0,147	0,118	0,149	ja
	>1.500 Kunden	0,000	0,000	0,000	0,000	0,000	0,000	0,000	0,000	0,000	0,000	

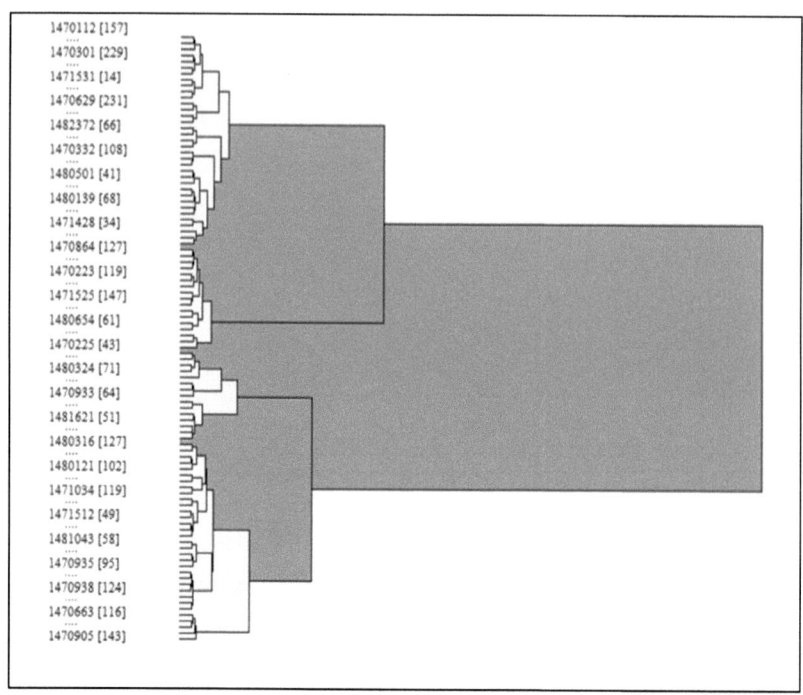

Anhang 29: Dendrogramm zur Clusteranalyse des Verkehrsverhaltens.
Quelle: eigener Entwurf, Daten: KiD 2002.

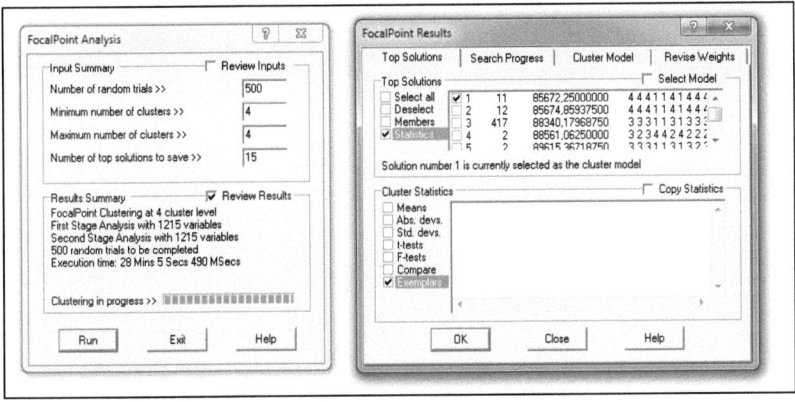

Anhang 30: Screenshot zu den Ergebnissen der Focal Point Analyse (k-means Clusteranalyse).
Quelle: eigener Entwurf.

Anhang 31: Bivariate Korrelation zwischen der Anzahl Firmen-Pkw und der Kundenanzahl.
Quelle: eigene Zusammenstellung, Daten: DLVS.

Bivariate Korrelationen (Spearman-Rho)		Anzahl Firmen-Pkw	Kundenanzahl
Anzahl Firmen-Pkw	Korrelationskoeffizient	1,000	,048
	Sig. (2-seitig)	.	,181
	N	852	791
Kundenanzahl	Korrelationskoeffizient	,048	1,000
	Sig. (2-seitig)	,181	.
	N	791	791

Anhang 32: Partielle Korrelation zwischen der Anzahl Firmen-Pkw und der Kundenanzahl unter Kontrolle der Mitarbeiteranzahl.
Quelle: eigene Zusammenstellung, Daten: DLVS.

Partielle Korrelationen (Kontrollvariable: Unternehmensgröße [Mitarbeiteranzahl])		Anzahl Firmen-Pkw	Kundenanzahl
Anzahl Firmen-Pkw	Korrelation	1,000	,003
	Signifikanz (zweiseitig)	.	,934
	Freiheitsgrade	0	822
Kundenanzahl	Korrelation	,003	1,000
	Signifikanz (zweiseitig)	,934	.
	Freiheitsgrade	822	0

i want morebooks!

Buy your books fast and straightforward online - at one of world's fastest growing online book stores! Environmentally sound due to Print-on-Demand technologies.

Buy your books online at
www.get-morebooks.com

Kaufen Sie Ihre Bücher schnell und unkompliziert online – auf einer der am schnellsten wachsenden Buchhandelsplattformen weltweit! Dank Print-On-Demand umwelt- und ressourcenschonend produziert.

Bücher schneller online kaufen
www.morebooks.de

VDM Verlagsservicegesellschaft mbH
Heinrich-Böcking-Str. 6-8 Telefon: +49 681 3720 174 info@vdm-vsg.de
D - 66121 Saarbrücken Telefax: +49 681 3720 1749 www.vdm-vsg.de

Printed by Books on Demand GmbH, Norderstedt / Germany